降雨开挖诱发熊家山
采石场滑坡机理及控制措施研究

史广诚　杨晓杰　陶志刚◎著

中国矿业大学出版社
·徐州·

内 容 提 要

本书以云南省盈江县熊家山采石场强风化岩质边坡为工程背景，综合现场精细化调研、理论分析、物理模型实验、数值模拟、现场应用及测试等手段，对强风化岩质边坡在降雨和开挖联合作用下的变形演化过程、滑坡前后边坡岩土体力学性质演化规律、滑坡全过程锚索的力学响应机制、不同NPR锚索布设关键参数对边坡加固-监测-预警效果的影响规律、NPR锚索的临滑预警有效性等问题进行了系统研究，为开挖和降雨诱发滑坡灾害的防控工作提供了理论依据。

图书在版编目(CIP)数据

降雨开挖诱发熊家山采石场滑坡机理及控制措施研究 / 史广诚，杨晓杰，陶志刚著. — 徐州 ：中国矿业大学出版社，2025. 1. — ISBN 978-7-5646-6619-4

Ⅰ. P642.22

中国国家版本馆CIP数据核字第20251M2W23号

书　　名 降雨开挖诱发熊家山采石场滑坡机理及控制措施研究
著　　者 史广诚　杨晓杰　陶志刚
责任编辑 满建康
出版发行 中国矿业大学出版社有限责任公司
（江苏省徐州市解放南路　邮编221008）
营销热线 (0516)83885370　83884103
出版服务 (0516)83995789　83884920
网　　址 http://www.cumtp.com　**E-mail**:cumtpvip@cumtp.com
印　　刷 苏州市古得堡数码印刷有限公司
开　　本 787 mm×1092 mm　1/16　**印张** 11.5　**字数** 295千字
版次印次 2025年1月第1版　2025年1月第1次印刷
定　　价 50.00元
（图书出现印装质量问题，本社负责调换）

前　言

随着我国经济的高速发展和人口数量的增长，以经济和科技为支撑的各种工程建设活动对地质环境的扰动不断加大，导致地质灾害的发育日趋加剧，而滑坡是最常见的地质灾害类型之一。降雨和开挖是造成滑坡灾害的主要诱发因素，每年由滑坡引发的灾害给国家和人民造成了极大损失，因此亟须对降雨和开挖条件下边坡的失稳机理及控制对策进行深入和系统的研究。本书以云南省盈江县熊家山采石场强风化岩质边坡为工程背景，综合利用现场精细化调研、理论分析、物理模型实验、数值模拟、现场应用及测试等手段，对强风化岩质边坡在降雨和开挖联合作用下的变形演化过程、滑坡前后边坡岩土体力学性质演化规律、滑坡全过程锚索的力学响应机制、不同 NPR 锚索布设关键参数对边坡加固-监测-预警效果的影响规律、NPR 锚索的临滑预警有效性等问题进行了系统研究，为降雨和开挖诱发滑坡灾害的防控工作提供了理论依据。

本书分为 6 章。第 1 章为绪论，主要介绍了研究背景及研究必要性、国内外研究现状和主要研究内容；第 2 章介绍了熊家山采石场边坡的工程地质特征、水文地质特征，分析了边坡产生大变形的成因和破坏模式；第 3 章采用物理模型实验的方法研究了无支护工况、PR＋NPR 锚索支护工况、NPR 锚索支护工况下坡表形态、土压力、孔隙水压力、基质吸力、体积含水率以及锚索受力的演化规律；第 4 章利用数值模拟研究了暴雨饱和状态下 NPR 锚索和 PR 锚索加固边坡的变形特征、锚索的轴力及变形特征，分析了不同 NPR 锚索数量、锚固角度、预紧力大小、锚固长度对边坡变形和锚索控制效果的影响规律；第 5 章针对熊家山采石场边坡的实际工程地质和开采条件，开展了 NPR 锚索对滑坡灾害加固-监测-预警一体化作用的工程应用研究。第 6 章介绍了本书的主要结论和研究展望。

本书在撰写过程中得到了中国矿业大学(北京)、云南省盈江县水利局等单位相关人员的支持和帮助。本书在写作过程中，中国矿业大学(北京)何满潮院士给予了有益的启示，郝振立、孟志刚、赵菲菲、明伟、孙吉浩、刘奎明、郑小慧等在地质资料整理、物理模型实验、数值模拟、现场实验等方面做了大量工作；在现场资料收集、现场实验过程中，云南省盈江县水利局刀安生、张龙等技术员给予了很多帮助，在此一并表示衷心的感谢。感谢本书中所有参考文献以及未列出文献的各位专家学者。

由于作者水平所限，书中难免存在不妥之处，敬请读者批评指正。

著　者

2024 年 12 月

目　录

1 绪 论

本章阐述了降雨型滑坡失稳机理及控制对策研究的必要性、紧迫性和复杂性，对国内外相关文献进行了总结和分析，介绍了在降雨型滑坡失稳机理及控制对策的物理模型实验方面的国内外研究现状，提出了目前关于降雨型滑坡失稳机理及控制对策方面的不足和需要完善的地方。在此基础上，确定了本书的主要研究内容和研究方法，并制定了本书的技术路线。

1.1 问题的提出

随着世界经济的高速发展和人口数量的快速增长，人类的活动空间逐渐由平原向山区等地区发展。以经济和科学技术为支撑的各种工程建设活动对地质环境扰动不断加大，伴随而来的是对自然环境的干扰愈来愈强烈，导致各种地质灾害频发，造成大量的人员伤亡和经济损失[1-5]。基于2009—2019年《中国统计年鉴》及地质灾害相关的公报发布的数据，2009—2019年我国共计发生的地质灾害有133 899次，其中，滑坡约占70.4%，崩塌约占18.7%，泥石流约占7.7%，地面塌陷约占2.4%，其他类型约占0.8%，如表1-1所示，滑坡已经成为我国发生次数最多的地质灾害。

表1-1 我国主要地质灾害统计表(2009—2019年) 单位:次

年份	地质灾害总数	地质灾害类型				
		滑坡	崩塌	泥石流	地面塌陷	其他
2009	10 580	6 310	2 378	1 442	326	124
2010	30 670	22 250	5 688	1 981	478	273
2011	15 804	11 504	2 445	1 356	386	113
2012	14 675	11 112	2 152	952	364	95
2013	15 374	9 832	3 288	1 547	385	322
2014	10 907	8 128	1 872	543	302	62
2015	8 224	5 616	1 801	486	278	43
2016	10 997	8 194	1 905	652	225	21
2017	7 521	5 524	1 356	387	206	48
2018	2 966	1 631	858	339	138	0
2019	6 181	4 220	1 238	599	121	3
总计	133 899	94 321	24 981	10 284	3 209	1 104

滑坡是边坡上的岩土体在降雨、人工开挖等外界环境改变或受其自身重力的影响下顺着软弱结构面发生滑移的地质现象，如图 1-1 所示。我国西南地区长期受到地质构造作用的影响，地质条件复杂，边坡岩土体破碎，加之较长的雨季和连续强降雨影响，崩塌、滑坡和泥石流灾害时有发生。云南省地处中国西南边陲，因其地质和气候条件特殊，岩土体松散，常年多雨，经常遭受滑坡灾害。2014 年 6 月 28 日，云南省大关县悦乐镇妥河村发生山体滑坡，滑坡体约 19 万 m^3，造成 4 人失踪；2016 年 1 月 28 日，云南省镇雄县中屯镇发生山体滑坡，滑坡体长约 260 m、宽约 220 m；2020 年 8 月 18 日，受到强降雨影响，云南省昭通市盐津县普洱镇黄坪村发生山体滑坡，滑坡体约 5 万 m^3，导致 5 人死亡、1 人受伤。由此可见，滑坡灾害是云南省的主要地质灾害之一。

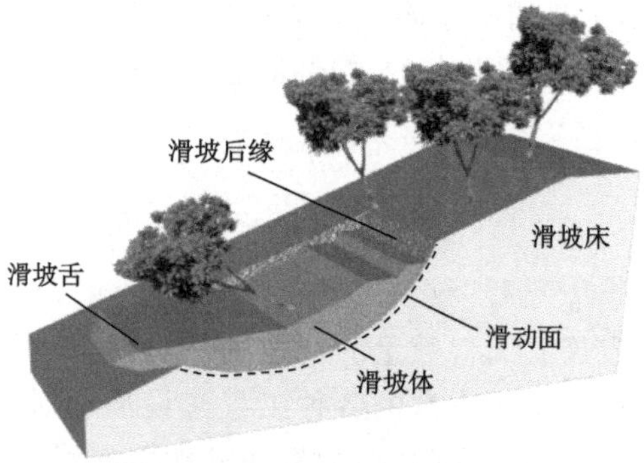

图 1-1　滑坡示意图

长地方水库坝址位于云南省盈江县平原镇长地方村，距盈江县城 29 km，距昆明市 760 km。盈江县位于云南省“桥头堡”的最前沿，加之瑞丽国家重点开发开放试验区建成后对盈江县经济发展的强大辐射作用，盈江县发展迅速。长地方水库的建设将极大缓解盈江县城人畜饮水及农田灌溉缺水问题，促进盈江县经济发展，帮助人民脱贫致富。

由于工程区附近道路崎岖、森林广袤，石材的外购成本较大，只能就地取材，而熊家山采石场是坝址附近(5 km 范围内)无论在储量还是质量方面都满足水库建设的石料料源，熊家山采石场边坡见图 1-2。但是熊家山地质条件复杂，岩体破碎，多为碎裂镶嵌结构，且边坡

图 1-2　熊家山采石场边坡

为顺向坡，稳定性差，见图 1-3。采石场在开采过程中，受雨季连续强降雨作用，边坡稳定性差，严重危及人员生命安全和采石场的安全施工，边坡变形特征如图 1-4 所示。

图 1-3 强风化岩质边坡

(a) 采场边坡后缘拉裂图

(b) 采场边坡坡面变形图

图 1-4 熊家山采石场边坡变形特征

为了有效地控制熊家山采石场强风化岩质边坡的变形，加强对边坡稳定性的监测预警，必须围绕熊家山采石场边坡的工程地质力学特征进行分析，开展降雨-开挖联合作用下强风化岩质边坡的失稳机理、控制对策和监测预警的研究具有非常重要的科学意义和现实意义。

1.2 国内外研究现状

1.2.1 降雨滑坡失稳机理分析

滑坡灾害的发生与人类的活动和外界环境的变化有着密切的联系，其中，降雨就是主要的诱发因素之一[6-11]，对降雨型滑坡进行研究从而采取有效的防灾减灾措施显得尤为迫切。

目前，通常将降雨诱发滑坡灾害的降雨模式分为两大类：一类为长期的或间歇性的小雨或中雨模式；另一类为短时的大雨或暴雨模式，即短时的强降雨模式。通过大量的研究发现，对于长期的或间歇性的小雨或中雨作用下的边坡，雨水的入渗深度较深，坡体会较长时间地维持较高的含水率，边坡体内形成的湿润峰会不断向边坡内部扩展，并最终影响边坡内的地下水位线，抬高水位，从而影响边坡的稳定性，而且这种模式多诱发深层的或规模较大的滑坡。Høyda 等[12]通过调查发现，挪威东部 2000 年发生的大量滑坡是因为长时间低强度降雨导致由浅至深滑动面稳定性的降低，从而诱发大范围滑坡。张群等[13]调查发现，2011 年 9 月，四川南江县的短时强降雨引发了多处浅层滑坡。姚鑫等[14]研究发现，2013 年云南镇雄滑坡同样是由长时间低强度降雨所引起的。吴火珍等[15]对降雨作用下堆积层边坡稳定性特征进行了研究，认为雨水在基岩和土体接触的不透水层汇集，降低滑动面的抗剪强度，对土体产生向上的浮托力，最终导致滑坡的发生。而对于短时的强降雨模式，坡体受雨水入渗时间较短，湿润峰向下发展的时间短，导致边坡表层土体达到较高的饱和度，所以在这种模式下容易产生浅层或中层滑坡以及泥石流等[16-18]。吴李泉等[19]研究表明，浙江武义平头村滑坡是由于短时强降雨所引起的。Montrasio 等[20]研究表明，意大利 Campania 地区发生短时强降雨诱发的浅层滑坡。许强等[21]和支墨墨[22]研究发现，对于风化严重且裂隙发育的边坡，短时强降雨易从裂隙入渗并流入大量的雨水，从而导致边坡体内孔隙水压力迅速增加，对边坡产生较强推力，最终导致滑坡发生。

深层滑坡主要由长时间的强降雨引起，且滑动面的深度一般位于边坡的软弱带或风化破碎带或岩土分界带，滑坡体的厚度往往达到数十米甚至上百米。滑坡体同时具有能量高和速度快等特征。降雨诱发滑坡发生的主要物质基础多数为稳定基岩上方的残积和崩积土坡、填土坡、含破碎层或风化严重的斜坡、排土场以及工程切坡等[23-25]。Song 等[26]分析了大型堆积层边坡在多因素影响下的失稳机制，认为致使该类边坡发生失稳破坏的主要因素是降雨、爆破和人工切坡。Collins 等[27]和 Wang 等[28]将降雨诱发的滑坡实例和理论相结合，通过研究发现了两种降雨诱发滑坡的失稳模式：一种是边坡岩土体渗透系数较大，引起湿润峰扩展和孔隙水压力增加较快，从而使边坡岩土体达到饱和状态，这类情况下，降雨引起的滑坡深度较浅，此时对滑坡起主导作用的是边坡体内的渗透力；另外一种是边坡岩土体的渗透系数较小，湿润峰扩展及孔隙水压力变化缓慢，边坡在非饱和状态发生变形破坏，产生这种破坏现象的原因是基质吸力的突降引起潜在的或已有滑动面的抗剪强度降低，从而引起深层降雨型滑坡。Johnson 等[29]通过研究发现了这种孔压快速增长而引起的降雨型滑坡规律。Gerscovich 等[30]通过室内物理模型得出，在降雨入渗过程中，边坡产生局部的破坏，且破坏区不断扩展，从而引起边坡的整体破坏，而此时边坡仍处于非饱和状态；对于开挖卸荷的边坡，尤其是强风化岩质边坡，在强降雨条件下，边坡表层会快速形成一定厚度的饱和土层。Tohari 等[31]采用砂土和花岗岩残积土构建均质的边坡模型，通过对边坡后部实施渗流和降雨进行实验，研究表明，边坡的整体破坏是由局部的渗流饱和区引起的局部边坡失稳所引起的。银明锋[32]通过物理模型实验得出了降雨作用下风化岩石边坡多产生浅层的牵引式滑坡。

降雨诱发滑坡的过程主要体现为：由于降雨的入渗，边坡体内的含水率发生改变，边坡从非饱和状态向局部饱和状态转变，造成坡体内非饱和渗流场发生改变，引起孔隙水压力升高、渗透力增加以及岩土体的重度变大[33]，导致潜在滑动面的剪应力增加[34]。坡体内孔隙水压力的增加，造成土体基质吸力降低[35]，潜在滑动面附近岩土体的抗剪强度降低[36]。而非饱和土体的抗剪强度可以表示为：

$$\tau = c' + (\sigma - u_a)\tan\varphi' + (u_a - u_w)\tan\varphi^b$$

式中 c'，φ'——饱和土体的有效黏聚力和有效内摩擦角；

u_a，u_w——孔隙气压力和孔隙水压力；

$u_a - u_w$——基质吸力；

φ^b——对应基质吸力的内摩擦角；

σ——总应力。

林鸿州等[37]通过降雨诱发土质滑坡的物理模型实验得出，短时强降雨作用下，边坡主要产生流滑破坏和冲蚀现象；长时间低强度的降雨作用下，边坡主要产生规模较大的滑动型破坏。李焕强等[38]通过降雨模型实验得出，边坡的坡脚越大，降雨引起边坡的变形时间越长，且主要表现为边坡前缘推力的变化。李龙起等[39-40]通过不同降雨模型实验得出，短时强降雨通过改变边坡表层孔隙水压力而导致边坡浅层滑坡，长时间的小雨通过改变边坡内部的基质吸力而引起深层滑坡。戚国庆[41]运用非饱和土力学和非饱和渗流理论，对泄滩滑坡失稳机制进行研究，得出滑坡体内的基质吸力随着埋深不同与降雨有不同的对应关系。兰恒星等[42]运用非饱和渗流理论分析了滑坡失稳机制，得出孔隙水压力的突变多诱发浅层滑坡。弗雷德隆德等[43]通过模拟分析了边坡在降雨条件下的稳态渗流和瞬态渗流状况，提出了在利用极限平衡方法计算边坡稳定性时应考虑基质吸力的作用。Song 等[44]对多因素作用下堆积层滑坡的失稳机制进行了研究，得出降雨和人工爆破开挖是导致边坡大变形失稳的主要因素。

1.2.2 滑坡物理模型实验分析

20 世纪初期，欧洲一些国家基于结构模型展开了一系列的实验研究，并基于实验过程中的经验，建立了模型相似理论，而滑坡物理模型实验也由此发展起来。20 世纪 60 年代，以瓦意昂(Vajont)双曲拱坝为工程背景，Fumagalli 等[45]开展了三维模型全过程破坏实验，开创了工程地质力学模型实验的先河。之后地质力学模型实验作为一种研究手段被国内外学者所接受[46-51]。同时，滑坡物理模型实验是针对滑坡这种特殊的对象而建立的工程地质力学模型实验，可以清晰地再现滑坡灾害，并直观地揭示滑坡的失稳机制，而且具有可重复性，这是其他研究手段不可取代的[52]。目前，常用的滑坡物理模型实验手段主要有三种：现场实验[53-57]、离心机模型实验[58-59]和框架模型实验[60]。

现场实验虽然能够很好地反映边坡变形的真实情况和破坏过程，但是由于这种实验方法对实验场地、人力、物力和财力的要求比较严格，同时存在一定的危险性，限制了现场实验的应用和推广。1869 年，法国人菲利普斯首次对边坡进行离心机模型实验，通过放大倍数的离心场来模拟滑坡原型的失稳情况。之后，不少国内外学者利用离心机模型实验取得了大量的研究成果。但是由于离心机模型实验对设备要求非常高，且施加人工降雨较为复杂，所以在研究降雨诱发滑坡的研究中使用度较为有限。框架模型实验相较于其他两种实验手段而言，操作简单，增加人工降雨设备容易，同时可以增加多种监测手段来模拟降雨型滑坡的变形破坏过程，所以这方面的研究成果很多[61-62]。

Lim 等[63]通过现场测试研究了边坡中负孔隙水压力变化对浅层滑动面的影响，得出基质吸力的改变和地下水位的发展是导致浅层滑坡的主要原因。Iverson 等[64]通过室内二维边坡物理模型得出，当边坡发生破坏，滑坡体的土壤孔隙处于饱和或接近饱和状态时，泥石流流动的潜力就会增加。Okura 等[65]通过斜坡模型实验得出，不排水加载引起的滑坡流态化过程经历了上游塌方引起的坡体压实、饱和段超静孔隙水压力产生和快速剪切诱导三个阶段。Orense 等[66]通过一系列砂质边坡室内模拟实验得出，坡脚土壤局部的饱和状态会诱发边坡破坏。Moriwaki 等[67]通过足尺滑坡实验得出，边坡上部和下部地下水压力的增加是由滑体平动、滑体剪切和滑体对土体的压缩-剪切作用共同造成的。Rahardjo 等[68]通过对残积土坡进行测量，得出湿润期的入渗因为地下水位的存在而导致正孔隙水压力的发展，从而形成滞水面，引起边坡变形。Huat 等[69]通过模型实验得到，对比地表有覆盖和裸露的边坡，前者有更小的土壤入渗率，而土体入渗率越高，滞水面形成越早，边坡稳定性越差。Lourenço 等[70]通过分层物理模型实验得出，边坡破坏模式主要取决于相对层位以及实际渗透方向下的孔隙水压力。Ching-Chuan 等[71]通过人工降雨斜槽实验，提出了基于土-基岩界面孔隙水压力和土壤湿度的“内部响应时间”准则，且其能够作为降雨入渗下浅层边坡破坏发生的有效指标。Lee 等[72]通过离心机模型实验研究了暴雨期间的静态液化对松散填土边坡失稳的影响。Ling 等[73]进行了不同高度、坡度和土壤类型的坡度模型实验，结果表明，降雨作用下边坡的破坏体现在基质吸力的损失，相当于表观黏聚力的降低。Kawamura 等[74]在具有多种含水率和坡角的斜坡上进行了一系列降雨实验，实验结果表明，坡面破坏与坡角和初始含水量有较大的关系。Egeli 等[75]通过土壤-水相互作用模拟系统指出，边坡安全系数随压实度的增大而增大，土壤密度、孔隙度、饱和度、含水量和液气两相的渗透率也会影响土体抗剪强度和边坡稳定。Vedie 等[76]通过物理模拟实验研究了降雨和积雪融化对冻土覆盖下的边坡的影响，在融雪阶段施加两种不同程度的降雨时，滑坡主要在冻土与非冻土的界面发生。Wu 等[77]通过边坡模型实验得出，降雨入渗到坡体裂隙，使坡体后缘含水率和孔隙水压力迅速增大，这对坡体流动过程和坡体破坏有较大影响。Zhou 等[78]对滑坡的起裂机理进行了室内物理模型实验，指出滑坡的产生是长期影响和短期影响的耦合。Lora 等[79]在人工山坡上进行了物理实验，得出在不同初始压实程度下，松散砂土边坡突然发生破坏，无先兆，表现为黏性流体。Wang[80]通过现场模型实验得出，降雨-蒸发循环次数增加及地表累积变形的长期积累可能导致坡肩拉裂，坡底剪应力集中。Damiano 等[81]对非饱和边坡进行了入渗实验，得出长时间持续降雨导致最深层土壤水含量增加，土壤破裂也可能发生在底部土壤。

Li 等[82]通过缩尺模型实验研究了沟内泥石流暴发的临界条件和成因，指出坡面泥石流的发生主要受坡面控制。Tao 等[83]通过室内物理模型实验对排土场稳定性进行了研究，结果表明，降雨量和堆载对排土场滑坡有较大影响。Sun 等[84]研究了降雨方式对不同结构黄土边坡的变形破坏影响，得出边坡结构对稳定性的影响大于降雨。Hojat 等[85]开展了不同降雨模式下引发浅层滑坡的室内物理模型实验，发现当土壤饱和度超过 45%时，边坡发生失稳。Cai 等[86]进行了强降雨条件下滑坡沉积物发生细沟侵蚀和破坏的模型实验，得出坡度为 60°的非饱和砂土边坡的典型破坏模式为局部破坏扩展导致整体坍塌。Zhang 等[87]基于不同降雨时间和强度下的土壤孔隙压力变化情况，得出孔隙水压力降低了有效应力，改变了土体的应力状态，导致边坡发生破坏。Tang 等[88]研究了水在多层边坡中的入渗特性及对边坡破坏模式的影响。Li 等[89]进行了不同降雨条件下黄土高陡倾斜边坡室内人工降雨实验，结果表明，非饱和条件下黄土高陡边坡雨水侵蚀破坏的渗流特征是优先流和基质流渗流场相互作用的结果。Shu 等[90]建立了人工降雨诱发边坡破坏的物理模型，实验结果表明，因降雨侵蚀和雨水入渗的双重作用，土壤孔隙水压力、土压力、体积含水量呈现迅速增加的趋势，边坡的破坏形式主要是崩塌、裂隙和滑动。韩帅[91]通过室内大型物理模型实验，分析了不同预制结构面情况下斜坡内部水分的入渗规律、内部土压力演化规律及边坡变形破坏特征。

Li 等[92]通过室内物理模型实验，改变软硬基岩的比例，在滑坡后缘施加荷载，研究了抗滑桩在上硬下软边坡滑动过程中的受力变化特征，并确定了不同软硬岩比例的抗滑桩的最佳嵌入深度。严秋荣[93]对抗滑桩加固后的堆积体边坡进行物理模型实验，通过降雨和开挖验证了抗滑桩对边坡的变形起到了很好的控制作用。Xu 等[94]通过对自适应锚杆加固的边坡进行震动台实验，研究了改进的自适应锚杆不同的恒阻力和滑动距离在震动过程的调整特征，发现合理的恒阻力和滑动距离可以让锚索更好地适应边坡的变形和吸收边坡变形产生的能量。凌浚菠[95]对煤系膨胀土边坡模型进行降雨模型实验，对边坡含水率及基质吸力的变化规律进行了监测，观测了煤系膨胀土边坡在持续降雨作用下的变形破坏模式以及边坡中的锚杆轴力变化规律。亢嘉延[96]对反倾岩质边坡-锚固体系进行模型实验，通过开挖和推动作用来模拟边坡卸荷阶段与变形阶段的边坡演化规律及锚索受力特征。何江飞[97]研究了开挖作用下预应力锚索和加筋土挡墙对边坡变形的协同作用机理，使边坡的安全系数明显提升。

1.2.3 边坡失稳与控制数值模拟分析

数值模拟方法能快速模拟边坡内部较为复杂的应力、位移等变化过程，因此在降雨型滑坡研究领域得到了广泛应用。随着计算机技术的快速发展，数值模拟技术(如有限元法、离散元法等)已经相当成熟。

Luo 等[98]在野外调查的基础上，利用离散元数值模拟软件 UDEC 研究了地震诱发唐家山滑坡的失稳机理。Sarkar 等[99]采用二维数值模拟确定了 Amiyan 地区滑坡滑动范围，通过三维数值模拟更加深入地研究了滑坡的破坏机制和影响区范围。Fang 等[100]利用离散元数值模拟软件 UDEC 研究了黄龙沟某大型古滑坡动力响应特性及动力过程。刘云鹏等[101]通过离散元数值模拟软件 UDEC 模拟了地震作用下软硬互层型反倾边坡的失稳机理。

高连通等[102]采用 GeoStudio 有限元模拟软件，对重庆西泉滑坡在 6 种降雨工况下进行了渗流-应力-位移综合模拟研究，研究了滑坡位移量和滑带剪应力分布与降雨历时和降雨强度的关系。杨晓杰等[103]通过数值模拟方法，研究了边坡岩体渗流场随暴雨持续时间的变化规律，指出合理布置截水沟和钻孔排水有利于增强边坡稳定性。Rahardjo 等[104]对不同地下水位和降雨强度作用下的边坡状态进行了研究，得出边坡破坏相对于基质吸力的变化具有明显的滞后现象。蒋中明等[105]采用 GeoStudio 有限元模拟软件对汝郴高速公路软岩边坡在极端久雨的条件下进行了渗流分析。王焕等[106]利用数值模拟方法对某滑坡稳定性进行了定量计算，确定了滑坡产生的主要影响因素为降雨。

张社荣等[107]基于 ABAQUS 对不同降雨作用下边坡的破坏机制进行了探究，得出长时间小雨易诱发深层滑坡，相反短历时高强度降雨易导致边坡渐进式破坏。刘先珊[108]采用 DDA 的裂隙岩体非饱和渗流应力耦合模型对边坡破坏机理进行了研究。Pan 等[109]利用颗粒流模拟程序 PFC^{3D}模拟暴雨诱发堰塞湖的形成和演化过程。

孙书勤等[110]通过数值模拟软件 FLAC^{3D}对滑坡的变形破坏过程及特征进行了模拟。石露等[111]以海南某露天铁矿边坡为例，基于 FLAC^{3D}软件构建了边坡模型，计算发现降雨极易诱发边坡形成顺层滑坡。刘子振等[112]通过 FLAC^{3D}软件对长期持续性小雨条件下发生失稳破坏的边坡进行了数值分析，得出边坡滑动面附近的岩土体表现为非饱和状态。Jiang 等[113]采用 FLAC^{3D}软件建立了三峡水库桥头滑坡的三维地质模型，利用饱和-非饱和流固耦合理论进行了数值模拟。Singh 等[114]基于 FLAC^{3D}软件分别对多个模型的计算参数进行了对比，结果证明 2D 和 3D 模型所计算的安全系数基本一致。徐迟等[115]利用 FLAC^{3D}软件模拟了黄土滑坡在库水位及降雨共同作用下坡体内部渗流场的变化情况，并深入探讨了滑坡变形复活的机理。Li 等[116]采用改进的有限差分模型模拟了泾阳黄土塬典型挟带软弱夹层滑坡的启动过程，得出与现场结果一致的滑移距离和覆盖面积。王新刚等[117]建立了三维边坡模型，利用 FLAC^{3D}软件研究了采用抗滑桩治理后的滑坡在库水位变化下的位移变化和受力情况，研究表明桩土土拱效应对于边坡的变形控制具有较好的效果。

Sun 等[118]和 Zhang 等[119]利用 3DEC 软件对钢拱支护和 NPR 锚索支护的木寨岭隧道围岩特征进行了对比分析。Tao 等[120]利用 3DEC 软件建立了 NPR 电缆大变形数值分析力学模型，对滑坡全过程进行了数值模拟计算。Zhu 等[121]利用 3DEC 软件建立了反倾边坡的数值模型，模拟了 NPR 锚索对反倾边坡的控制效果。Yan 等[122]利用 FLAC^{3D}软件建立了锚固顺层岩质边坡动力数值模拟模型，研究了地面参数对锚固顺层岩质边坡动力响应的影响。Zhan 等[123]利用 FLAC^{3D}软件建立了具有两个断层的高陡岩质边坡模型，分析了开挖过程中预应力锚索加固方法对边坡稳定性的控制效果。Zhu 等[124]利用 FLAC^{3D}软件对高填方边坡支护结构进行了建模，提出将预应力锚索-桩-板墙结构应用于高填方边坡支护工程中。Zhu 等[125]利用 FLAC^{3D}软件模拟了不同锚杆数下层状岩体的锚固特性。Lin 等[126]采用 FLAC^{3D}软件研究了层状岩体边坡与桩的相互作用。Li 等[127]将恒阻大变形锚索的失稳准则导入 FLAC^{3D}软件中，对真实岩崩进行了模拟分析。Zhang 等[128]基于 FLAC^{3D}软件构建了 NPR 锚索的力学模型，对南芬滑坡的全过程进行了模拟分析。

1.2.4 滑坡灾害监测预警技术分析

滑坡是一种特殊而又复杂的地质灾害现象，滑坡过程本身又是一个复杂的力学系统的变化过程，同时诸多外界因素也会对滑坡形成产生影响，滑坡失稳过程也伴随着变形、声、水、能量等多方面信息的释放[129]。因此，滑坡的监测包括对滑坡的致灾因素、成灾过程、防灾过程以及防灾效果的监测。为了对滑坡过程进行了解、监测、预警和防治，需要对伴随滑坡而产生的各种信息以及对造成滑坡的各种诱发因素进行监测和统计。随着科技的进步，监测手段开始从人工化到机械化再到智能化发展，监测手段越来越多，监测精度越来越高，监测的内容也越来越丰富，监测的维度从点到线、从线到面，再到现在天空地一体化监测。目前，对滑坡灾害应用广泛的监测手段主要包括应变监测、水文监测和临滑异常信息监测等。

传统的滑坡位移监测手段主要以人工的大地测量为主，仪器包括经纬仪、全站仪等[130]。之后以机械测量为主的自动裂缝计、自动伸缩仪等监测仪器开始运用到滑坡监测中[131-132]，使监测的精度和效率得到了提高。目前，全球定位系统(GPS)已经发展成为滑坡监测中应用最广泛的位移监测手段[133-135]，GPS 监测具有准确性高和可实时工作的特点。三维激光扫描技术(TLS)具有效率高和精度高的特点，可以有效获得边坡表面的三维点变形云图，人们基于此对滑坡灾害进行监测和预报[136-137]。合成孔径雷达(SAR)技术通过雷达发射微波，利用波的反射得到边坡的三维图形，根据每次获取数据的差异来反映出边坡表层的微小变化，从而实现对边坡变形和滑坡灾害的监测[138-139]。虽然 SAR 技术不用依靠其他的传感设备即可实现边坡大范围的监测[140]，但是 SAR 技术要求较高，需要采用专门的数据处理分析设备和技术，且费用较高，因此没有广泛的应用[141]。美国加利福尼亚州门洛帕克地调局首次将地理信息系统(GIS)技术与地质灾害的监测联系起来，而首次将 GIS 技术与滑坡灾害监测结合起来的是美国贝恩-南希(Bain-Nancy)团队，他们通过卫星对边坡表面的变形和破坏数据进行获取、存储和对比分析，从而实现了对滑坡的监测和预警[142-145]。

水对边坡稳定性的影响很大，水的动态监测通常包括降雨监测、地表水监测和地下水监测。降雨是滑坡的主要诱发因素，同时地表水的形成和地下水的波动主要由降雨引起，所以有大量学者以降雨为对象进行了监测研究。胡明鉴等[146]通过室外实验，研究了降雨对边坡失稳的作用。降雨监测的主要参数是降雨阈值。Guzzetti 等[147]研究表明，降雨阈值是可以用来预测滑坡发生的有效参数。Aleotti 等[148]研究表明，降雨阈值的监测主要涉及两部分：物理降雨阈值和经验降雨阈值。Baum 等[149]研究指出，物理降雨阈值需要通过对滑坡区域的地形地貌、地层岩性、水文特征等信息进行整合，从而确定物理与水文之间关系的模型。大量的学者通过对降雨模式、地形地貌、地层岩性、水文与非饱和理论建立联系，构建了滑坡预测的物理降雨阈值[150-152]。Brunetti 等[153]和 Wieczorek 等[154]研究指出，经验降雨阈值监测方法是基于以往的经验，定义当降雨量达到或超过某一值时，可能会造成滑坡的发生。基于此，大量学者开始对经验降雨阈值进行分类和研究，取得了丰富的研究成果[155-157]。高华喜等[158]对滑坡和不同降雨参数进行了统计和分析，总结了深圳地区诱发滑坡的降雨阈值。Hu 等[159]从坡体孔隙水压力、坡表及内部位移以及震动信号等出发，通过室内模型实验揭示了边坡内部不同土粒含量对滑坡启动和演化的影响，得出孔隙水压力可以作为滑坡早期预警的监测指标。Yang 等[160]研究了强降雨条件下含软弱夹层滑坡的失稳机理，认为孔隙水压力增长及软弱夹层遇水软化是导致滑坡失稳的决定性因素。

随着科技的不断发展创新，应用于滑坡灾害预测预报的技术不断完善，但难以实现对滑坡的精准预报。2007 年，何满潮院士首次基于大变形控制理论提出了恒阻大变形锚索的设计构想。2008 年，何满潮[161]对滑坡发生的充分必要条件进行了研究和分析，提出了位移、裂缝的产生及温度、声波等的变化都是滑坡发生的必要条件，其认为只通过对这些现象的监测很难提前对滑坡进行预报，需要同时对滑坡发生过程中下滑力和抗滑力变化状态进行分析，因此，他提出了滑坡发生的充分必要条件：滑动前剪切滑动力的变化。此后，他带领团队人员通过物理模型实验对超前滑动力进行了验证，在此基础上自主研发了滑坡牛顿力远程智能监测预警系统，并在全国多个地区进行了现场应用[162-166]。为了能够适应边坡的大变形，避免监测过程中因小变形材料无法适应边坡大变形而导致监测中断，无法达到滑坡灾害监测的精度和效果，何满潮院士等成功研制出了一系列具有高恒阻、大变形以及明显负泊松比效应的恒阻大变形锚索[167-173]，并将其成功与滑坡牛顿力远程智能监测预警系统结合，用于滑坡的现场监测预警工程。经过多年的发展，该系统已经在全国 26 个示范区建设了 543 个牛顿力监测点，并成功预报了 16 次滑坡灾害，挽救了数百人的生命和数以亿计的财产[174-176]。

1.3 存在的问题

国内外的专家学者对降雨及人工开挖诱发滑坡问题进行了现场调研、理论分析、实验研究、数值分析等多项研究工作，取得了丰富的研究成果。但是，不同的区域环境存在不同的降雨和工程地质条件，由此产生的滑坡失稳机制也具有其独特性。目前的物理模型实验更多的是针对降雨诱发滑坡的过程和机理研究，而忽略了对于不同控制对策作用下的边坡稳定性的影响研究。降雨条件下，将普通力学锚索（简称 PR 锚索）和负泊松比锚索（简称 NPR 锚索）作用于强风化松散岩体边坡的加固控制及监测预警对比研究尚属空白，因此可针对以下问题开展相应的研究工作：

（1）目前关于降雨诱发强风化岩质边坡的大变形失稳机制的研究主要是针对降雨条件下单纯的边坡失稳机理或针对边坡变形的小变形材料（PR 锚索等）控制对策研究。对于熊家山采石场强风化岩质边坡，小变形 PR 锚索和大变形 NPR 锚索在降雨-开挖联合作用下的力学响应规律和控制机理还不明确，因此需要对降雨-开挖联合作用下强风化岩质边坡的大变形失稳全过程及不同支护材料的控制规律进行针对性的研究。

（2）目前关于 NPR 锚索控制特性的物理模型实验研究中，还没有针对临滑前后边坡岩土体力学性质（如土压力、孔隙水压力和含水率等）变化的规律与 NPR 锚索力学响应规律的对比分析。

（3）目前关于 NPR 锚索对边坡稳定性影响的研究主要是采用数值模拟的方法，然而针对三维边坡模型，不同 NPR 锚索布设参数对强风化岩质边坡的加固-防治-监测-预警效果的影响还不清楚，需要进行深入而系统的研究。

（4）目前关于边坡稳定性的加固预警技术有很多，但是使用的加固材料主要是小变形材料，且主要是针对滑坡产生的必要条件进行监测。目前使用滑坡牛顿力远程智能监测预警系统预警成功的滑坡案例中，没有针对强风化岩质边坡的应用，因此需要对滑坡牛顿力远程智能监测预警系统在强风化岩质边坡上的效果进行应用和研究。

1.4 主要研究内容

针对目前强风化岩质边坡在降雨-开挖联合作用下的失稳机理、加固控制、监测预警方面存在的问题，本书主要研究内容如下：

（1）小变形和大变形支护材料对强风化岩质边坡变形控制机理的对比研究

以熊家山采石场强风化岩质边坡为工程背景，采用物理模型实验的方法，构建无加固自然边坡、常规小变形 PR 锚索加固边坡和大变形 NPR 锚索加固边坡 3 种边坡模型，重现降雨-开挖联合作用下的滑坡完整演化过程。结合多源监测方法，获取实验全过程的坡表位移、土压力、孔隙水压、含水率、基质吸力等监测数据，同时获取滑坡全过程 PR 锚索和 NPR

锚索的力学响应规律，揭示边坡失稳大变形机理以及PR锚索和NPR锚索对边坡的控制特性。

(2) 临滑前后岩土体力学性质变化规律与NPR锚索力学响应规律的对比研究

通过无支护条件下和PR+NPR锚索支护工况下的物理模型实验，获取边坡临滑前后土压力、孔隙水压、含水率以及NPR锚索轴力的监测曲线变化规律。通过对比分析临滑前的曲线特征，揭示NPR锚索用于滑坡临滑监测预警的优越性。

(3) 不同NPR锚索布设关键参数对边坡加固-防治-监测-预警效果的影响

通过物理模型实验与数值模拟相结合的方法，研究NPR锚索对强风化岩质边坡的控制特征。再通过数值模拟的方法，研究不同NPR锚索布设参数(锚索数量、锚固角度、预紧力、锚固长度)对边坡变形以及锚索受力和位移的影响，揭示NPR锚索布设关键参数对边坡加固-防治-监测-预警效果的影响规律。

(4) 强风化岩质边坡加固监测预警对策的现场工程应用

采用宏观NPR锚索和滑坡牛顿力远程智能监测预警系统对采石场边坡进行现场支护和实时监测，对施工期和降雨期的锚索受力进行监测，获取现场边坡从稳定到大变形全过程滑动力的变化曲线，获取边坡的临滑预警关键信息，实现对滑坡的临滑预警，验证宏观NPR锚索能适应边坡大变形的特征以及滑坡牛顿力远程智能监测预警系统临滑预报效果。

1.5 研究方法和技术路线

1.5.1 研究方法

针对本书的主要研究内容，采用的主要研究方法如下：

(1) 物理模型实验

根据熊家山采石场边坡的特殊工程地质条件，依据物理模型实验相似理论，选取合适的相似常数和相似材料，建立不同支护条件下边坡的工程地质力学模型，采取人工降雨的方法，通过物理模型实验再现边坡在降雨-开挖联合作用下的变形失稳全过程。通过对边坡在降雨和开挖过程的表面位移场、锚索轴力、土压力、孔隙水压力、含水率和基质吸力进行监测，获取边坡变形全过程监测数据的演化规律，研究边坡在降雨-开挖联合作用下的大变形失稳机理，验证NPR锚索适应边坡大变形的特征以及牛顿力变化曲线作为边坡临滑预警准则的优越性。

(2) 数值模拟实验

利用有限差分数值模拟软件$FLAC^{3D}$，根据不同工程背景下岩土体物理力学特征、地形地貌和地层岩性，构建熊家山采石场边坡的三维模型，对比研究暴雨饱和状态下的PR锚索和NPR锚索对边坡的控制特性。同时，研究不同NPR锚索布设参数(锚索数量、锚固角度、预紧力、锚固长度)对边坡变形以及锚索受力和位移的影响，验证NPR锚索对边坡支护效果的优越性，并研究不同NPR锚索布设参数对边坡加固-防治-监测-预警效果的影响规律。

(3) 现场工程应用

在熊家山采石场边坡进行现场工程应用，采用高恒阻、高预紧力和大延伸量的宏观NPR锚索对边坡进行支护，并对降雨和开挖期间NPR锚索的受力和位移变化规律进行监测，得到边坡变形全过程NPR锚索力曲线，获取边坡临滑信息。通过对比PR锚索和NPR锚索的变形破坏特征以及NPR锚索的力学响应规律，验证NPR锚索能够适应边坡大变形的特征，验证滑坡牛顿力远程智能监测预警系统对强风化岩质边坡的临滑预警效果，为采用NPR锚索和滑坡牛顿力远程智能监测预警系统对强风化岩质边坡进行控制和监测预警提供可靠的科学依据。

1.5.2 技术路线

本书以云南省盈江县熊家山采石场强风化岩质边坡为工程背景，采用物理模型实验真实还原熊家山采石场强风化岩质边坡在降雨-开挖联合作用下的失稳大变形全过程；并通过监测边坡变形全过程的坡表位移场、锚索轴力、土压力、孔隙水压力和基质吸力的变化规律，研究强风化岩质边坡的失稳大变形机制；通过不同的控制对策，对比研究小变形PR锚索和大变形NPR锚索对强风化岩质边坡的控制特性。采用数值模拟实验构建熊家山采石场边坡的三维模型，还原边坡在开挖和暴雨饱和状态下边坡的变形破坏规律，对比研究PR锚索和NPR锚索对边坡的控制效果；通过改变NPR锚索的布设参数，研究NPR锚索布设关键参数对边坡加固-防治-监测-预警效果的影响规律。通过系统研究NPR锚索对强风化岩质边坡的控制特性，验证宏观NPR锚索对边坡大变形控制和全过程监测的可行性，并在熊家山采石场边坡上进行现场应用，为科学合理地进行强风化岩质边坡的加固和稳定性监测预警提供有效手段。

2　工程地质条件及边坡破坏模式分析

本章对熊家山采石场边坡的工程地质特征、水文地质特征进行了介绍，在此基础上，研究了边坡的工程地质条件，结合现场调研，全面掌握了边坡从开挖到变形的过程，并分析了边坡位移监测数据和降雨数据，总结了边坡产生大变形的原因和破坏模式。

2.1　工程地质概况

水库坝址区位于高黎贡山南部西侧，区内总地势为北高南低，中间为大盈江盆地。坝址区地处花岗岩地区，夹变质岩带，花岗岩地层具有风化深及球状风化、囊状风化突出的特点。经实地勘察和测试，坝址附近仅有熊家山附近出露有强—弱风化石料料源，熊家山为长地方水库坝址附近(5 km 范围内)唯一在储量和质量上均能满足筑坝需求的石料料源。熊家山采石场的地理位置如图 2-1 所示。

图 2-1　熊家山采石场的地理位置图

熊家山采石场位于支流坝址下游河心坝河与南朗河交汇处下游，采石场边坡西南端临河面局部为陡崖，岩石露头多为弱风化基岩。采石场地形坡度为 15°～40°，分布高程在 1 835～1 985 m，为浅切割低中山地形，采石场面积约为 3.69 万 m^2。

2.1.1　地层岩性及地质构造特征

水库坝址区地层出露单一，以下古生界高黎贡山群变质岩为主，其次为上古生界泥盆系板岩、石炭系砂岩和第四系松散层。此外由于区内构造复杂，岩浆活动频繁，在燕山期和喜山期侵入了大量的花岗岩，其约占工程区面积的 30%。

熊家山上覆第四系残坡积层的褐红色、黄色含碎石砂质黏土，下伏高黎贡山群上段的灰色、深灰色石英片岩、变质石英砂岩。采石场开采层为高黎贡山群上段强—弱风化基岩，其中，强风化层厚 7～24 m。剥离层主要为第四系残坡积层、基岩全风化层及强风化表层，一般厚 2～10 m。

熊家山采石场顶部及缓坡地带风化深度较深，陡坡及临河地带风化深度较浅，局部存在球状风化现象。岩体片理发育，片理产状 N30°～43°W，SW∠25°～38°。除片理外，岩体中主要发育两组陡倾角构造节理：节理 1 产状 N67°E，NW∠73°，发育间距为 0.2～2 m，节理面平直；节理 2 产状 S26°E，NE∠77°，发育间距为 1～5 m。

2.1.2 水文地质条件

熊家山为南亚热带季风气候，根据盈江气象局数据显示，熊家山采石场年平均降雨量为 2 500 mm，且雨季主要发生在 6～9 月，这 4 个月的降水量占年降雨量的 81.2%。因此，该地区水汽丰富，降水集中，雨量大，干湿季节明显。年平均气温为 19.3 ℃，年平均相对湿度为 80%。

滑坡区内地下水类型主要为第四系松散岩类孔隙水和基岩裂隙水。

① 第四系松散岩孔隙水主要存在于由冲积土、残积黏土、砂砾石等组成的岩层内部。虽然该部分岩层厚度小，但水渗透性不同，是强渗透地层的介质。该地下水主要接受大气降雨的垂向补给，在结构松散的孔隙中富集、运移，向盏达河及地形低洼处呈线状及片状散流形式排泄。

② 基岩裂隙水主要指赋存于变质岩及岩浆岩中的地下水，区内分布最广。该地下水除了受大气降雨的垂向补给外，还接受部分松散岩类孔隙水。

采石场边坡地下水位深度为 20～40 m。采石场中部和上部不受地下水影响。

2.1.3 人类工程活动

2017 年 5 月，熊家山采石场开始开采。首先，对第四系残坡的岩土体、基岩全风化层和上表层强风化层进行剥离；其次，将边坡划分为 8 级台阶进行开挖，最大开挖高度为 100.5 m。每级台阶的坡度比（高∶宽）为 1∶0.5，每级平台的宽度为 2 m。采石场采用潜孔钻钻孔、斜孔梯

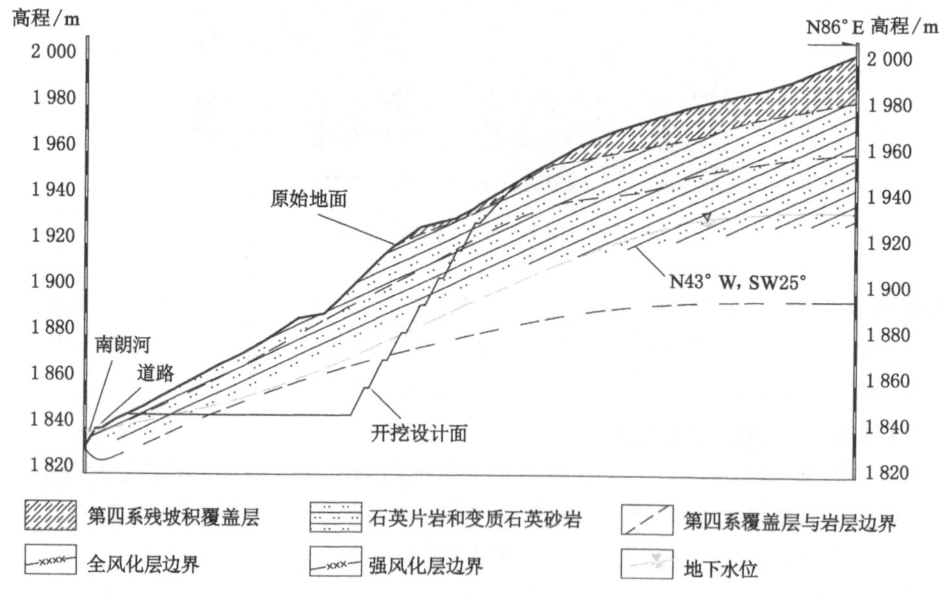

图 2-2　边坡剖面示意图

段爆破，自上而下分台阶进行开采，分台高度为 12 m。边坡的剖面如图 2-2 所示。

2.2 滑坡的变形破坏特征分析

2.2.1 第一次滑坡

2018 年 2 月 9 日，熊家山采石场边坡在开挖过程中发生了第一起滑动。边坡的破坏特征如图 2-3 所示。滑坡体呈圆形椅子状，滑坡体顶高程为 1 963 m，形成环形张拉裂隙。张拉裂隙沿坡向下延伸至 1 918 m 平台，形成一道垂直高度为 53 m、最大横向宽度为 92 m 左右、最大纵向坡长约 70 m 的滑塌体。截至 2018 年 2 月 22 日，滑塌体顶部后缘壁落差为 2.5～3 m。2018 年 3 月 13 日，在采场天然边坡高程为 1 963～1 982 m 处又出现裂隙，形成约 1.5 m 的陡坎。

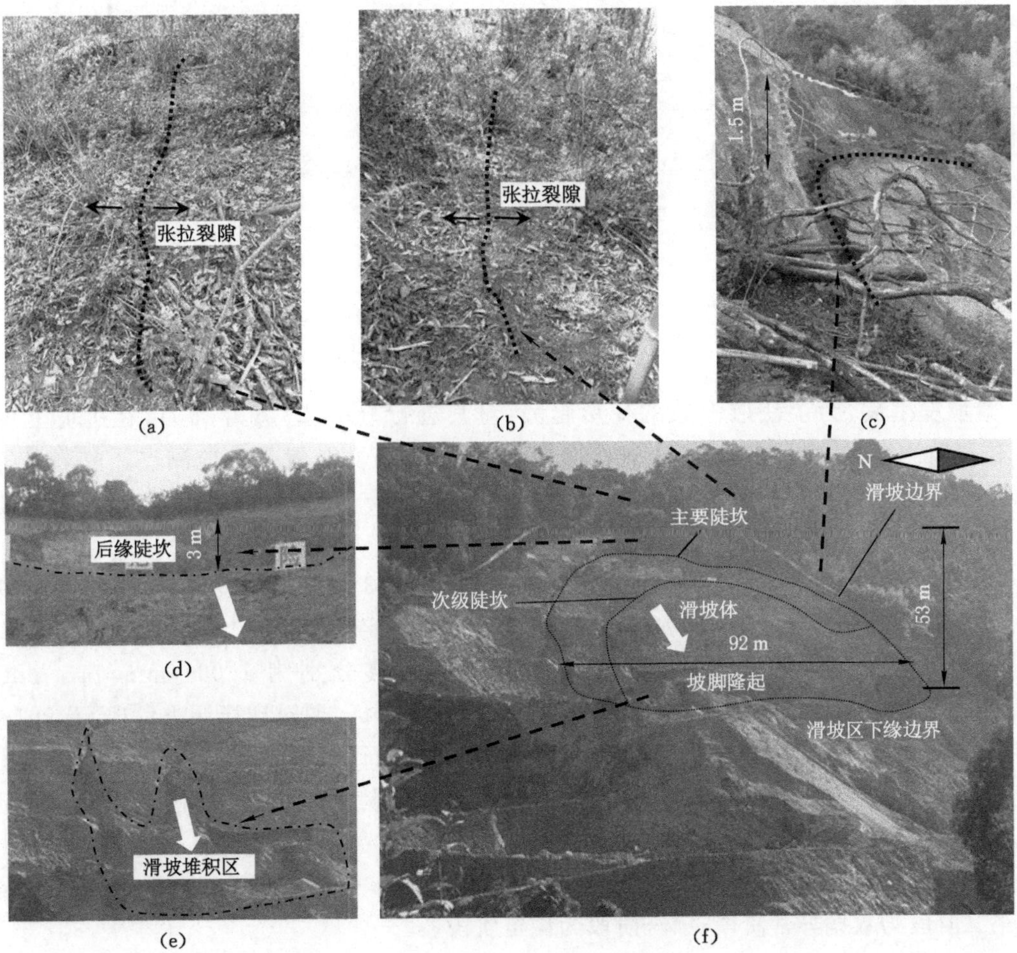

图 2-3 边坡的破坏特征

2018 年 4 月 26 日，天然边坡再次出现两条张拉裂隙，分别为 1 994 m 和 1 998 m 高程。之后，采石场边坡高程为 1 978～1 963 m 的区域出现裂隙。到 2018 年 5 月 4 日，裂隙已发展到 1 943 m 高程。在滑坡体中部形成一个陡坎，高度约为 1 m。陡坎裂隙继续扩大，并在滑坡的两侧相交。滑坡体右侧近坡脚处形成局部破碎带，破碎岩体在破碎带下聚集。滑坡导致 1 918 m 平台抬升。图 2-4 为滑坡后沿纵向的地质剖面。

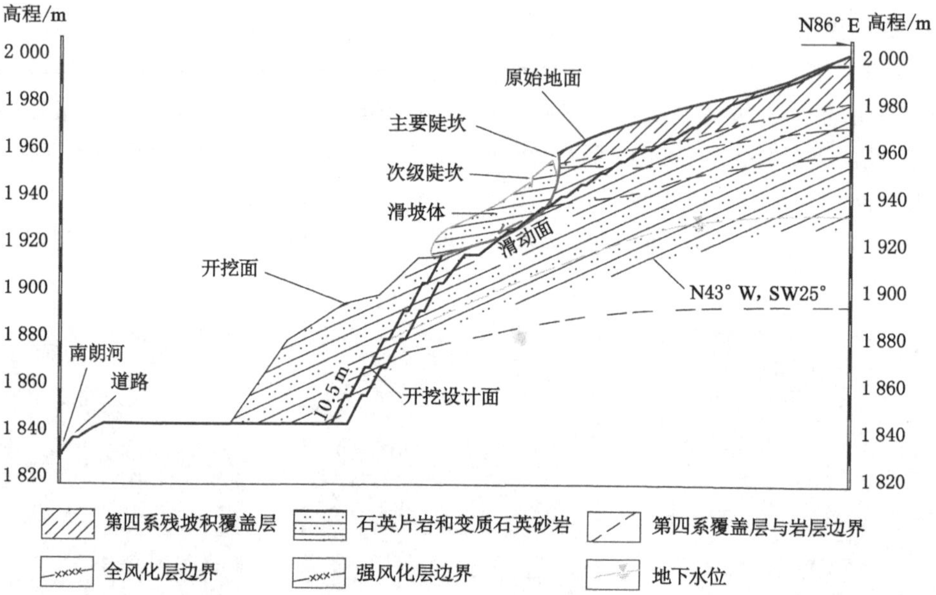

图 2-4　滑坡后沿纵向的地质剖面

滑坡发生后，为了获取滑坡的变形趋势，对其进行分析，2018 年 4 月，在边坡上设置 9 个位移监测点，其中，边坡顶部布置 2 个监测点，边坡表面布置 7 个监测点。监测点的分布如图 2-5 所示，编号为 No. 1-1～No. 1-10。其中，X 正方向为向东，Y 正方向为向北，Z 正方向为垂直向上。

图 2-6 为边坡顶部位移监测曲线。监测曲线表现出 3 个阶段的变化特征：第一阶段为初始蠕变阶段；第二阶段为位移加速阶段；第三阶段为稳定阶段。

从监测曲线可以看出，坡顶 3 个方向的最大位移分别为 1 064 mm、715 mm 和 2 201 mm。然而，第二阶段的降雨量约占总降雨量的 84%。通过现场调查发现，受 2018 年 6 月 29 日地震和持续强降雨的影响，2018 年 7 月 1 日采石场顶部裂隙变宽 6～7 cm。在坡高约 2 000 m 处，形成了高约 1.5 m、长约 60 m 的陡坎，陡崖向边坡两侧呈弧形延伸，但未贯通开挖边坡，如图 2-7 所示。

图 2-8 为边坡表面位移监测曲线，可以看出也分为 3 个阶段：第一阶段为稳定增加阶段；第二阶段为数据异常阶段；第三阶段为稳定阶段。

从曲线上可以看出，坡面位移明显小于坡顶位移。其中联合位移最大的监测点为 No. 1-9 监测点和 No. 1-5 监测点，标高分别为 1 963 m 和 1 953 m，位移分别为 335.5 mm 和 330 mm。这两个监测点分别位于滑坡的上下两盘，强降雨导致其位移的连续变化。采石场左上方增加了许多新的裂隙，而右侧只增加了一条裂隙，该裂隙与原裂隙相连，并扩展至 1 938 m 平台，如图 2-9 所示。第二阶段监测曲线波动较大，这是由现场施工影响造成

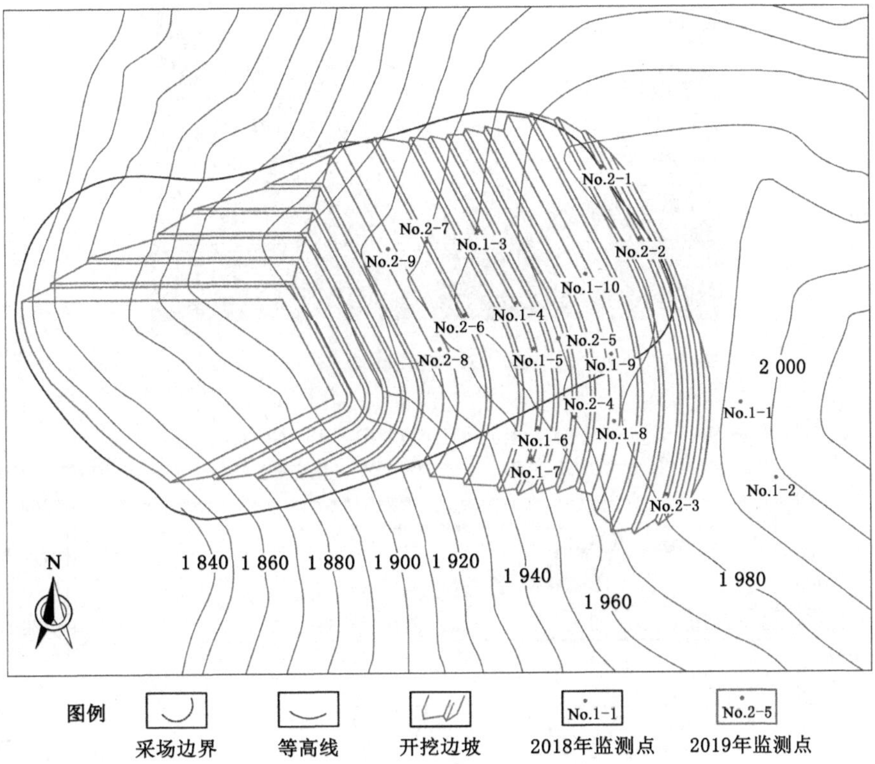

图 2-5 位移监测点分布图

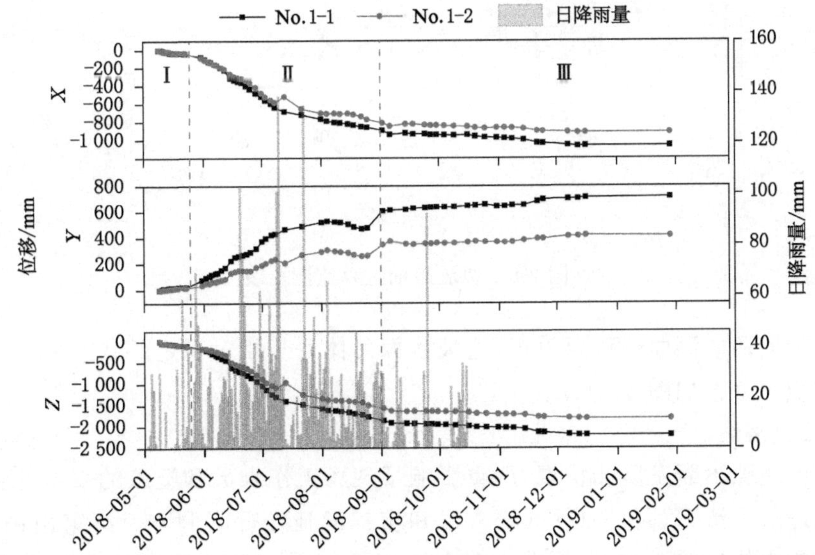

图 2-6 边坡顶部位移监测曲线

图 2-7　坡顶陡坎

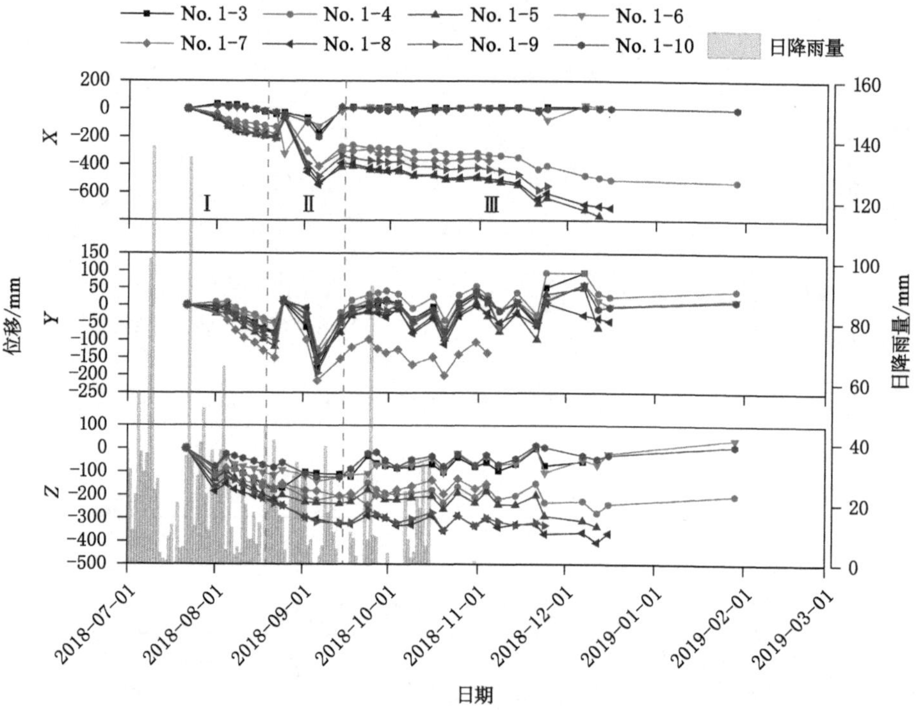

图 2-8　边坡表面位移监测曲线

的。从第三阶段的监测曲线可以看出，边坡表面总体处于相对稳定的状态。

边坡的裂隙分布如图 2-10 所示。

2.2.2　第二次滑坡

由于边坡裂隙不断发展和扩展，严重影响了现场工作人员和施工的安全，因此对已经产生的滑坡体进行了清除，同时对原开挖方案和支护措施进行了调整。熊家山采石场的最终采石场边坡向山体延伸 6.8 m，而在 1 906 m 以下的平台保持原有的台阶高度和坡度比。1 906～1 918 m 台阶高度保持不变，坡度比调整为 1∶0.75。将 1 918～1 938 m 台阶高度调整为 10 m，坡度比调整为 1∶1.25。1 938～1 963 m 台阶高度调整为 5 m，坡度比调整为 1∶1.25。1 963～1 973 m 台阶高度调整为 5 m，坡度比调整为 1∶1.5。1 973 m 以上台阶

(a)　　(b)　　(c)

图 2-9　边坡裂隙

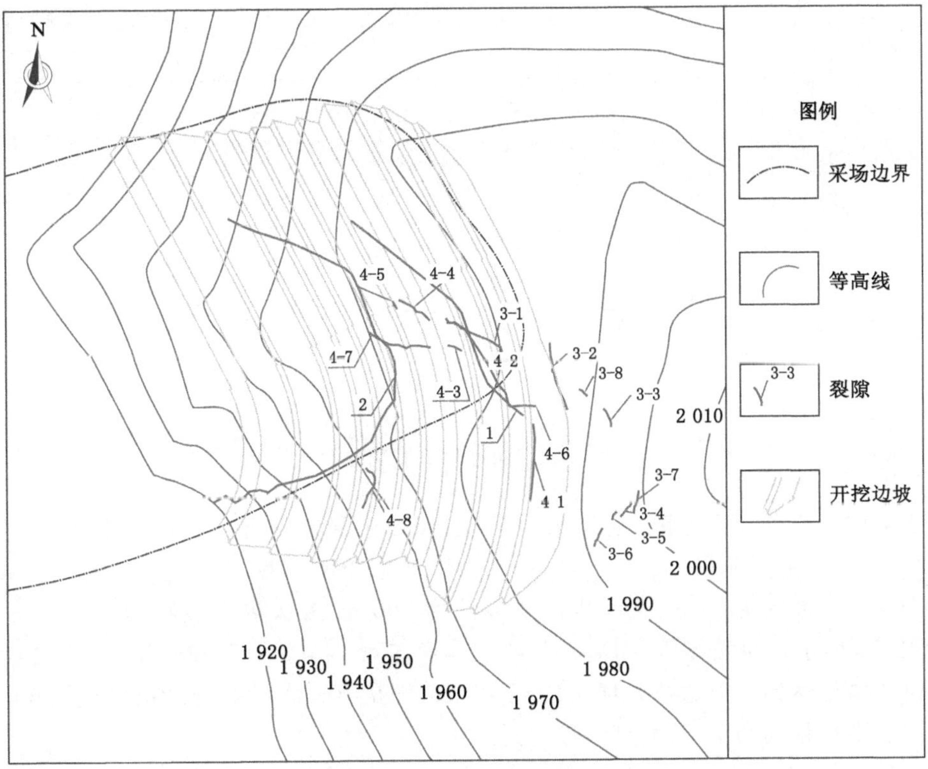

图 2-10　裂隙分布图

的坡度比调整为 1∶1.25。除 1 918 m 宽 6 m 平台和 1 963 m 宽 5 m 平台外，其余平台宽度保持不变。此外，在保留原边坡开挖面加固措施的同时，在 1 948～1 953 m 之间和 1 968～1 973 m 之间的边坡上增加了两排预应力锚索。预应力锚索布置成梅花形，锚墩与钢筋混凝土网格梁连接，锚索的预紧力为 1 000 kN。但是，由于雨季的强降雨，边坡加固施工中出现了较大的安全隐患。因此，边坡加固工程施工暂停，安装的锚索未全部施加预紧力。

在边坡进行加固期间，2019 年 5 月重新布置了边坡位移监测点，新的监测点分布如图 2-5 所示，编号为 No. 2-1～No. 2-9。

图 2-11 为边坡位移监测曲线。监测曲线仍表现出 3 个阶段的变形特征：第一阶段为稳定阶段；第二阶段为加速变形阶段；第三阶段为等速变形阶段。

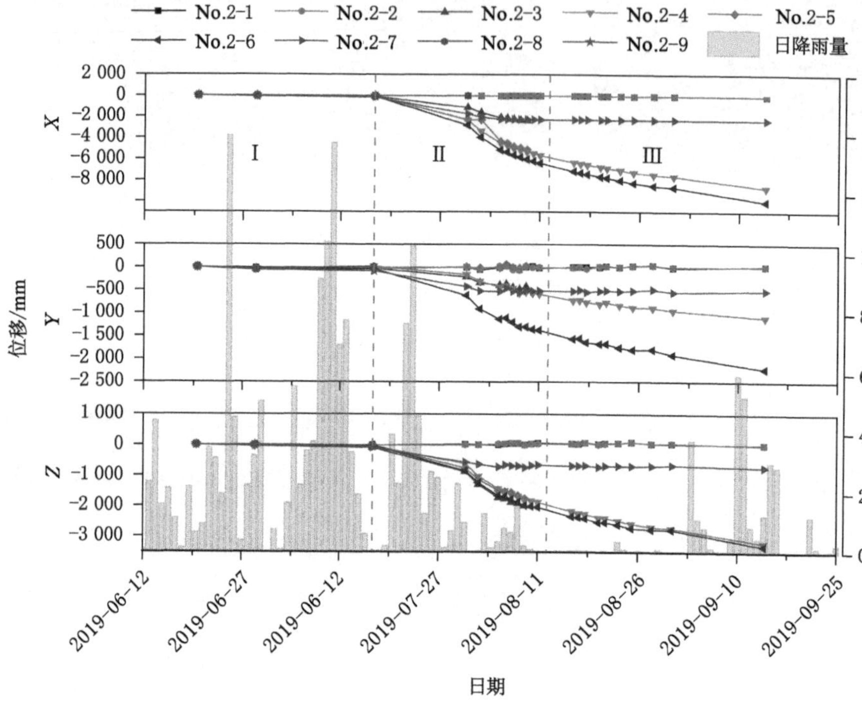

图 2-11　边坡位移监测曲线

由于采取了部分加固措施，在监测初期，边坡处于稳定状态。经过一个多月的连续暴雨，边坡进入加速变形阶段。2019 年 7 月 28 日，熊家山采石场再次发生大规模的滑坡，形成了一个垂直高度约为 82 m、最大横向宽度约为 200 m、最大纵向坡长约为 200 m 的滑坡体，如图 2-12 所示。滑坡体呈“圈椅状”，滑坡体倾向为 243°。由监测曲线(图 2-11)可知，第二阶段位移增量达到变形总位移增量的 75%。特别是 No. 2-4 和 No. 2-6 监测点处，沿边坡倾斜方向水平位移约为 7 m，垂直位移约为 2 m。

通过现场调查发现，虽然在开挖后对边坡进行了部分加固施工，但边坡仍然产生了严重的大变形。滑坡体的上缘分布在采石场开挖范围外高程约 2 000 m 处，形成了一个高差约 2 m 的陡坎[见图 2-12(a)、图 2-12(b)]。同时，位于陡坎附近的一棵直径约 1 m 的大树被连根拔起，倒在滑坡体上。从滑坡体上缘至开挖边坡顶部，出现了扇形封闭凹陷[见图 2-12(d)]，整个凹陷较为湿润。此外，该区域存在许多小而陡的陡坎，高度范围为 0.5～1 m[见图 2-12(c)]，裂隙宽度超过 5 cm[见图 2-12(e)]。

滑坡体的两侧存在明显的滑坡界限，它将整个采石场边坡划分为两部分。滑坡体的右边界较为清晰，滑坡体的滑动沉降形成数个高度超过 1 m 的陡坎，这些陡坎被雨水冲刷后形成裂隙，而且滑动面相对粗糙。滑动面主要由强风化的灰色、深灰色石英片岩、变

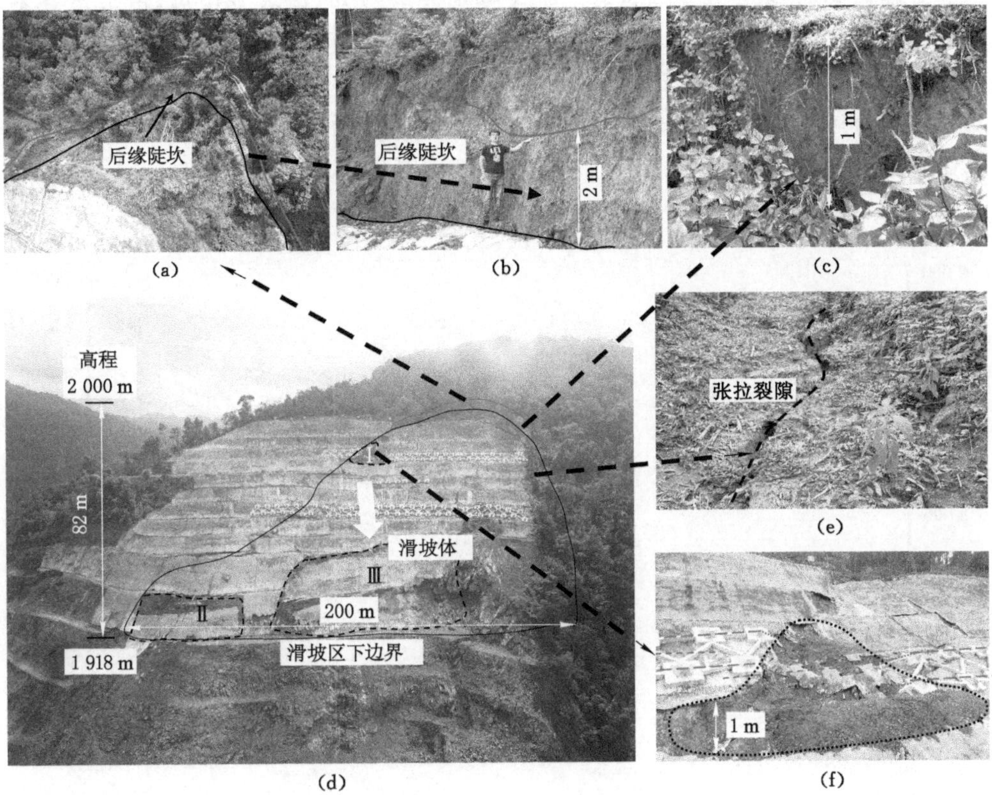

图 2-12 第二次滑坡后的边坡概况

质石英砂岩组成。同时,滑动面出露岩体湿润,易被碾压成泥状。滑动面两侧节理裂隙发育,控制滑坡体破坏的岩体结构特征明显。滑坡体左侧边界不明显,该地区以强烈风化变质岩为主,岩体节理发育,结构面粗糙。由于山崖和植被覆盖的影响,未发现滑坡体的准确左侧边界。

整个开挖边坡存在 3 个严重破坏区域:

(1) 区域Ⅰ

该区域位于滑坡体左侧,分布在 1 968～1 973 m 高程之间,如图 2-12(d)所示。滑坡体与原坡面之间产生约 1 m 宽的陡坎,造成两排混凝土格构梁错动。滑坡发生后,破坏区内 6 个锚墩被拉入滑坡体内,埋在松散的岩土体下。

(2) 区域Ⅱ

该区域位于滑坡体趾部的左侧,分布在 1 918～1 928 m 高程之间,如图 2-12(d)所示。该区域的边坡钢筋混凝土受到滑坡体的推力作用,长约 50 m 的混凝土护坡被破坏并沿坡滑动。

(3) 区域Ⅲ

该区域位于滑坡体趾部的右侧,分布在 1 918～1 938 m 高程之间,如图 2-12(d)所示。该区域约 80 m 长的混凝土护坡被严重损坏,1 928 m 平台排水沟被切断,大量破碎的岩土体从该区域滑落,堆积在坡脚。

根据位移监测曲线(图 2-11)的第三阶段变形趋势可知,滑坡发生后,滑坡体并不是处于一个静止的状态,而是以一个恒定的速度继续下滑,这表明整个边坡处于不稳定状态,因此对边坡的连续监测是非常必要的。

对滑坡发生后边坡的变形破坏特征进行分析总结,并通过钻孔取样,得出滑动面的位置为强风化和中风化岩体的交界面。图 2-13 为滑坡沿径向的地质剖面。

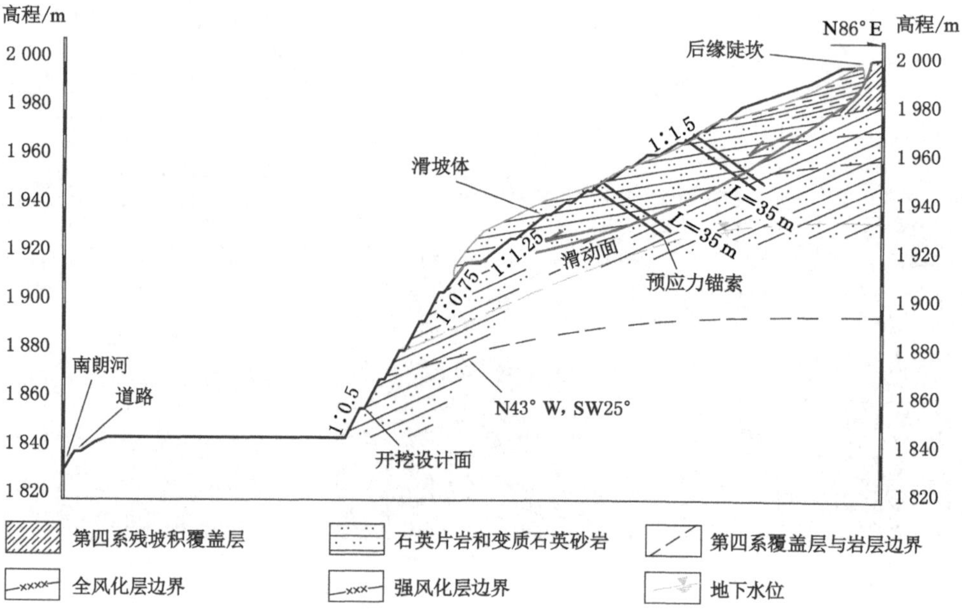

图 2-13　滑坡沿径向的地质剖面图

2.2.3　第三次滑坡

受到降雨和开挖的持续影响,2020 年 7 月 9 日熊家山采石场发生了第三次滑坡,该滑坡也是此次现场工程应用后成功预报的滑坡,滑坡后的边坡变形破坏特征以及 PR 锚索和 NPR 锚索的变形特征将在第 5 章进行详细论述。

2.3　边坡变形过程及破坏模式

通过对边坡变形特征进行分析可知,熊家山采石场滑坡的运动方式主要表现为推移式滑动。边坡破坏模式示意图如图 2-14 所示。

推移式滑坡的形成主要是由于边坡后缘受到外界环境作用产生变形和裂隙,随着边坡变形量逐渐增加,裂隙不断下切扩展,边坡后缘产生的下滑力不断增加,推动下部边坡产生隆起变形,并向临空面滑动。较为明显的边坡破坏特征为后缘沉降、后缘反倾平台和前缘隆起,这也是熊家山采石场滑坡的主要滑动方式。边坡的变化过程可以概括为:开挖卸荷—边坡回弹变形—降雨入渗—边坡浅层滑塌—滑塌扩展—边坡后缘产生张拉裂隙—降雨入渗—滑动面扩展—边坡后缘沉降—滑坡形成—滑坡体变形与再次稳定。

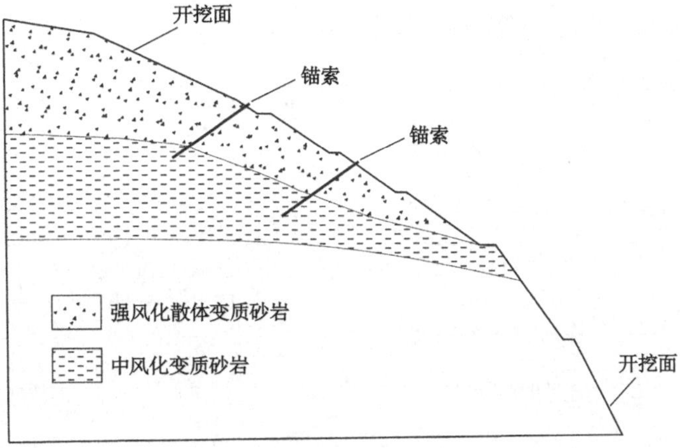

(a) 边坡初始状态

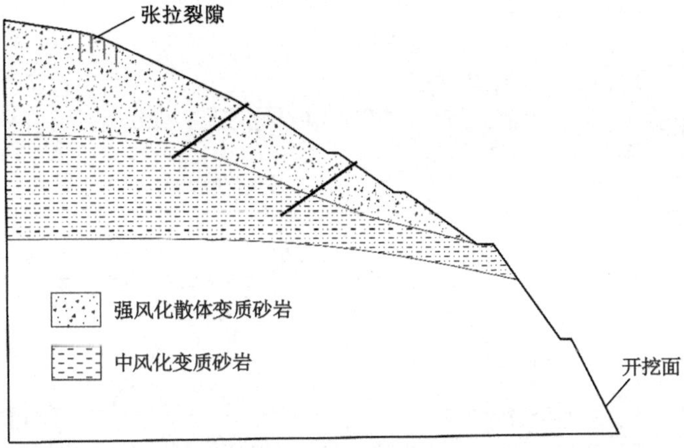

(b) 后缘产生张拉裂隙

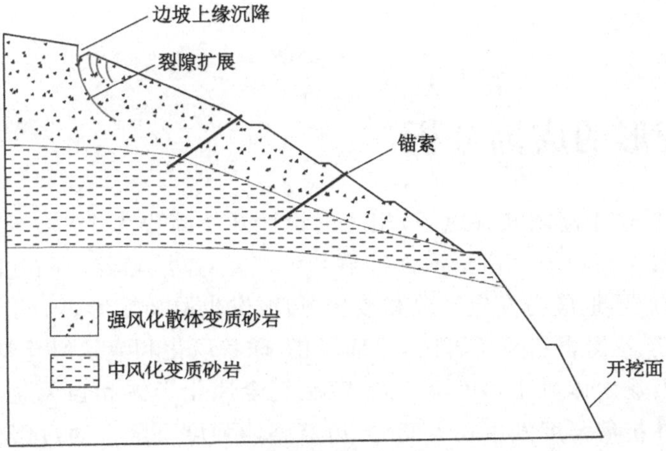

(c) 后缘沉降和裂隙扩展

图 2-14　边坡破坏模式示意图

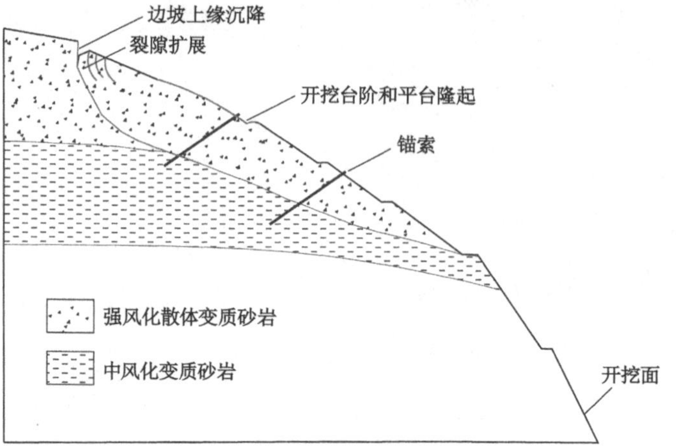

(d) 台阶变形和锚索受力

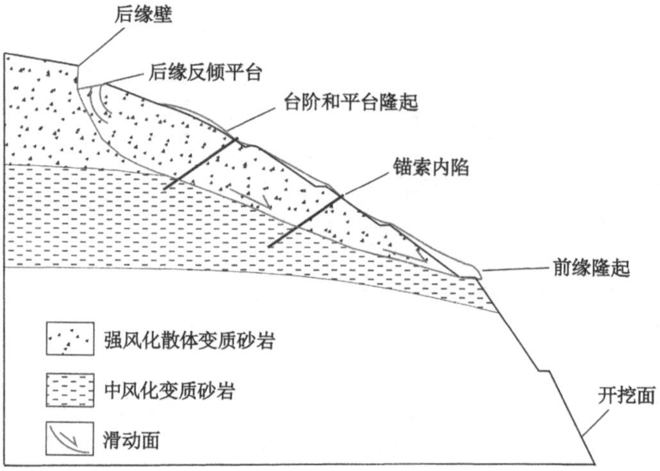

(e) 边坡整体大变形

图 2-14(续)

2.4　边坡变形的成因分析

(1) 采石场边坡位于高山峡谷地区，相应的设计开挖高程为 1 846～1 984 m。开挖边坡高度为 138 m，属于高边坡。由于河面冲刷切坡严重，岸坡较陡，存在集中地应力。边坡卸荷作用使边坡的原始地应力发生释放和改变，边坡发生回弹变形。

(2) 采石区位于花岗岩和变质岩区，深部风化、球状风化和囊状风化特征突出。开挖调查表明，熊家山采石场岩体风化程度不均匀，存在完全风化岩体和强风化岩体，它们相互封闭或夹心，导致岩体抗剪强度发生较大变化，边坡整体强度下降。通过野外钻探和取样，开展了室内实验，获得了边坡风化岩体的力学参数，如表 2-1 所示。从岩体的力学参数可以看出，边坡岩体强度较弱，再加上节理切割和降雨软化，边坡整体强度会大大降低。

表 2-1　熊家山不同地层岩性力学参数

地层岩性	天然重度/(kN/m³)	饱和单轴抗压强度/MPa	变形模量/GPa	黏聚力/MPa	摩擦角/(°)	泊松比
全风化	22.5	3	0.07	0.03	25	0.35
强风化	24.0	15	4.50	0.12	31	0.29
中风化	25.5	45	13.00	0.39	35	0.27

(3) 熊家山采石场边坡内发育两组构造节理，即节理 J1(N67°E，NW∠73°)和节理 J2(S26°E，NE∠77°)，向坡内倾斜较大。第一组结构面控制滑坡体右侧，第二组结构面控制滑坡体后缘。结构面和边坡是一个相对稳定的组合。但边坡岩体主要为强风化岩体，两组结构面将边坡岩体切割成碎裂状，大大降低了边坡的整体稳定性。

(4) 2018 年 5 月 30 日和 6 月 29 日，云南省盈江县发生两次地震，震级分别为 3.0 级和 3.4 级。虽然震级不高，但是在地震作用下，边坡的强风化碎裂状结构体系会受到一定程度的影响，对张拉裂隙的扩展有一定的促进作用。

(5) 熊家山降雨量较大，特别是每年 5 月之后，2018 年 5 月和 6 月研究区累计降雨量分别为 442.5 mm 和 784.5 mm。2018 年 5 月，有 6 天日降雨量超过 30 mm；2018 年 6 月，只有 1 天没有降雨，有 8 天降雨量超过 30 mm，如图 2-15 所示。2019 年 6 月和 7 月累计降雨量分别为 721.5 mm 和 1 109 mm，降雨较为频繁。2019 年 6 月和 7 月日降雨量超过 30 mm 的时段分别为 8 天和 13 天，6 月和 7 月的最高日降水量分别为 139.5 mm 和 137 mm，如图 2-16 所示。雨水通过张拉裂隙和地表裂隙渗入边坡，全风化和强风化岩体吸水劣化，强度降低，并形成滑动面，随着雨水的持续入渗，滑动面的抗剪强度降低，而滑动力增大。坡体在自重和雨水的侵蚀作用下，边坡产生滑动大变形。

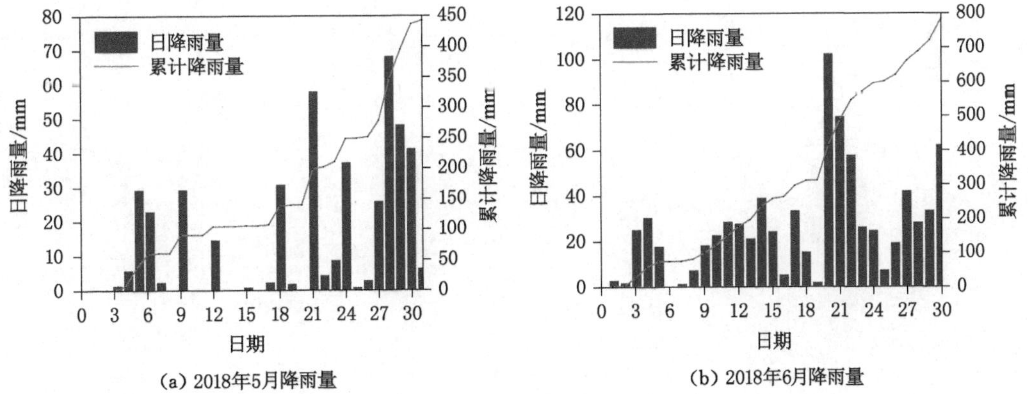

图 2-15　2018 年 5 月和 6 月的日降雨量和累计降雨量

通过对降雨数据、位移监测数据和滑坡发生时间点的对比分析，可以得出熊家山滑坡体位移增加和边坡大变形具有明显的季节性特征。因此，可以判断边坡很可能再次产生滑坡。因此，亟须对熊家山采石场强风化岩质边坡的失稳机理及控制对策进行深入研究，并加强滑坡发生的临滑预警能力。

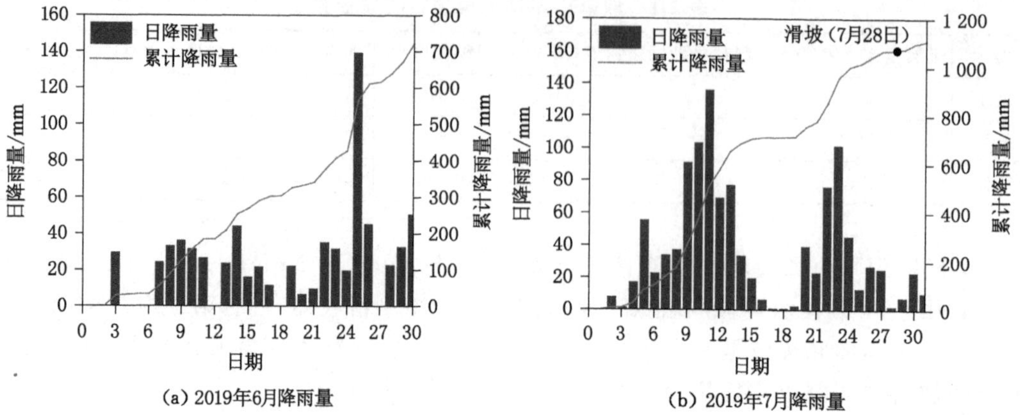

图 2-16 2019 年 6 月和 7 月的日降雨量和累计降雨量

3 边坡失稳机理及控制对策物理模型实验

滑坡物理模型实验是揭示和研究边坡失稳机理及控制对策的重要研究手段和方法，在研究边坡稳定性问题方面发挥着非常重要的作用。本章以熊家山采石场边坡为工程背景，开展了降雨和开挖影响下不同控制对策对边坡稳定性影响的物理模型实验。模型实验的主要研究内容包括模型相似材料的研究，模型实验装备的研制，模型实验过程及监测设计。最终通过分析不同条件下坡表形态、坡表位移、土压力、孔隙水压力、基质吸力、体积含水率以及锚索受力的变化，揭示熊家山边坡的失稳机理特征及 NPR 锚索对边坡变形的控制特点。

3.1 模型实验设备

图 3-1 为降雨滑坡模型实验设备示意图。实验系统主要包括滑坡框架模型、人工降雨模拟系统以及边坡数据监测系统。

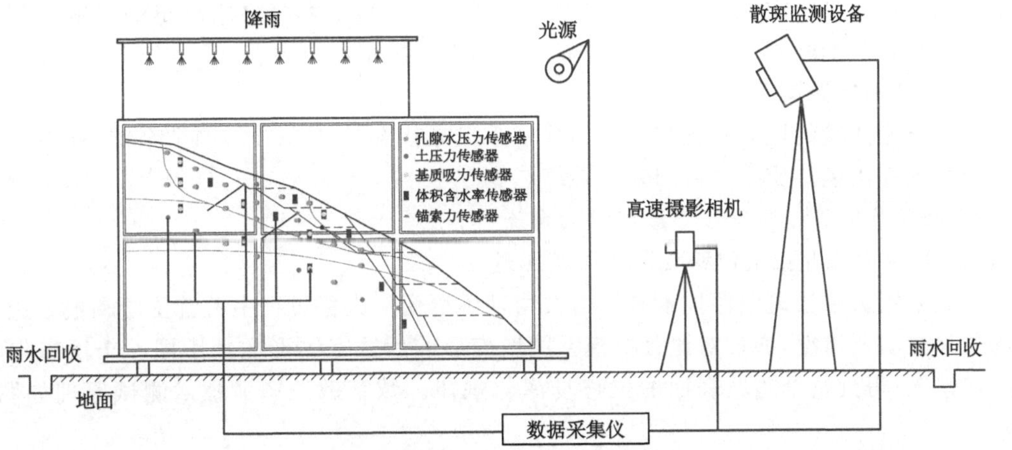

图 3-1 降雨边坡模型实验设备示意图

3.1.1 滑坡框架模型

滑坡模型实验采用自制的框架式模型箱，模型箱尺寸为 3.2 m×2 m×1 m(长×高×宽)，模型箱由透明钢化玻璃拼装而成，四周用不锈钢管固定，如图 3-2 所示。

3.1.2 人工降雨模拟系统

人工降雨模拟系统主要由降雨喷头、降雨安装框架以及供水设备组成。

(1) 降雨喷头

降雨喷头选用的为雾化喷淋喷头，单喷头的喷洒流量为 0～8 L/h，喷洒直径约为 60 cm。本次实验设计了 3 条供水线路，共计 28 个喷头，1 号和 3 号线路分别有 9 个喷头，

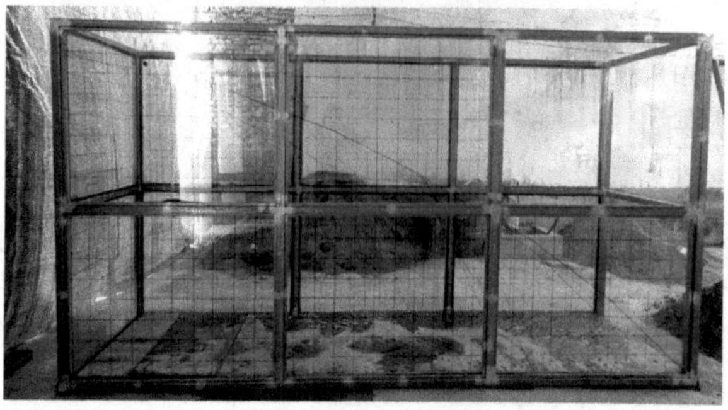

图 3-2　模型箱

2 号线路有 10 个喷头，喷头采用相互交错的方式进行安装，以提高降雨的覆盖度和均匀度。降雨喷头及其分布如图 3-3(a)和(b)所示。

(2) 降雨安装框架

本次实验边坡模型的平面尺寸为 3.2 m×1.0 m，且第Ⅰ阶段的边坡开挖不受降雨影响，开挖后的边坡模型平面尺寸为 2.4 m×1.0 m。为了能够保证降雨对边坡的覆盖度以及减少不必要的水资源浪费，本实验设计的降雨安装框架尺寸为 2.5 m×1.0 m，框架中间设置了 3 条不锈钢横梁，用来固定 912PVC 软管和降雨喷头。降雨安装框架如图 3-3(c)所示。

(3) 供水设备

本次实验的供水设备主要由蓄水缸和水泵组成，通过水泵将蓄水缸里的水输送到降雨喷头，并利用阀门和喷头上的旋钮调节器来控制喷孔出水压力。

3.1.3　边坡数据监测系统

本次模型实验的监测系统主要包括数字散斑非接触位移变形场测试系统、静态应变数据采集系统和土壤基质吸力监测采集系统。

1. 数字散斑非接触位移变形场测试系统

(1) 数字散斑非接触位移变形场测试原理

实验采用数字散斑图像技术测量边坡物理模型变形失稳过程中关键位置和模型边坡表面的位移场演化情况，通过对比分析模型边坡变形前后数字图形照片中同一个散斑点的位置变化情况，得到整个边坡表面的位移场演化规律。数字散斑图像技术测试原理如图 3-4 所示。

(2) 数字散斑非接触位移变形场测试系统

实验采用的是 MTI-2D 二维数字散斑图像测试系统。该系统主要包括图像采集设备、数字图像采集处理软件和照明装置。

图像采集设备为 CCD 相机，见图 3-5(a)，相机型号为 AVT-Stingray-F-201，相机分辨率为 1 600×1 200。

数字图像采集软件为 MTI-Grabber；数字图像处理软件为 MTI-2D；图像分析软件的分辨率为 0.01 个像素，解析度为 0.1 pm。

照明装置为高强度卤素灯，见图 3-5(b)。

(3) 数字散斑非接触位移变形场测试过程

数字散斑非接触位移变形场测试过程主要有：边坡物理模型表面散斑点的制备、边坡开

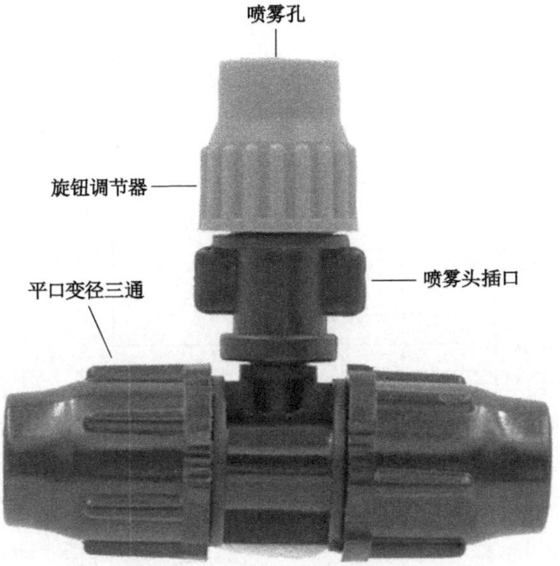

(a) 雾化喷头

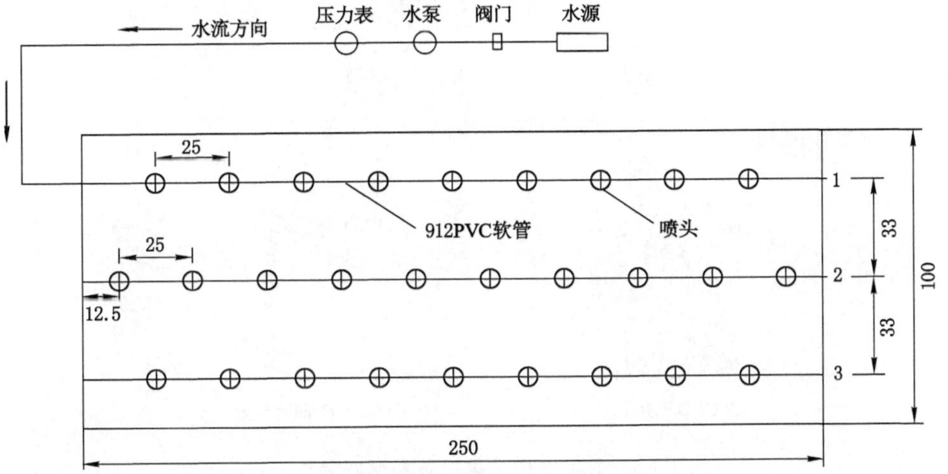

(b) 降雨喷头平面分布图(单位：cm)

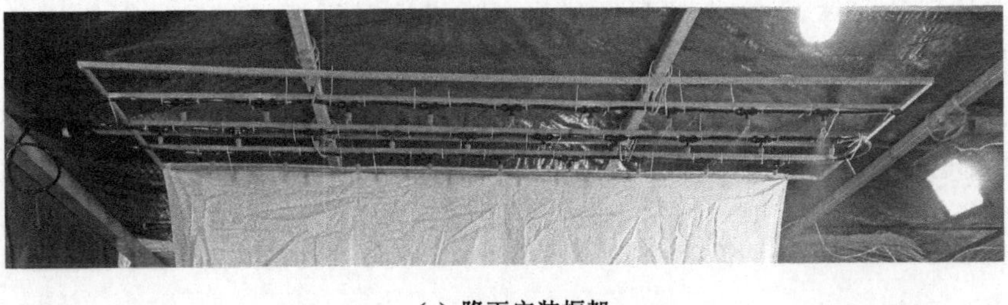

(c) 降雨安装框架

图 3-3　人工降雨模拟系统

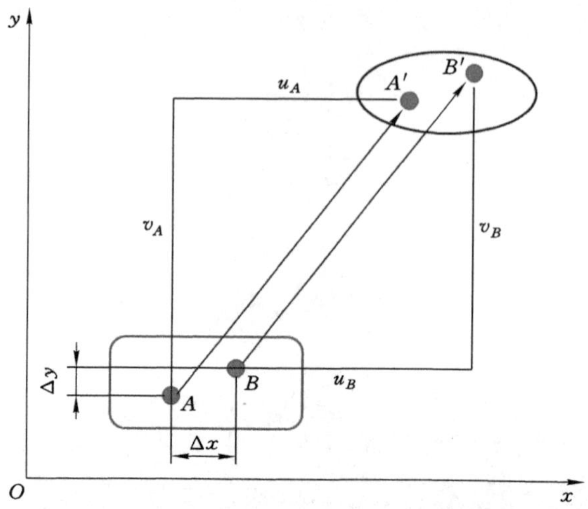

图 3-4　数字散斑图像技术测试原理

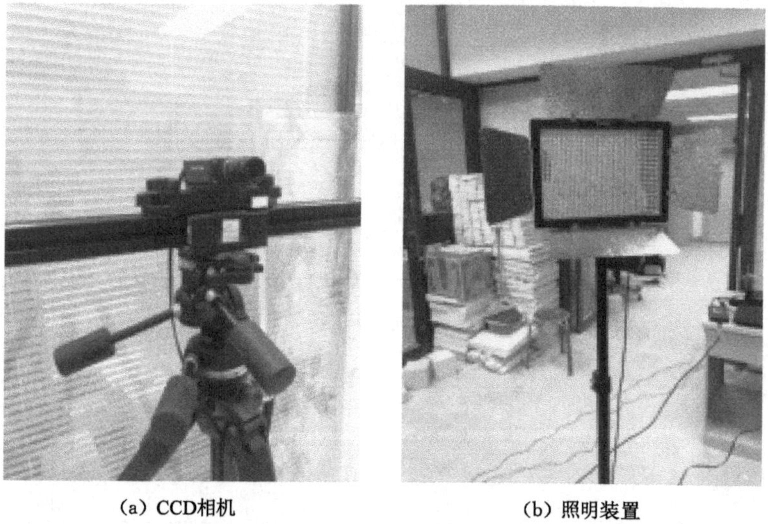

(a) CCD相机　　(b) 照明装置

图 3-5　数字图像采集设备和照明装置

挖和降雨过程中数字图像的记录以及实验完成后实验图形的对比分析。作为边坡物理模型实验表面灰度特征的载体，散斑点的制作和分布随机性对于记录模型边坡表面的变形信息至关重要，同时考虑边坡物理模型在降雨和开挖过程中边坡表层的变形是边坡表面及其下方一定厚度土体共同作用的结果，所以，实验中采用的散斑点制作方法如下：首先将 0.3 mm 厚的高透明 PVC 片材裁成尺寸为 15 mm×15 mm 的正方形；然后用毛笔在上面点黑色的哑光漆斑点；最后用长度为 15 mm 的大头钉将散斑点固定在边坡表面。固定好的散斑点如图 3-6 所示。

2. 静态应变数据采集系统

本次的模型实验共使用了 2 个 60 通道的静态应变数据采集系统，其中一台用于采集物理模型中关键位置的土压力和孔隙水压力的数据，另一台用于采集物理模型中加固锚索的轴力

图 3-6 散斑点

数据。该系统可测试的应变范围为±20 000 $\mu\varepsilon$，应变的分辨率为 5 $\mu\varepsilon$，最高的采集频率为 5 Hz，采集数据的不确定度为±0.3% FS±2 $\mu\varepsilon$，采集数据的零漂小于 3 $\mu\varepsilon$/4 h。系统能以固定频率不间断地采集边坡模型在降雨和开挖过程中土压力、孔隙水压力以及锚索的受力情况，所有的传感器均采用全桥的连接方式，连接形式为无补偿。静态应变数据采集系统如图 3-7(a)所示。

(a) 静态应变数据采集系统

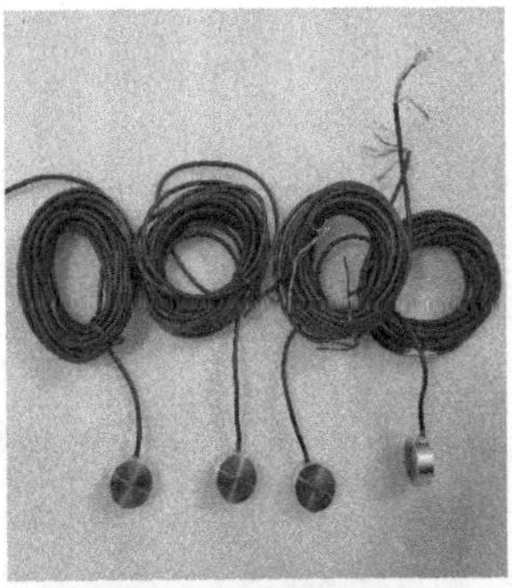

(b) 土压力传感器

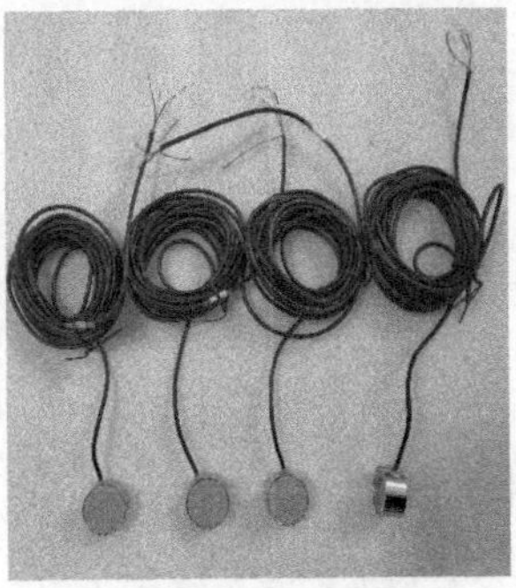

(c) 孔隙水压力传感器

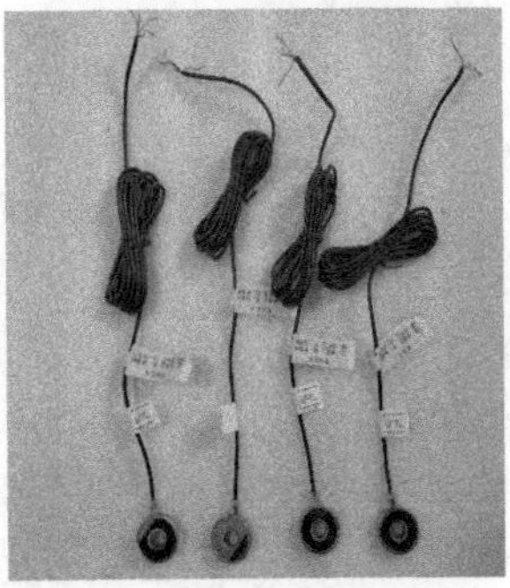

(d) 锚索力传感器

图 3-7 静态应变数据采集系统及传感器

本次实验需要采集降雨期间边坡关键位置的土压力、孔隙水压力以及锚索的受力情况，所以根据模型以及采集数据的需求，选用的传感器如图 3-7(b)、图 3-7(c)和图 3-7(d)所示，其技术参数如表 3-1 所示。

表 3-1　传感器技术参数

仪器名称	数量/个	技术参数
电压应变式土压力传感器	25	量程:0～25 kPa; 精度:0.05 kPa; 非线性误差:≤0.5%FS; 工作温度:−20～50 ℃; 电源供电:2～10 V DC
电压应变式孔隙水压力传感器	20	量程:−10～25 kPa; 精度:0.05 kPa; 非线性误差:≤0.5%FS; 工作温度:−20～50 ℃; 电源供电:2～10 V DC
锚索力传感器	16	量程:0～500 N; 精度:0.05 N; 非线性误差:≤0.5%FS; 工作温度:−10～40 ℃; 电源供电:2～10 V DC

3. 土壤基质吸力监测采集系统

本次实验共采用了 2 套土壤基质吸力监测采集仪，每个采集仪有 10 个通道，分别用来采集边坡内部关键位置的基质吸力和体积含水率。土壤基质吸力监测采集仪、土壤基质吸力传感器和体积含水率传感器如图 3-8(a)、图 3-8(b)和图 3-8(c)所示，其所对应的技术参数如表 3-2 所示。

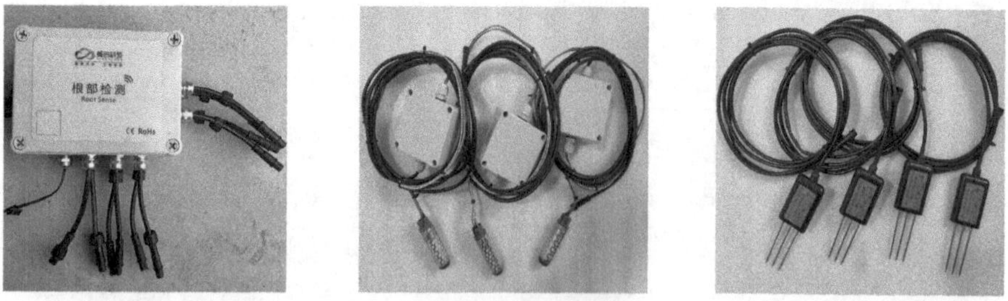

(a) 土壤基质吸力监测采集仪　(b) 土壤基质吸力传感器　(c) 体积含水率传感器

图 3-8　土壤基质吸力监测采集仪及配套传感器

表 3-2　采集仪器及传感器技术参数

仪器名称	数量/个	技术参数
土壤基质吸力监测采集仪	2	最高采样频率：1 Hz； 工作温度：−20～60 ℃； 通道个数：20； 存储量：300 000 个读数
土壤基质吸力传感器	10	工作电源：5.5～24 V DC； 测量精度：±0.5 kPa； 分辨率：±0.1 kPa； 工作温度：−20～60 ℃； 测量范围：−500 kPa； 传感器尺寸：Φ=22 mm，L=83 mm，W=67 g
体积含水率传感器	16	量程：0～100% VWC； 精度：<±3% VWC(0.5<EC<8 dS/m)； 分辨率：0.25% VWC； 工作电压：5～24 V； 工作温度：−25～60 ℃

3.2　模型实验相似理论

3.2.1　相似理论

室内物理模型实验是研究现场工程规律的一种简单有效的方法，但是考虑原型与模型的差别和联系，在构建室内物理模型时，模型几何形状、材料及物理力学参数均需满足基本的相似理论，由此得出的实验结果和规律才能保证和现场工程原型的空间规律相似，才能用于指导现场工程原型的建设。因此，对物理模型实验进行设计，进而开展降雨-开挖联合作用下强风化岩质边坡的大变形失稳机理及控制对策实验研究。按照相似理论，构建模型实验的各个物理力学参数需要满足以下的相似条件：

$$\begin{cases} C_L = \dfrac{L_{\mathrm{p}}}{L_{\mathrm{m}}}, C_\delta = \dfrac{\delta_{\mathrm{p}}}{\delta_{\mathrm{m}}}, C_\sigma = \dfrac{\sigma_{\mathrm{p}}}{\sigma_{\mathrm{m}}}, C_\varepsilon = \dfrac{\varepsilon_{\mathrm{p}}}{\varepsilon_{\mathrm{m}}} \\ C_\mu = \dfrac{\mu_{\mathrm{p}}}{\mu_{\mathrm{m}}}, C_E = \dfrac{E_{\mathrm{p}}}{E_{\mathrm{m}}}, C_\rho = \dfrac{\rho_{\mathrm{p}}}{\rho_m}, C_X = \dfrac{X_{\mathrm{p}}}{X_{\mathrm{m}}} \\ C_c = \dfrac{c_{\mathrm{p}}}{c_{\mathrm{m}}}, C_f = \dfrac{f_{\mathrm{p}}}{f_{\mathrm{m}}}, C_{\sigma^B} = \dfrac{\sigma_{\mathrm{p}}^B}{\sigma_{\mathrm{m}}^B}, C_R = \dfrac{R_{\mathrm{p}}}{R_{\mathrm{m}}} \end{cases} \tag{3-1}$$

式中，下标 m 和 p 分别表示模型和原型。C_L、C_δ、C_σ、C_ε、C_μ、C_E、C_ρ、C_X、C_c、C_f、C_{σ^B}、C_R 分别表示几何、位移、应力、应变、泊松比、变形模量、密度、体积力、黏聚力、摩擦系数、边界应力和抗压强度的相似系数。

此外，这些相似系数需满足以下的相似准则：

$$\frac{C_\sigma}{C_\rho C_L} = 1, \frac{C_\delta}{C_\varepsilon C_L} = 1, \frac{C_\sigma}{C_\varepsilon C_E} = 1, C_\varepsilon = C_{\mathrm{f}} = C_\mu \tag{3-2}$$

3.2.2 物理模型实验相似比的确定

熊家山采石场强风化岩质边坡在天然状态下的坡度为15°～40°，边坡发生大变形的部分主要位于边坡的右侧区域，为了研究滑坡区边坡的失稳机理和控制对策，选取边坡右侧为研究区。该区域坡面平均宽度约为100 m，边坡开挖面的高程范围为1 846～2 000 m，边坡高度约为160 m。所以，边坡的实际尺寸为320 m×160 m×100 m。选取几何相似比 $C_L=100$，则模型最终尺寸确定为3.2 m×1.6 m×1.0 m(长×高×宽)。同时，为了保证岩土体在重力场作用下产生的下滑力与实际情况相似，本次实验中岩土体的密度相似比取 $C_\rho=1$，则应力相似系数为 $C_\sigma=C_\rho\times C_L=100$。

边坡岩体的主要物理力学参数如表3-3所示。根据模型相似比，计算得到的物理模型相似材料的参数设计值如表3-4所示。

表3-3 边坡岩体的主要物理力学参数

材料类型	重度/(kN/m³)		单轴抗压强度/MPa		黏聚力/kPa		摩擦角/(°)		泊松比	弹性模量/GPa
	天然	饱和	天然	饱和	天然	饱和	天然	饱和		
滑体	21.3	22.6	1.1	0.8	5.4	2.5	33.1	26.5	0.35	2.2
滑床	24.9	25.4	80.7	60.3	493.4	451.3	35.6	33.8	0.29	25.5
基岩	26.2	26.4	109.1	103.9	3 126.9	3 045.5	36.8	35.4	0.27	35.4

表3-4 物理模型相似材料的参数设计值

材料类型	重度/(kN/m³)		单轴抗压强度/MPa		黏聚力/kPa		摩擦角/(°)		泊松比	弹性模量/GPa
	天然	饱和	天然	饱和	天然	饱和	天然	饱和		
滑体	21.3	22.6	0.01	0.008	0.05	0.03	33.1	26.5	0.35	22
滑床	24.9	25.4	0.85	0.630	4.90	4.50	35.6	33.8	0.29	255
基岩	26.2	26.4	1.10	1.000	31.30	30.50	36.8	35.4	0.27	354

3.3 模型实验设计

3.3.1 边坡模型设计

本次开展的物理模型实验所依托的工程背景为云南省盈江县长地方水库的采石场边坡。根据现场地质勘察和边坡开挖，边坡从上至下主要的地层为第四系残坡积层、全风化变质石英砂岩层、强风化变质石英砂岩层、中风化变质石英砂岩层以及稳定的石英片岩和变质石英砂岩层。根据边坡地质特征和破坏现象，为了方便实验的实施，将真实的边坡地质条件进行概化，将强风化及以上地层概化为一种地层——滑体，中风化岩层概化为滑床，中风化以下岩层概化为基岩，概化后的物理模型设计图如图3-9所示。

为了深入研究熊家山采石场强风化岩质边坡的失稳机制以及PR锚索支护和NPR锚索支护条件下熊家山采石场边坡的稳定性特征，同时验证NPR锚索的监测预警效果，本次

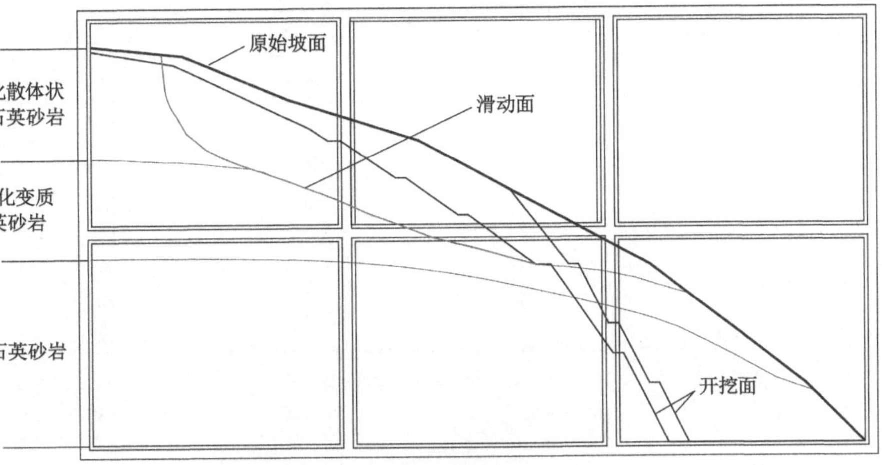

(a) 模型剖面图

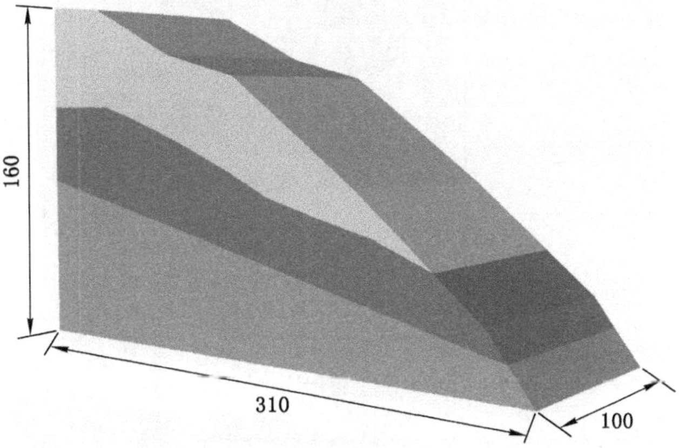

(b) 三维模型图

图 3-9　物理模型设计图(单位:cm)

实验共设计 3 个阶段,第Ⅰ阶段研究降雨条件下无支护工况下边坡的动态演化过程,第Ⅱ阶段研究降雨条件下 PR 锚索＋NPR 锚索支护工况下边坡的动态演化过程和支护特性,第Ⅲ阶段研究降雨条件下 NPR 锚索支护工况下边坡的稳定性及 NPR 锚索的支护特性。模型实验开挖和支护设计图如图 3-10 所示。

3.3.2　滑坡相似材料研究

通过对边坡岩体相似材料选取的研究现状进行总结分析,选取重晶石粉、沙子、石膏粉和水来研制边坡的相似材料,并制成标准圆柱试样进行物理力学参数的测试。制作的模拟岩体试样如图 3-11 所示,采用的实验设备如图 3-12 所示。

通过配制不同比例的相似材料,并采用室内物理模型实验测试材料的力学参数,最终获得了能够较好模拟工程边坡原型的相似材料配比。通过实验得到模拟滑体材料的配比为重晶石粉∶沙子∶石膏∶水＝1.7∶3.5∶0.5∶1,滑床的配比为重晶石粉∶沙子∶石膏∶水＝3.8∶2.3∶1.3∶1,基岩的配比为重晶石粉∶沙子∶石膏∶水＝4.2∶1.8∶2∶1。物理模型相似材料的主要物理力学参数如表 3-5 所示。

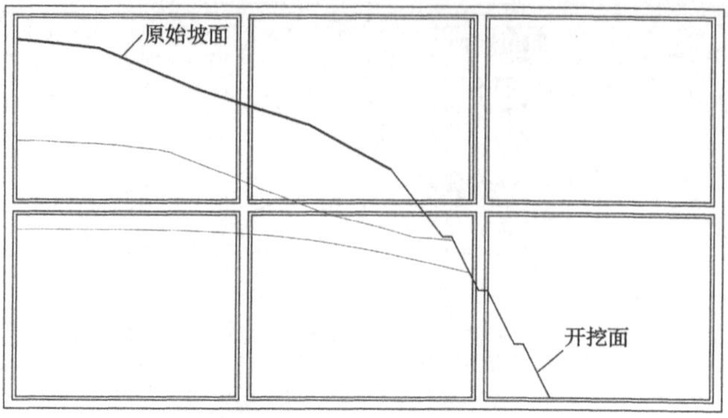

(a) 第Ⅰ阶段开挖剖面图

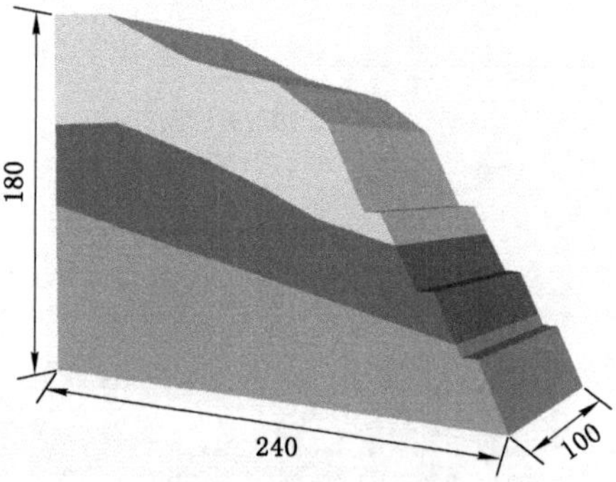

(b) 第Ⅰ阶段开挖三维模型图

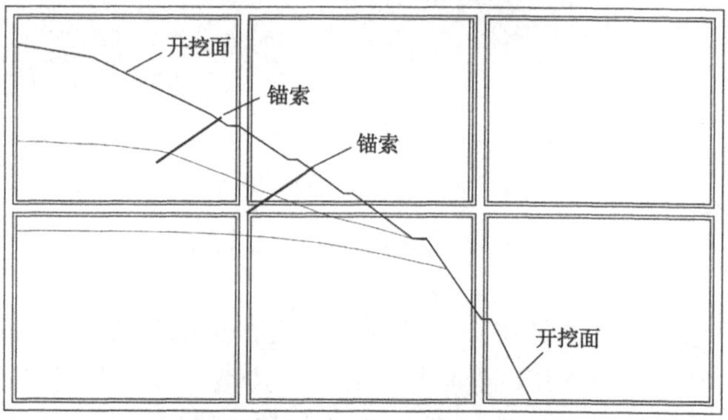

(c) 第Ⅱ阶段开挖-支护剖面图

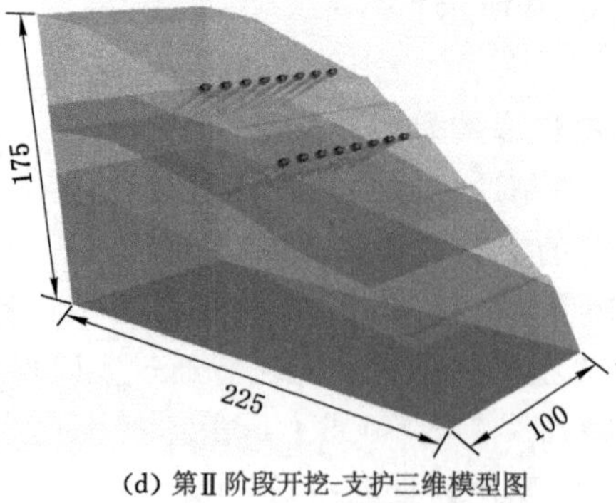

(d) 第Ⅱ阶段开挖-支护三维模型图

图 3-10　模型实验开挖和支护设计图

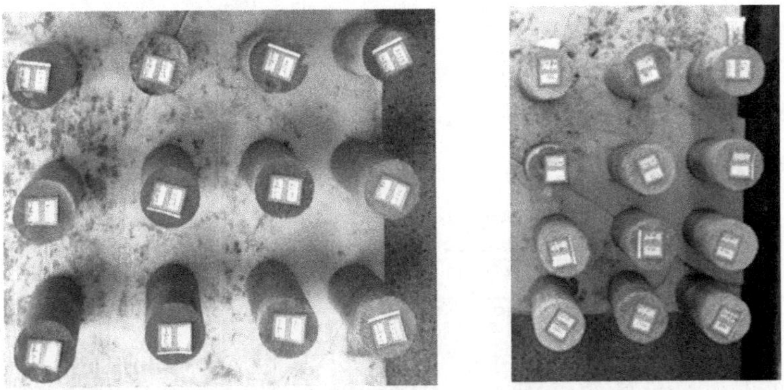

图 3-11 制作的模拟岩体试样

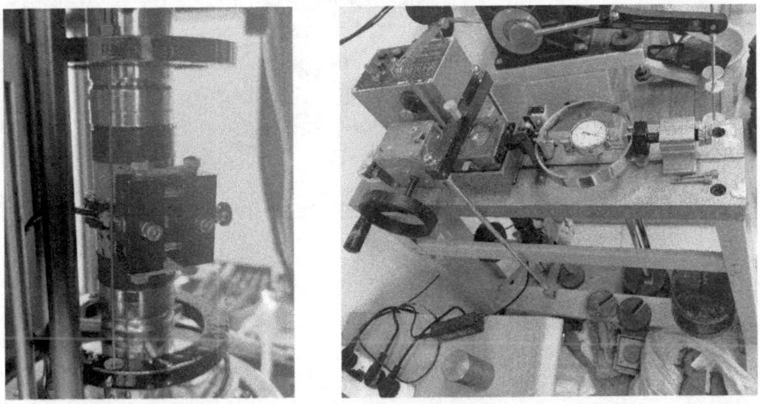

图 3-12 相似材料力学参数实验设备

表 3-5 物理模型相似材料物理力学参数

材料类型	重度/(kN/m³)		单轴抗压强度/MPa		黏聚力/kPa		摩擦角/(°)		泊松比	弹性模量/GPa
	天然	饱和	天然	饱和	天然	饱和	天然	饱和		
滑体	19.6	21.3	0.03	0.01	0.06	0.03	26.7	20.3	0.38	17
滑床	22.4	23.5	0.92	0.71	4.50	3.90	30.3	28.5	0.26	246
基岩	25.9	26.2	1.05	0.93	30.20	27.60	34.1	30.4	0.23	341

3.3.3 监测传感器布设

(1) 无支护条件下的模型实验

本实验共布设土压力传感器 25 个，孔隙水压力传感器 20 个，体积含水率传感器 16 个，基质吸力传感器 10 个。传感器的位置分布及编号如图 3-13 所示。

(2) PR+NPR 锚索支护条件下的模型实验

本实验共布设土压力传感器 25 个，孔隙水压力传感器 20 个，体积含水率传感器 16 个，基质吸力传感器 10 个，锚索力传感器 16 个。共安装 16 根锚索，其中，PR 锚索 14 根，NPR

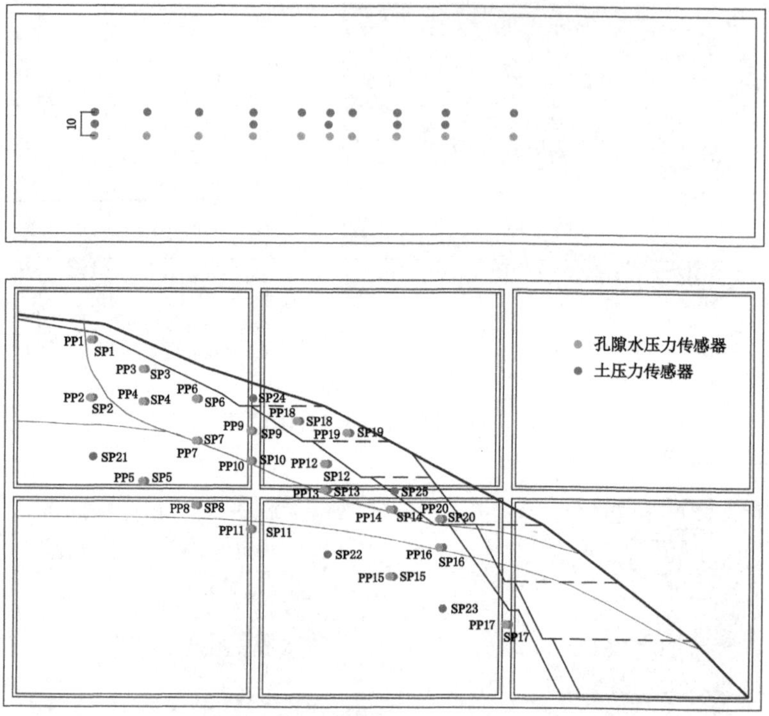

(a)

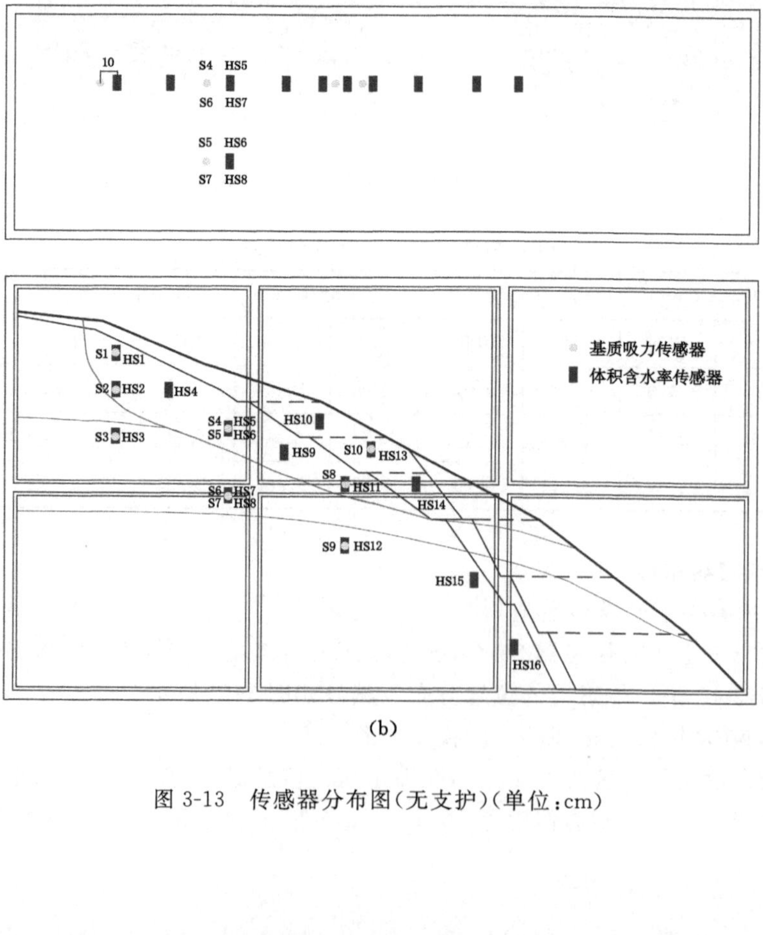

(b)

图 3-13　传感器分布图(无支护)(单位:cm)

锚索 4 根。传感器及锚索的位置分布、编号如图 3-14 所示。

(3) NPR 锚索支护条件下的模型实验

本实验共布设土压力传感器 25 个,孔隙水压力传感器 20 个,体积含水率传感器 16 个,基质吸力传感器 10 个,锚索力传感器 16 个。共安装 16 根锚索,全部为 NPR 锚索。传感器及锚索的位置分布、编号如图 3-15 所示。

3.3.4 降雨强度设计

本次模型实验的背景工程位于云南省盈江县,该地区年平均降雨量约为 3 500 mm,雨季主要发生在 6～9 月,这 4 个月的降水量占年降雨量的 80%以上,平均月降雨量超过 700 mm。其中,2018 年该地区累计降雨量为 3 400 mm,如图 3-16 所示。据此,为了再现边坡在连续暴雨作用下的滑坡大变形特征,选取的模拟降雨强度为 60 mm/h,每次降雨时长 60 min,降雨结束后静置 60 min,反复循环 2 次。

为了保证人工降雨系统的降雨强度和雨滴均匀度达到模型实验设计要求,首先需要对人工降雨系统进行降雨强度率定。分别在边坡模型的顶部、中部及坡脚各水平放置两个雨量桶,降雨 20 min 后对各个雨量桶内的雨量进行测量,计算降雨强度,通过不断调整降雨喷头的出口压力和降雨系统管道压力来达到模型实验的设计要求。

3.3.5 边坡模型搭建

根据工程边坡地质概化模型以及实验材料的特征,为保证边坡模型尽可能真实反映边坡的特点,同时保证模型边坡各个地层岩性尽可能均质,采用如下的填筑过程:

(1) 首先在模型箱两侧用马克笔画刻度线,然后在两侧标注不同岩性地层的轮廓线和开挖线,并将传感器的位置以及锚索位置标注出来,如图 3-17(a)所示。

(2) 根据不同地层厚度为其规划不同数量的填筑层,每个填筑层的厚度为 5 cm。

(3) 根据边坡模型的每个填筑层的体积以及填筑完成后需要达到的边坡力学性质,通过称重搅拌,计算出单个填筑层所需实验材料的总质量。

(4) 将搅拌混合完成的材料均匀地摊铺在模型箱内,对材料进行整平,并根据两侧的刻度线将其夯实至设计的厚度,如图 3-17(b)所示。每层夯实结束后,在不同的位置进行随机取样,通过测试来检验填筑的质量。

(5) 每个填筑层完成后,将其表面刮毛,并适当喷洒一些水,便于不同填筑层之间的结合。

(6) 对于需要布设传感器的位置,先将其局部整平,放置传感器,并将数据线平铺延伸至模型箱同一侧,在传感器及其数据线上摊铺实验材料并压实,保证传感器位置固定。

(7) 对于锚索加固的边坡,需要对锚索进行预埋,将锚索的锚固端固定在模型边坡中稳定的岩体内,锚索穿过直径为 1 cm 的 PVC 管,并通过固定 PVC 管来固定锚索的位置,保证锚索在模型填筑过程不发生损坏和位置的变化。在模型填筑至锚索外露端时,将 PVC 管抽出,并将孔隙填满,如图 3-17(c)所示。

(8) 对于滑体与滑床的交界面,先将交界面整平并夯实,撒上水泥和云母片,制作预制的滑动面。

(9) 重复上述操作直至模型完成,完成后的边坡模型如图 3-17(d)所示。

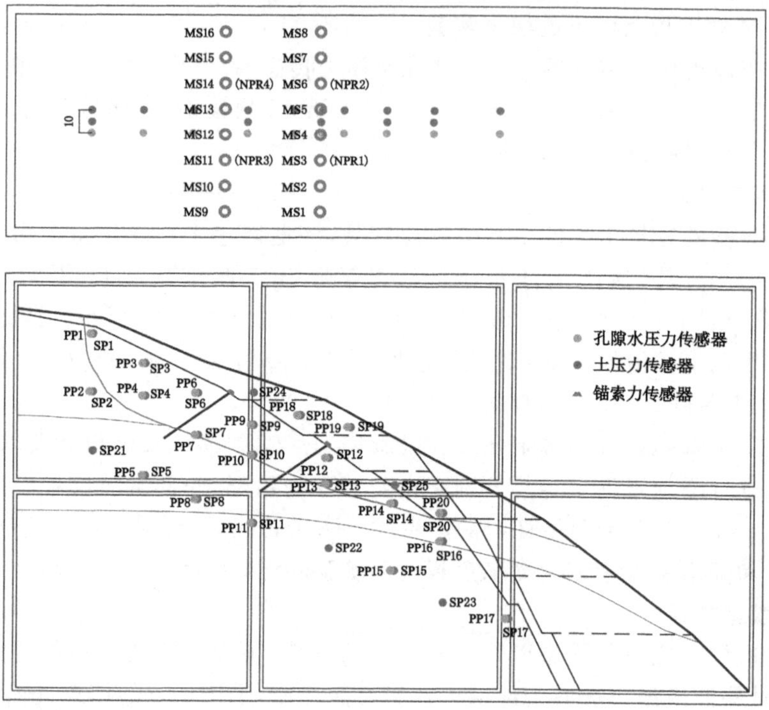

(a)

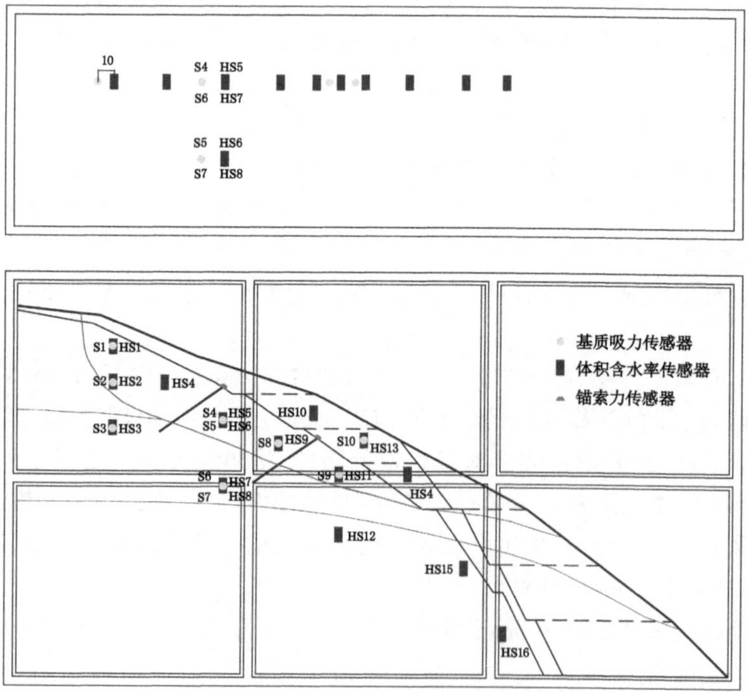

(b)

图 3-14　传感器分布图(PR+NPR 锚索支护)(单位:cm)

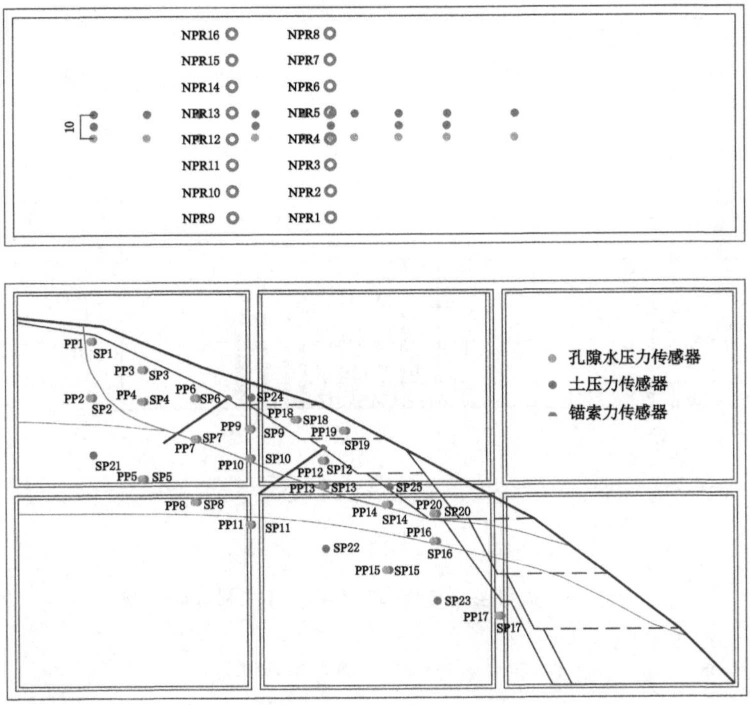

(a)

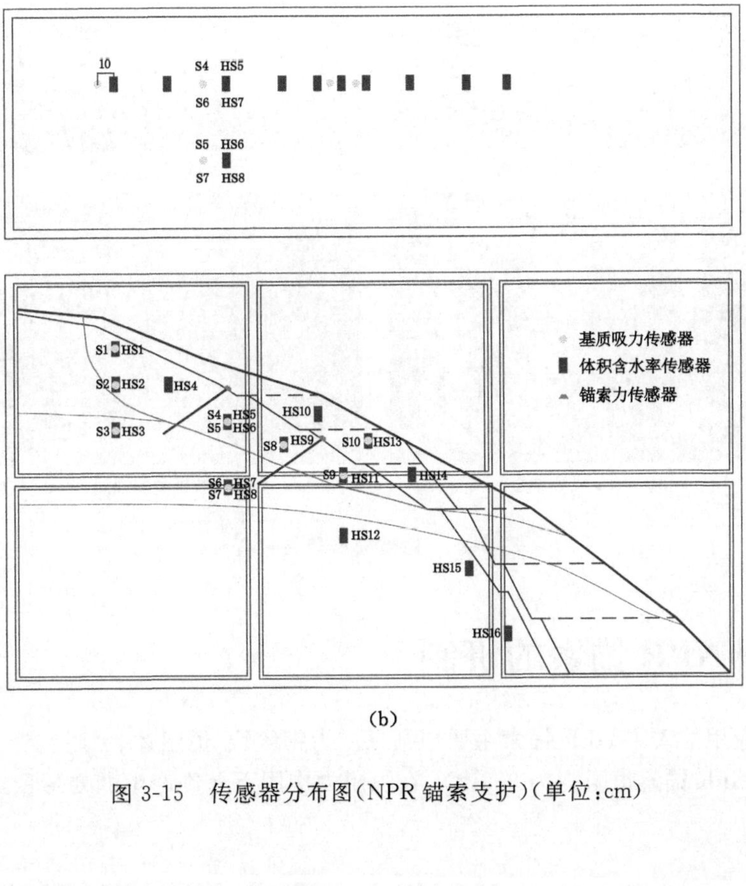

(b)

图 3-15　传感器分布图(NPR 锚索支护)(单位:cm)

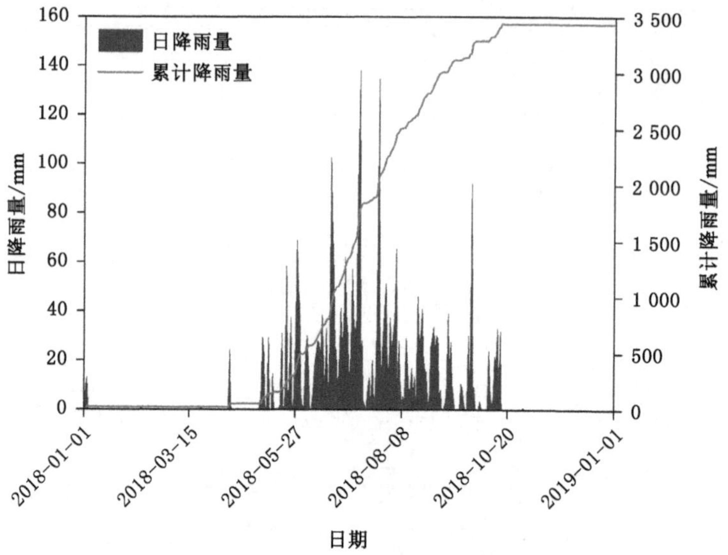

图 3-16　盈江县 2018 年的日降雨量和累计降雨量

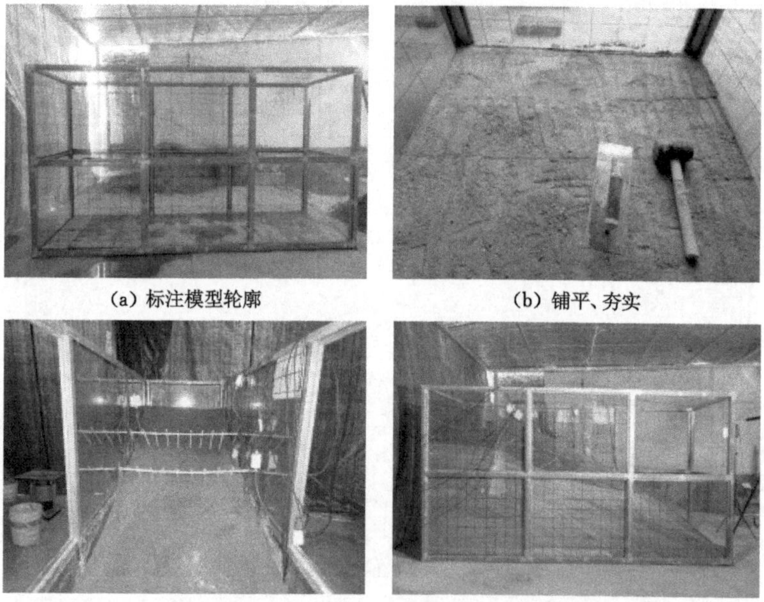

(a) 标注模型轮廓　　(b) 铺平、夯实

(c) 安装锚索　　(d) 边坡模型侧视图

图 3-17　边坡模型填筑过程

3.4　模型 NPR 锚索的研制

现场工程应用的宏观 NPR 锚索主要包括预应力钢绞线、恒阻体、恒阻套管等，结构组成如图 3-18 所示。NPR 锚索恒阻力为 850 kN，在恒阻力作用下允许产生的变形量约为 1.5 m。

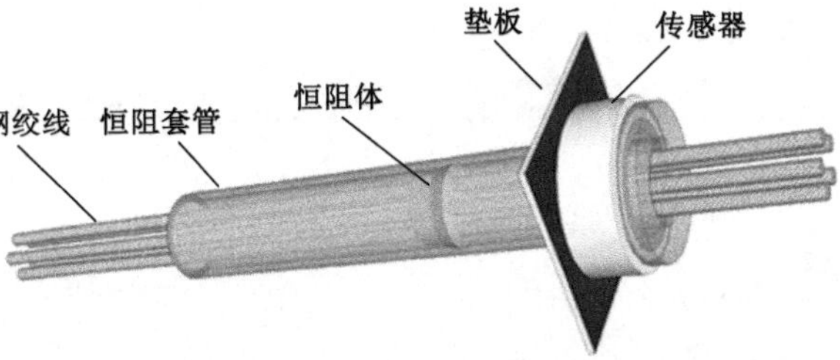

图 3-18　NPR 锚索结构组成

本书针对恒阻力为 850 kN 的 NPR 锚索，采用深部岩土力学与地下工程国家重点实验室自主研发的“HWL-2000 恒阻大变形锚索静力拉伸试验系统”（图 3-19）进行拉伸实验，锚索编号为 NPR-01、NPR-02 和 NPR-03，锚索的物理参数如表 3-6 所示。实验系统基本参数如表 3-7 所示。

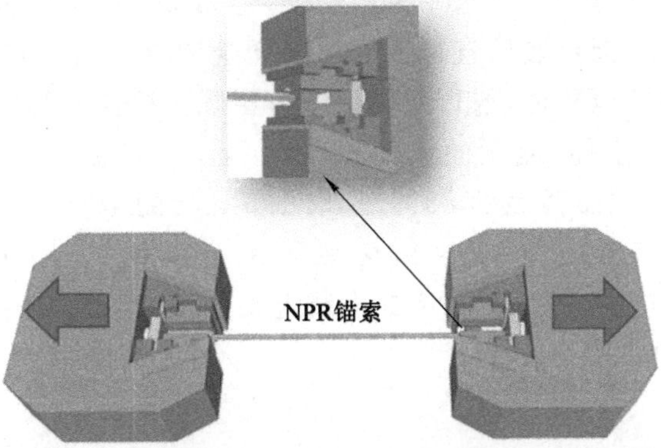

图 3-19　静力拉伸试验系统

表 3-6　NPR 锚索物理参数

锚索编号	锚索长度/mm	恒阻套管长度/mm	恒阻体长度/mm
NPR-01	2 850	2 001	150
NPR-02	2 848	2 009	150
NPR-03	2 857	2 005	150

表 3-7　实验系统基本参数

荷载范围/kN	拉伸范围/mm	拉伸速率范围/(mm/min)	拉力分辨率	功率/kW
0～2 000	300～5 000	0～200	3.3×10^{-6}	15

NPR 锚索的实验曲线如图 3-20 所示。根据实验曲线可以得出，NPR 锚索的平均伸长量达到 1 900 mm，表现出超常的大变形能力；在拉伸过程中，NPR 锚索表现出很好的恒阻特性，恒阻力在 850 kN 左右波动。

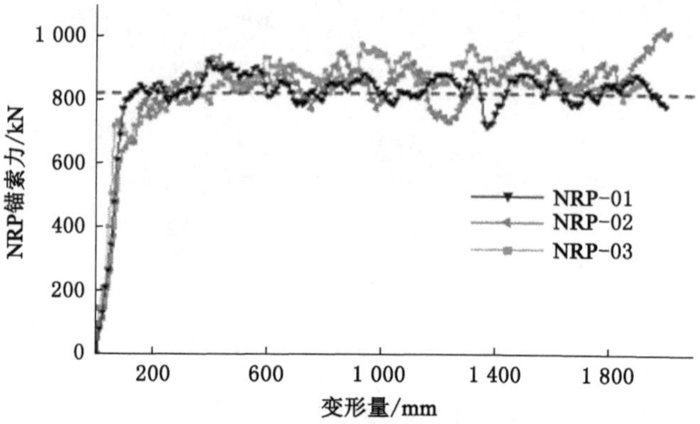

图 3-20　NPR 锚索静力拉伸实验曲线

根据工程应用的宏观 NPR 锚索研制适用于模型实验的模型尺度 NPR 锚索，如图 3-21 所示。其中，恒阻套管、螺母和托盘采用橡胶材质，通过 3D 打印加工而成；恒阻体采用 304 不锈钢材质，为圆台状，且圆台底面直径大于恒阻套管内径。为了选取适合的恒阻体规格，分别选取不同底面直径的恒阻体，进行室内恒阻力测试。拉伸实验机如图 3-22 所示。最后选取恒阻力为 22 N 的恒阻体，测试曲线如图 3-23 所示。根据 NPR 锚索恒阻力的设计要求，即恒阻力为普通锚索屈服强度的 85%，选取 1.5 mm 的铅丝作为普通锚索，屈服强度约为 25 N。由于铅丝与模型尺度 NPR 锚索装置配合使用时，固定效果不佳，故选择了 0.5 mm 的 304 钢丝绳与模型尺度 NPR 锚索装置配合使用。NPR 锚索和普通锚索模型如图 3-24 所示。

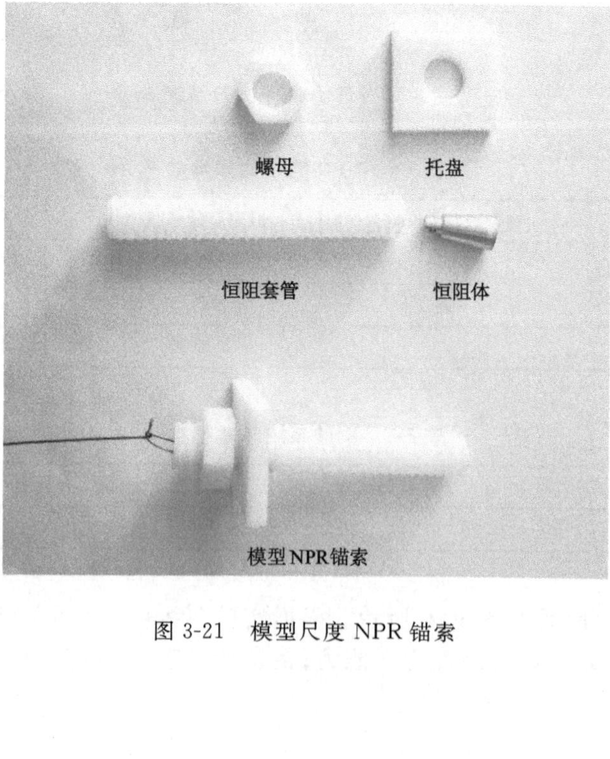

图 3-21　模型尺度 NPR 锚索

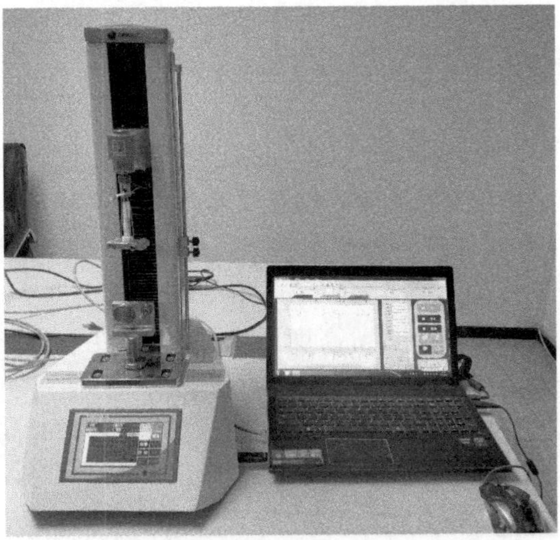

图 3-22 拉伸实验机

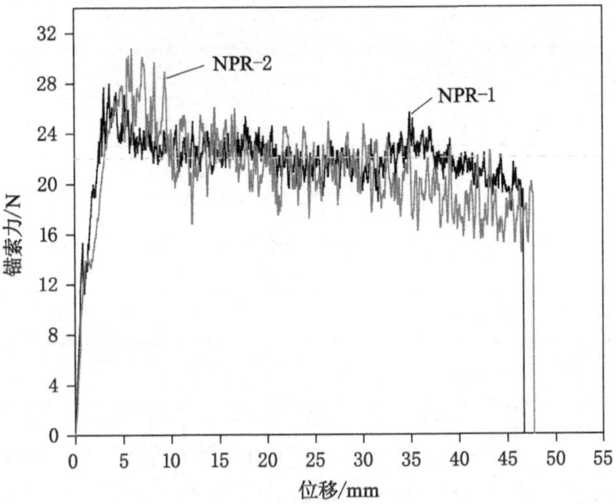

图 3-23 模型 NPR 锚索恒阻力测试曲线

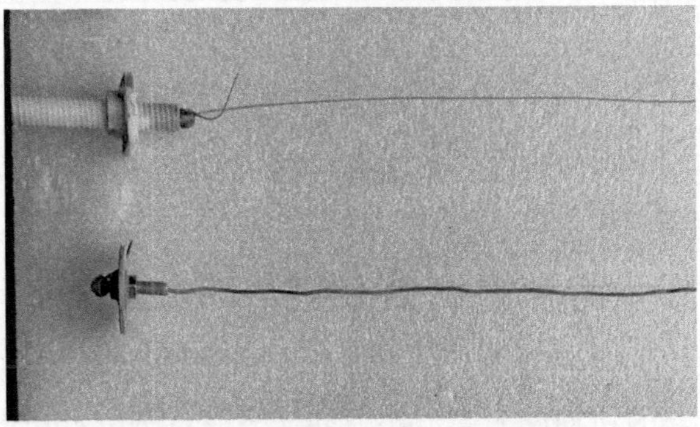

图 3-24 NPR 锚索和普通锚索模型

3.5 无支护条件下的模型实验结果分析

3.5.1 模型实验进程

本次模型实验主要包括边坡降雨和开挖等步骤。具体实验步骤如下：

(1) 第Ⅰ阶段开挖。此次开挖主要位于模型边坡的中下部，按照四级台阶开挖，共分四步，每步开挖一级台阶。Ⅰ-1 开挖用时 10 min，第一级台阶高度为 30 cm，预留平台宽度为 4 cm；Ⅰ-2 开挖用时 12 min，第二级台阶高度为 24 cm，预留平台宽度为 4 cm；Ⅰ-3 开挖用时 14 min，第三级台阶高度为 24 cm，预留平台宽度为 4 cm；Ⅰ-4 开挖用时 14 min，第四级台阶高度为 24 cm。每步开挖完成后静置 30 min。具体的开挖时间如表 3-8 所示。

表 3-8 模型边坡第Ⅰ阶段开挖时间

阶段	开始时刻	结束时刻	持续时间/min
Ⅰ-1 开挖	14:55	15:05	10(0～10)
Ⅰ-1 静置	15:05	15:35	30(10～40)
Ⅰ-2 开挖	15:35	15:47	12(40～52)
Ⅰ-2 静置	15:47	16:17	30(52～82)
Ⅰ-3 开挖	16:17	16:31	14(82～96)
Ⅰ-3 静置	16:31	17:01	30(96～126)
Ⅰ-4 开挖	17:01	17:15	14(126～140)
Ⅰ-4 静置	17:15	17:45	30(140～170)

(2) 第Ⅰ阶段降雨。该阶段进行了两次降雨，第一次降雨持续时间为 60 min，降雨后静置的时间为 76 min，第二次降雨持续时间为 60 min，降雨后静置的时间为 60 min。具体的降雨时间如表 3-9 所示。

表 3-9 模型边坡第Ⅰ阶段降雨时间

阶段	开始时刻	结束时刻	持续时间/min
Ⅰ-1 降雨	17:57	18:57	60(0～60)
Ⅰ-1 静置	18:57	20:13	76(60～136)
Ⅰ-2 降雨	20:13	21:13	60(136～196)
Ⅰ-2 静置	21:13	22:13	60(196～256)

(3) 第Ⅱ阶段开挖。此次开挖涉及整个模型边坡，按照六级台阶开挖，共分五步。Ⅱ-1 开挖用时 20 min，第一级台阶高度为 36 cm，预留平台宽度为 5 cm；Ⅱ-2 开挖用时 13 min，第二级台阶高度为 15 cm，预留平台宽度为 4 cm；Ⅱ-3 开挖用时 17 min，第三级台阶高度为 15 cm，预留平台宽度为 4 cm；Ⅱ-4 开挖用时 10 min，第四级台阶高度为 20 cm，预留平台宽

度为 6 cm；Ⅱ-5 开挖包含两级台阶，用时 10 min，其中，第五级台阶高度为 36 cm，预留平台宽度为 4 cm，第六级台阶高度为 36 cm；每步开挖完成后静置 30 min。在Ⅱ-1 静置阶段，对上排锚索进行安装和张拉，在Ⅱ-3 静置阶段，对下排锚索进行安装和张拉。具体的开挖时间如表 3-10 所示。

表 3-10 模型边坡第Ⅱ阶段开挖时间

阶段	开始时刻	结束时刻	持续时间/min
Ⅱ-1 开挖	10:20	10:40	20(0～20)
Ⅱ-1 静置	10:40	11:10	30(20～50)
Ⅱ-2 开挖	11:10	11:23	13(50～63)
Ⅱ-2 静置	11:23	11:53	30(63～93)
Ⅱ-3 开挖	11:53	12:10	17(93～110)
Ⅱ-3 静置	12:10	12:40	30(110～140)
Ⅱ-4 开挖	12:40	12:50	10(140～150)
Ⅱ-4 静置	12:50	13:20	30(150～180)
Ⅱ-5 开挖	13:20	13:30	10(180～190)
Ⅱ-5 静置	13:30	14:00	30(190～220)

(4) 第Ⅱ阶段降雨。该阶段进行一次降雨，第一次降雨持续时间为 55 min，此时边坡发生失稳破坏。具体的降雨时间如表 3-11 所示。

表 3-11 模型边坡第Ⅱ阶段降雨时间

阶段	开始时刻	结束时刻	持续时间/min
Ⅱ-1 降雨	13:47	14:42	55(0～55)

3.5.2 模型坡面形态及变形场演化规律

(1) 第Ⅰ阶段开挖

图 3-25 为第Ⅰ阶段的边坡开挖过程。图 3-26 为第Ⅰ阶段开挖过程中自然边坡表面沿着坡面向下的位移演化规律(图中 t 表示时间)。由图 3-26 可得，随着边坡的开挖，边坡表面的变形从边坡上缘右侧开始向边坡下缘扩展。但整体而言，人工开挖对边坡表面的变形影响甚微。在开挖完成后，最大变形位置位于边坡上缘右侧，最大变形量只有 3.72 mm。

(2) 第Ⅰ阶段降雨

图 3-27 为第Ⅰ阶段降雨过程中的边坡形态特征。

由图 3-27 可得，在Ⅰ-1 降雨过程中，降雨未对边坡形态产生明显的影响。在Ⅰ-1 静置过程中，即 t=123 min 时，开挖边坡的第四级台阶右侧产生了局部滑塌，而且滑塌的区域不断扩展。在Ⅰ-2 降雨过程中，即 t=158 min 时，滑塌的范围已经扩展至开挖边坡第三级台阶中部，滑塌的宽度达到了整个模型边坡宽度的 3/4。在Ⅰ-2 静置过程中，滑塌的区域经历了从扩展到稳定的过程，最终的稳定状态如 t=225 min 时所示，整个滑塌的上缘呈近水平

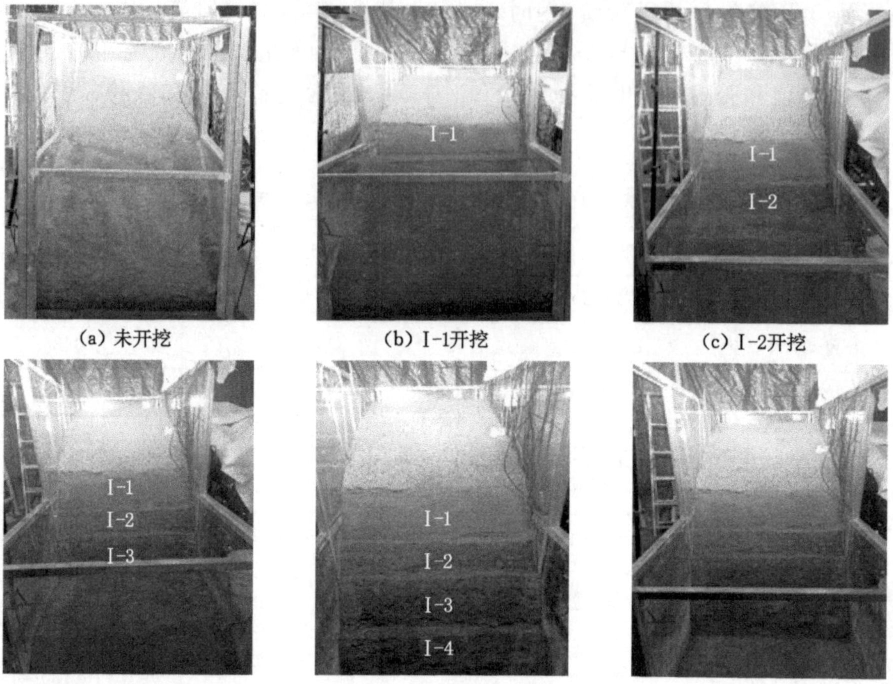

(a) 未开挖　(b) Ⅰ-1开挖　(c) Ⅰ-2开挖

(d) Ⅰ-3开挖　(e) Ⅰ-4开挖　(f) 开挖后

图 3-25　第Ⅰ阶段边坡开挖过程

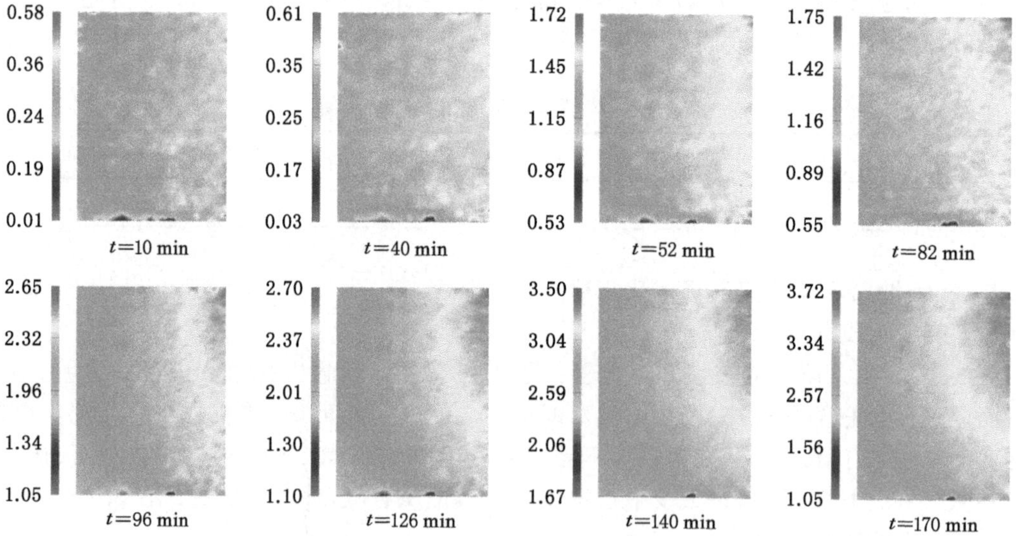

图 3-26　第Ⅰ阶段开挖过程中坡表位移演化规律(单位:mm)

状,且主要位于开挖边坡下缘右侧。

图 3-28 为第Ⅰ阶段降雨过程中模型自然边坡表面宏观裂隙的演化规律。由图可得,在Ⅰ-1 降雨持续 40 min 后,边坡中部和下部产生多条小的张拉裂隙,而且随着降雨的持续,裂隙不断扩展,在Ⅰ-1 降雨结束时,即 $t=60$ min 时,边坡中部裂隙的长度明显增加,部分小的

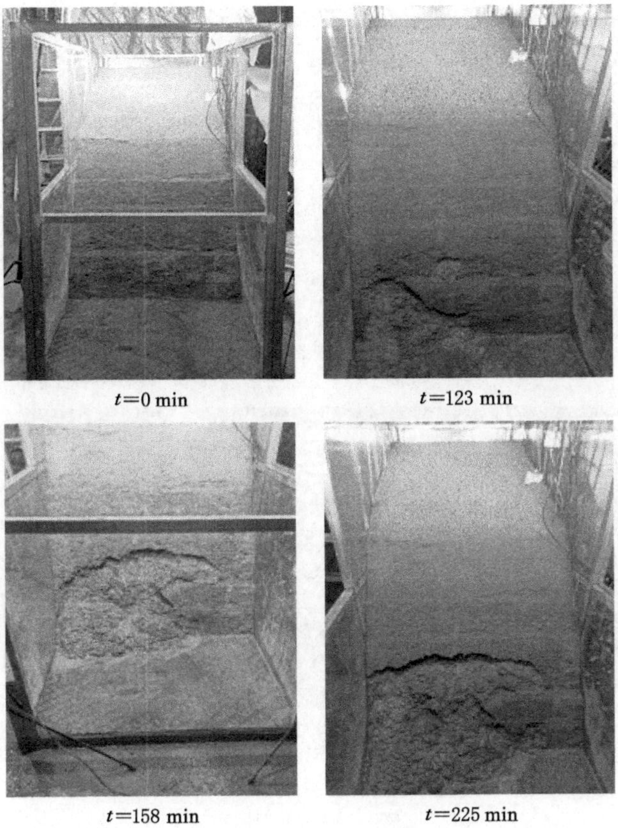

图 3-27　第Ⅰ阶段降雨边坡形态特征

裂隙已经贯通，且裂隙宽度达到 1.5 cm，而且在坡肩处产生多条新的裂隙。在Ⅰ-1 静置阶段，边坡顶部平台产生数条张拉裂隙，形成裂隙带。在Ⅰ-2 降雨开始后，随着降雨的持续，坡顶平台的裂隙宽度明显增加，部分窄的裂隙受降雨影响被泥土覆盖，同时边坡中部贯通的裂隙也扩展至边坡的两侧。在Ⅰ-2 静置阶段，即 $t=227$ min 时，可以看出边坡顶部平台原有裂隙已经贯通，形成 3 条明显的主要裂隙，其中一条裂隙贯通整个模型边坡，一条裂隙长

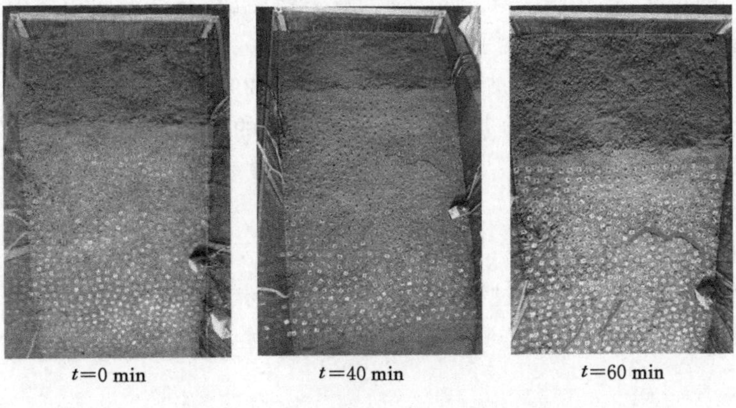

图 3-28　坡表宏观裂隙的演化规律

图 3-28(续)

度达到 60 cm,还有一条裂隙长度达到 40 cm,而且裂隙宽度最大达到 2 cm;在边坡的中部,原有裂隙也产生了不同程度的扩展。

图 3-29 为第Ⅰ阶段降雨过程中模型自然边坡表面位移演化规律。通过与图 3-28 对比研究发现,边坡的变形首先起始于边坡中部的左侧,而且随着降雨的持续,该处边坡的变形持续增大,通过 t=60 min 时的位移场变形数据可知,该处最大的变形量为 20.41 mm,与该处产生的宏观裂隙尺寸近似。随着实验的持续,通过变形场演化规律可以看出,边坡出现了第二个变形较大的位置,即边坡上缘,而且变形量不断增加,并逐渐向边坡中部演化,产生这种现象的原因是边坡顶部平台产生了张拉裂隙,为雨水入渗边坡提供了便利条件,导致边坡上缘变形增加,而且变形不断向边坡下缘扩展。由图 3-29 可得,在 t=256 min 时,边坡产生的最大变形量达到 46.6 mm,结合坡顶 3 条主要裂隙的宽度以及边坡中部产生裂隙的特征,该变形量与实际情况大致相符。由此可以判断,边坡表面整体的变形规律是从边坡上缘向下扩展。

(3) 第Ⅱ阶段开挖

图 3-30 为第Ⅱ阶段边坡开挖过程。第Ⅱ阶段开挖涉及从坡顶到坡脚整个边坡,所以该阶段未对边坡表面的位移场进行监测。边坡开挖的同时,在第一至第四级台阶的边坡表面安装散斑点。

(4) 第Ⅱ阶段降雨

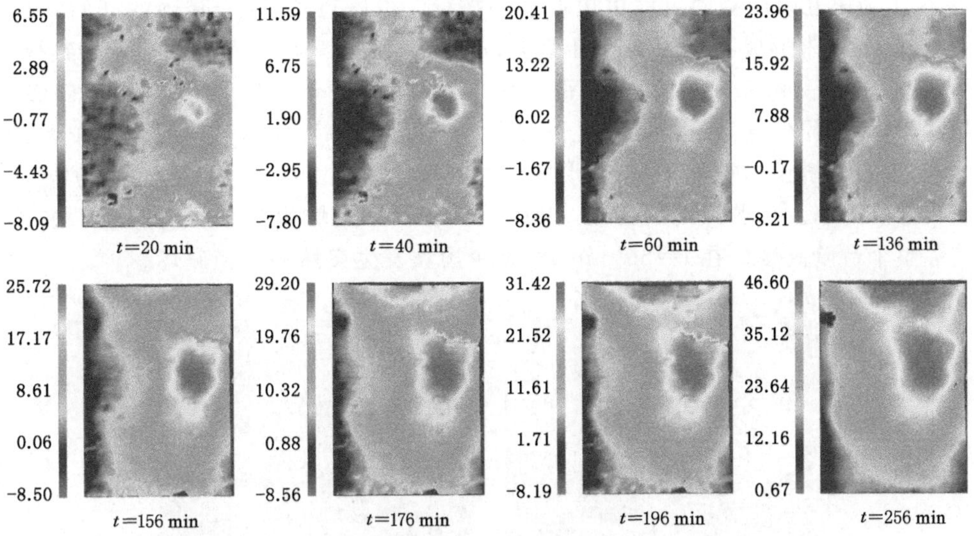

图 3-29 第Ⅰ阶段降雨过程中坡表位移演化规律(单位:mm)

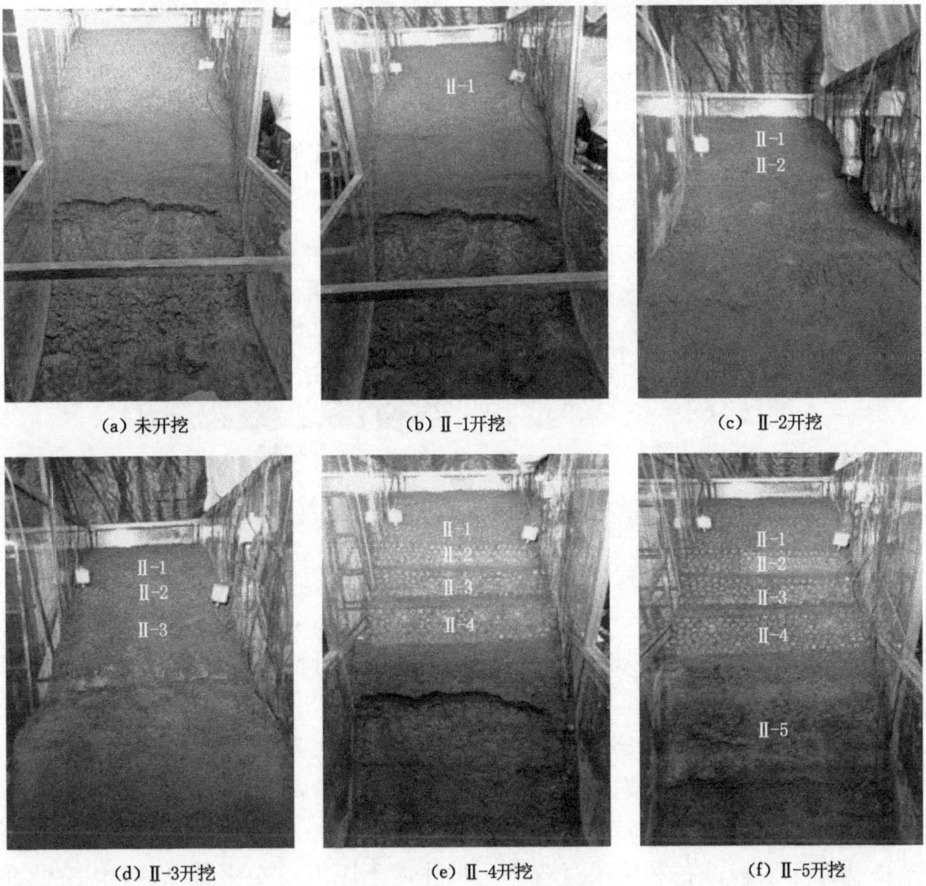

图 3-30 第Ⅱ阶段开挖过程

图 3-31 为第Ⅱ阶段降雨过程中边坡形态特征。由图可得，随着降雨的开始，雨水在边坡表面直接入渗，未形成明显径流。随着雨水的入渗，边坡表层因开挖卸荷而导致松散的土体产生变形。在 $t=42$ min 时，由于局部土体在降雨作用下形成饱和状态，在第四级台阶上出现局部滑塌，滑塌体逐渐下滑堆置在下部平台；第五级和第六级台阶因坡度较大，受降雨冲蚀严重，坡表松散土体被雨水带走，形成局部的破坏面，且破裂面不断劣化和扩展，形成冲蚀沟和局部的滑塌。随着降雨的持续，在 $t=54$ min 时，边坡第二级台阶产生了多条裂隙，裂隙贯穿整个台阶高度。在 $t=55$ min 时，整个边坡发生突然的失稳破坏。

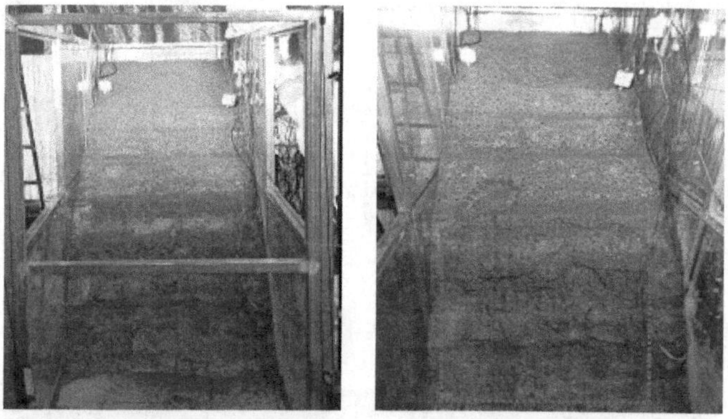

t=0 min　　t=42 min

t=54 min　　t=55 min

图 3-31　第Ⅱ阶段降雨边坡形态特征

图 3-32 为第Ⅱ阶段降雨过程中边坡表面位移的演化规律。通过与图 3-31 对比研究发现，其变化规律一致，首先是边坡下缘右侧产生较大变形区，这与该处的滑塌对应。之后主要变形区出现在边坡中部(即边坡裂隙产生的区域)，随着降雨的持续，变形量不断增加，直至边坡的整体突然失稳。

综上可知，边坡在无支护状态下，降雨诱发滑坡具有明显的无征兆性和突发性，滑坡能量大，加上雨水的润滑作用，滑坡体往往产生较远的滑动距离。

3.5.3　土压力监测分析

图 3-33 为第Ⅰ阶段开挖和降雨过程中边坡体内土压力的变化曲线(图中 SP1、SP2……为传感器编号)。通过对比发现，所有埋深较浅的传感器在Ⅰ-1 降雨过程中所监测的土压力均产生了一次规模不等的突变，之后传感器恢复正常。产生这种现象的原因是降雨开始

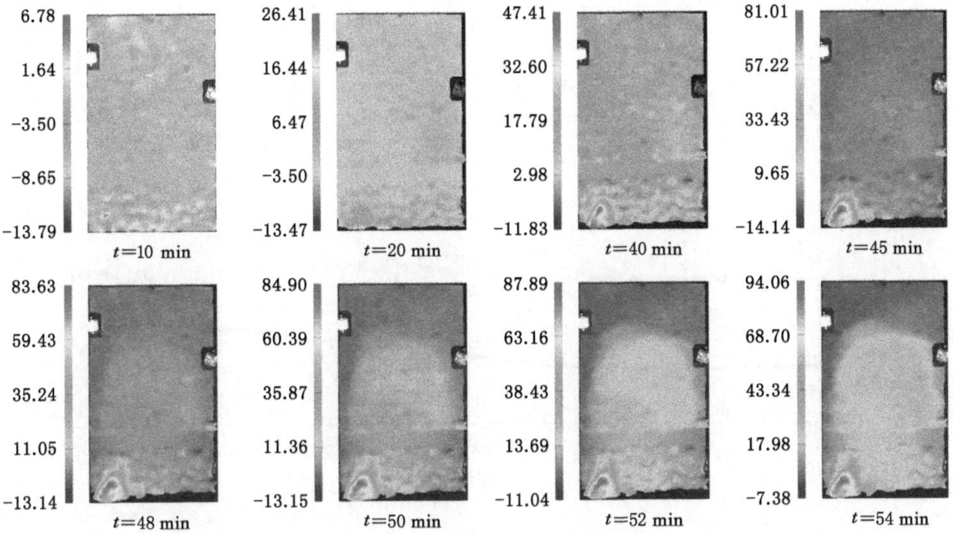

图 3-32　第Ⅱ阶段降雨过程中坡表位移演化规律(单位:mm)

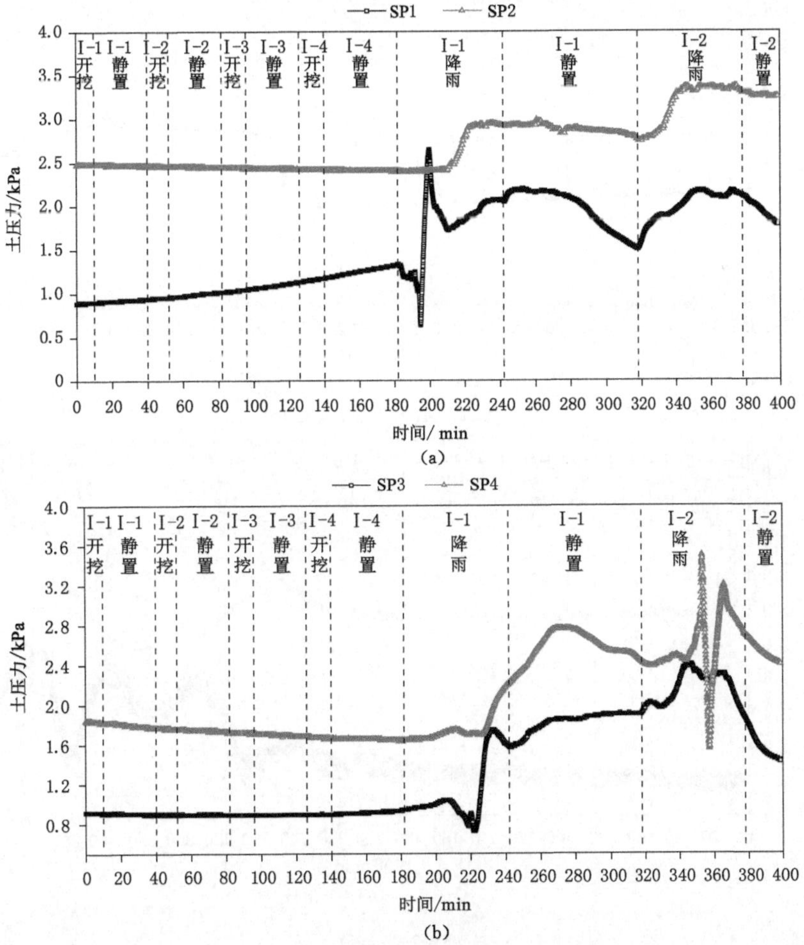

图 3-33　第Ⅰ阶段降雨和开挖过程土压力变化曲线

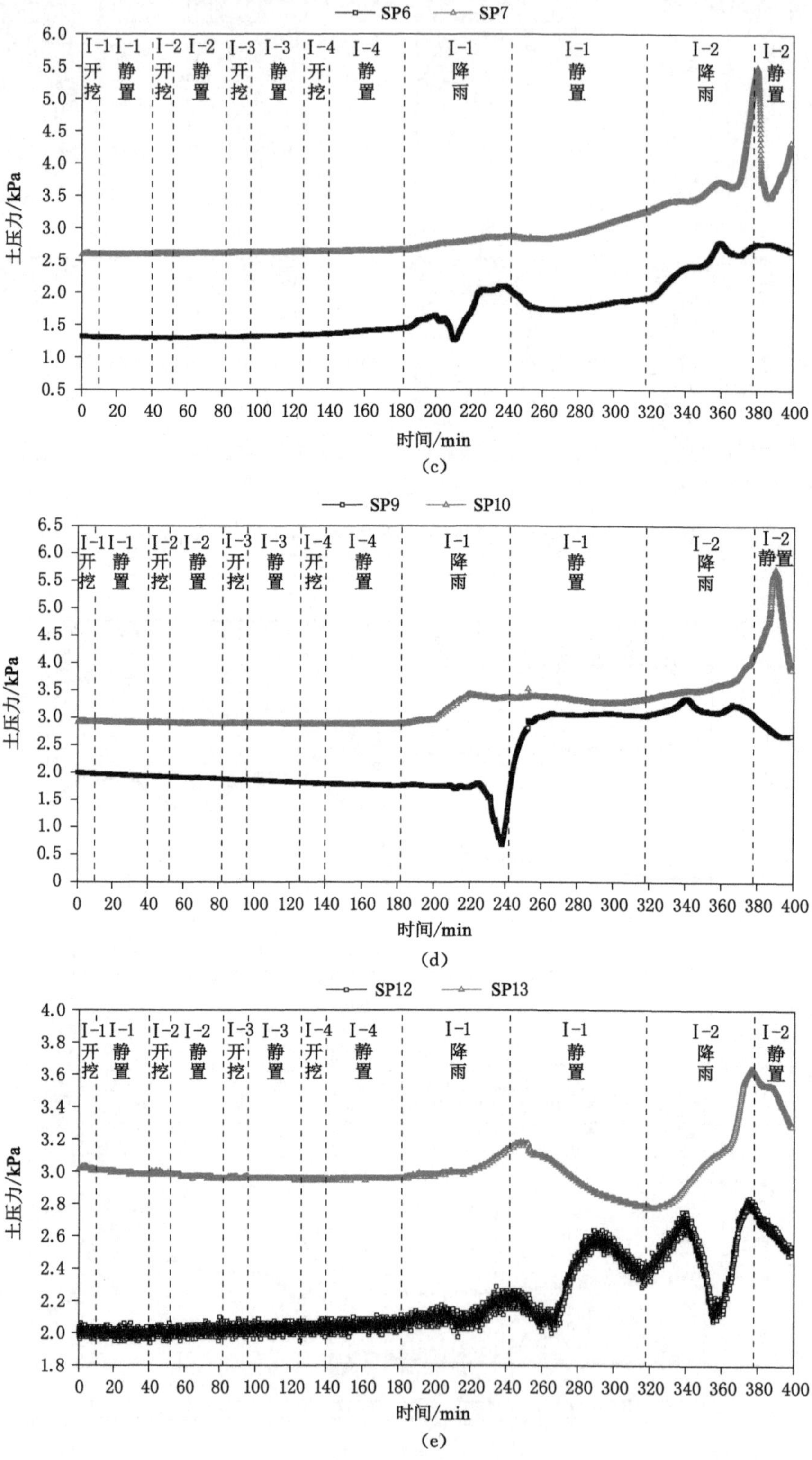

SP6
SP7
I-1 开挖
I-1 静置
I-2 开挖
I-2 静置
I-3 开挖
I-3 静置
I-4 开挖
I-4 静置
I-1 降雨
I-1 静置
I-2 降雨
I-2 静置
土压力/kPa
时间/min

(c)

SP9
SP10
土压力/kPa
时间/min

(d)

SP12
SP13
土压力/kPa
时间/min

(e)

图 3-33(续)

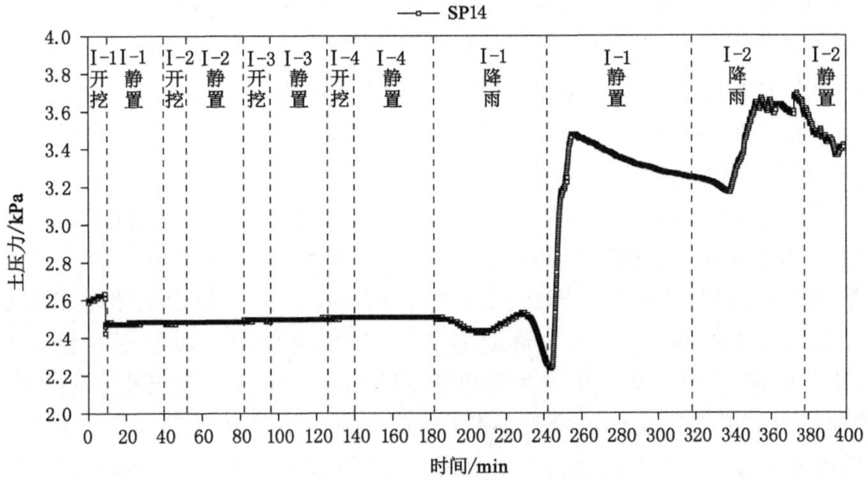

(f)

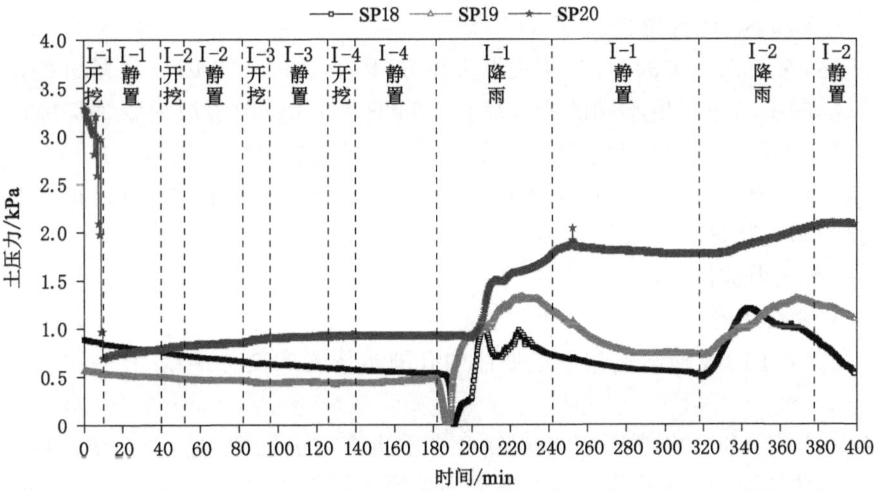

(g)

图 3-33(续)

后，雨滴冲刷和雨水入渗对边坡表层松散土体产生影响，土体重度和含水量增加，边坡浅层土体产生密实沉降和变形，变形使传感器与土体产生不均匀接触，导致监测数据出现了突变，而且埋深不同，产生突变的时间和幅度不同。另外，在Ⅰ-2 降雨中期，SP4 传感器土压力产生了先增加后突降再突增的变化规律；在Ⅰ-2 降雨末期，SP7 传感器土压力产生了先增加后突降的变化；在Ⅰ-2 降雨结束后，SP10 传感器土压力产生了先增加后突降的变化。通过与边坡表面的变形形态演化规律对比分析发现，产生这种突变的原因为边坡顶部平台产生了多处张拉裂隙，随着降雨的进行，雨水通过裂隙进入边坡体内，导致裂隙的深度不断向坡体内扩展，并在裂隙内形成滞留水，产生静水压力，加上降雨使边坡土体的重度增加，导致边坡下滑力增加，而裂隙的不断扩展和雨水入渗，使边坡土体的抗剪强度减弱或消失，从而加速了边坡的整体变形，而变形从坡顶裂隙向坡体内扩展，先后扩展至 SP4、SP7 和 SP10 传感器，从而影响了这些土压力传感器的监测数据。

SP18、SP19 和 SP20 传感器分别位于自然边坡下缘和开挖边坡上缘，且埋深较浅。SP18 传感器在Ⅰ-1 降雨中期产生了波动，结合边坡表面变形特征发现，造成这种现象的原因是该传感器上方的边坡产生了裂隙，导致作用于传感器的土压力产生变化。另外，在Ⅰ-1 静置初期，3 个传感器几乎同时产生了异常数据，说明边坡表面的裂隙在静置期间产生了扩展，并对自然边坡下缘坡体产生了影响，使其产生了整体小变形。

图 3-34 为第Ⅱ阶段降雨过程中边坡体内部土压力的变化曲线。通过对比发现，在边坡失稳破坏时，土压力均产生突变，但是在边坡失稳前，曲线变形规律差异较大。对于埋深较浅的传感器，在降雨初期其土压力即达到最大值，随着雨水入渗带走土体内部的细小颗粒及坡表径流对表层土体的冲蚀，土压力逐渐降低，在边坡失稳前先突增后突降，如 SP1 传感器；有些传感器则保持稳定状态，在失稳前先突降后突增，如 SP3 传感器。对于埋深较大的传感器，随着降雨造成上部土体的重度不断增加，重力向下的传递速率逐渐增加，土压力先缓慢增加后快速增加，在边坡失稳前产生突降，如 SP7、SP10 和 SP14 传感器。对于一些传感器，由于坡表受降雨冲刷严重，土压力在增加过程中经历了短时间降低，在边坡失稳时产生突变，如 SP6 和 SP12 传感器。

综上所述，对于无支护的边坡，在边坡失稳破坏前，土压力会因传感器所处位置的埋深和受外界影响的不同而产生不同的变形趋势。对图 3-34(g)中边坡失稳破坏前的突变进行统计分析发现，土压力产生突变与边坡失稳几乎同时发生。由此可得，土压力作为一种常见的监测手段，在边坡失稳前的变化形态多样，且突变几乎与失稳同时，所以很难有一个统一的标准来预测和判断边坡的失稳破坏。

3.5.4 孔隙水压力监测分析

(1) 第Ⅰ阶段降雨

图 3-35 为第Ⅰ阶段降雨过程中边坡体内孔隙水压力的变化曲线（PP3、PP4……为传感器编号）。

图 3-35(a)、(b)和(c)分别为边坡上缘 3 个垂直方向上孔隙水压力的变化规律。通过对比孔隙水压力曲线可得，由于传感器的埋深和位置不同及对降雨的响应时间不同，PP3、PP6 和 PP9 传感器的响应时间分别为 17 min、28 min 和 37 min，之后孔隙水压力开始从负值快速增加到 0 kPa 附近，并保持相对稳定状态，在降雨结束后产生小幅度下降。PP4、PP7 和 PP10 传感器的响应时间分别为 42 min、63 min 和 103 min，由于 PP7 和 PP10 传感器位于滑体与滑床交界面附近，所以其孔隙水压力可达到正值，并持续保持稳定。在Ⅰ-2 降雨开始后，PP4、PP7 和 PP10 传感器的孔隙水压力首先达到较大的正值，之后 PP3、PP6 和 PP9 传感器的孔隙水压力开始增加并达到正值，说明入渗的雨水首先达到上层传感器，并持续向下入渗，在雨水入渗至滑体与滑床交界面时开始汇聚，并产生正的孔隙水压力。

图 3-35(d)为自然边坡下缘边坡体内两个监测点的孔隙水压力变化曲线。由图可知，由于 2 个传感器的埋深较大，所以对降雨的响应时间均较晚，且均在Ⅰ-2 降雨阶段孔隙水压力才开始快速增加，但由于降雨时间有限，所以只产生了较小的正孔隙水压力后开始缓慢降低。

图 3-35(e)和(f)分别表示距离边坡表面较近的两组孔隙水压力监测曲线。PP1、PP3 和 PP6 传感器孔隙水压力曲线的变化趋势较为一致，雨水均在Ⅰ-1 降雨阶段入渗至传感器所在位置，并在Ⅰ-2 降雨阶段孔隙水压力达到正值。其中，PP1 传感器位于坡肩处，且距离

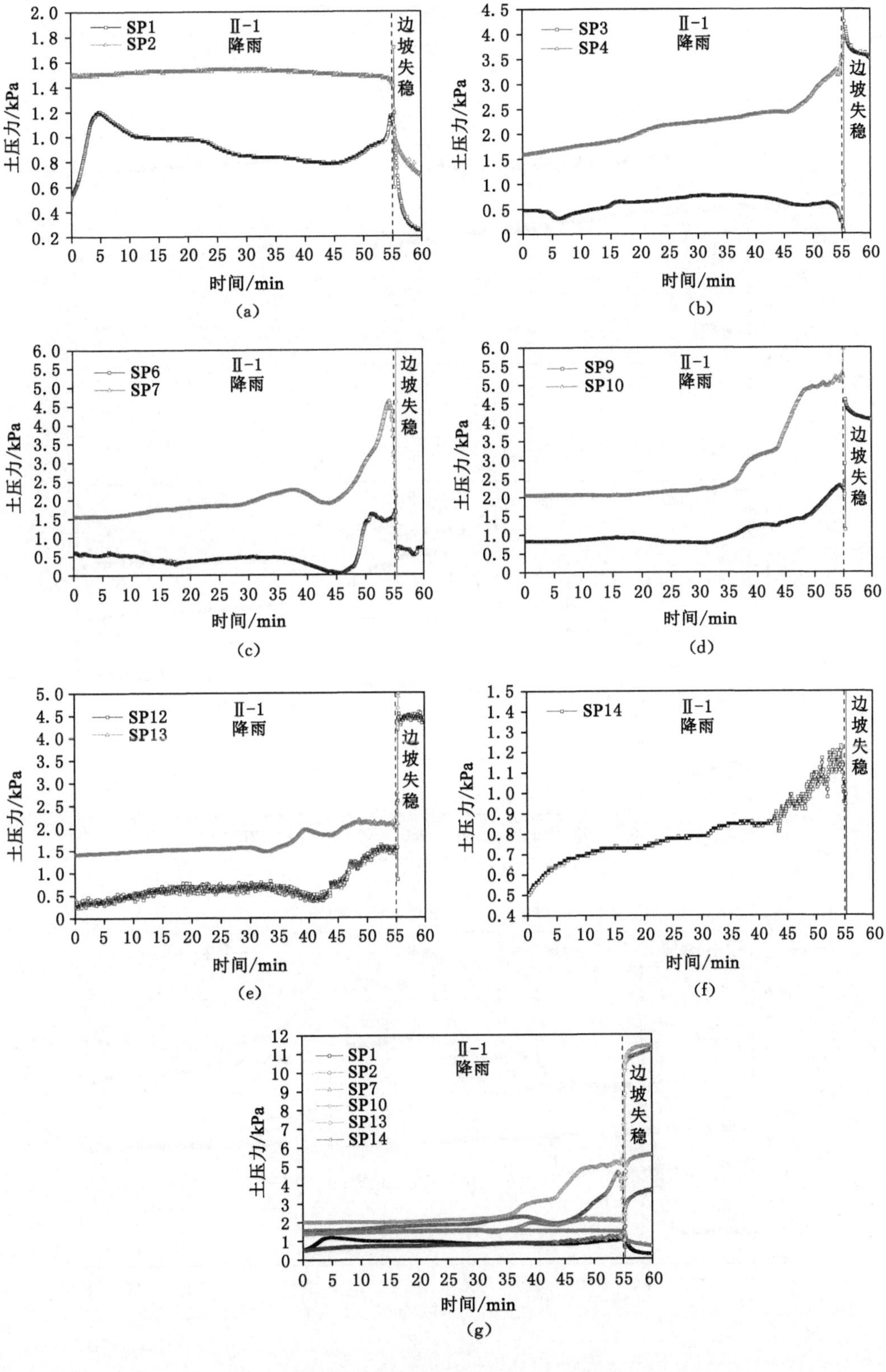

图 3-34 第Ⅱ阶段降雨过程土压力变化曲线

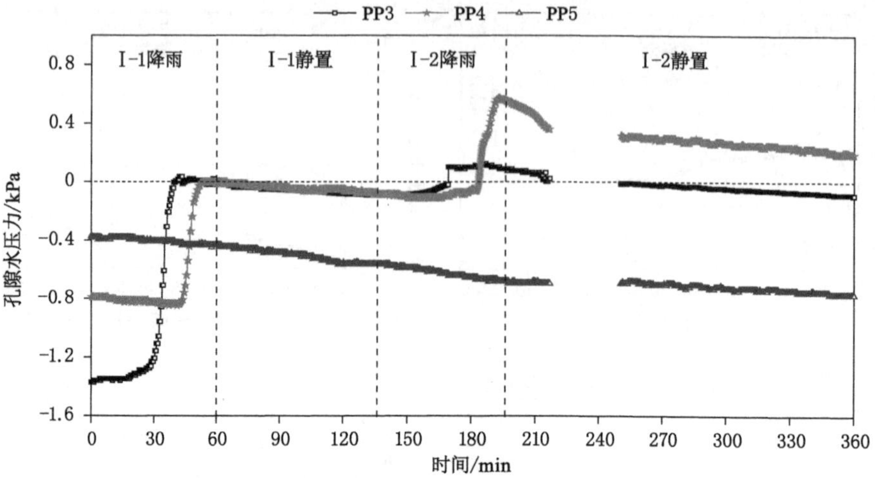

(a)

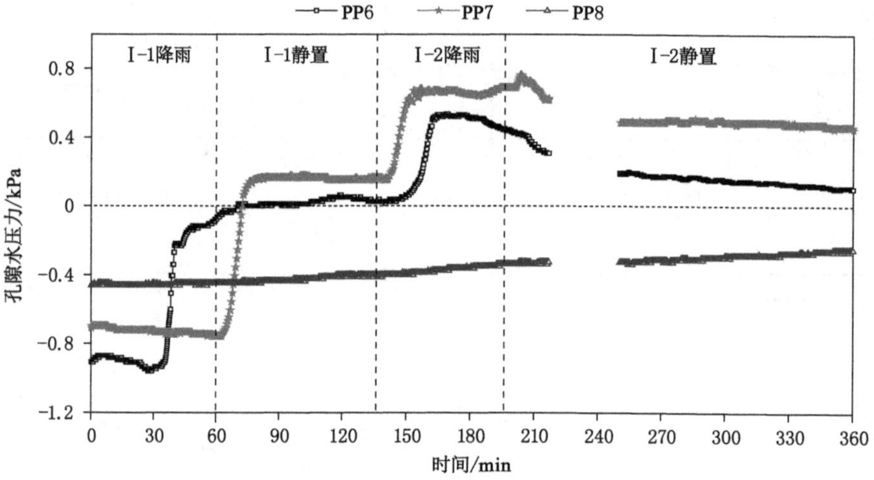

(b)

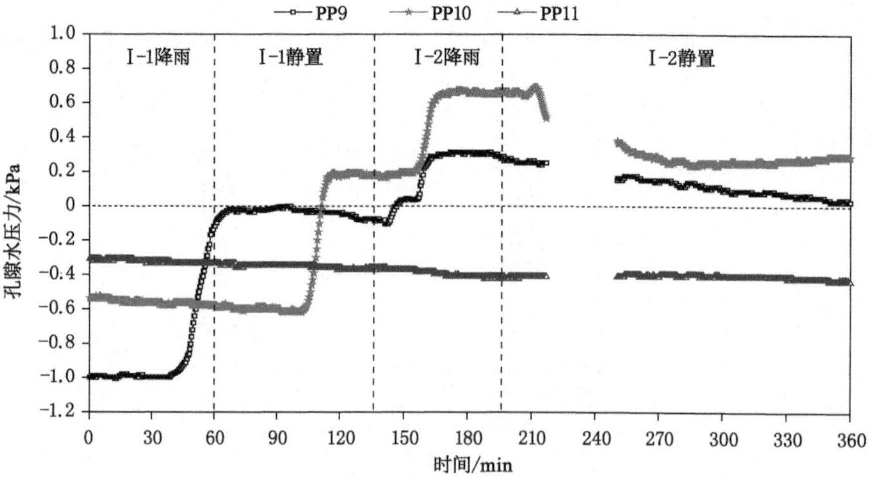

(c)

图 3-35　第Ⅰ阶段降雨过程孔隙水压力变化曲线

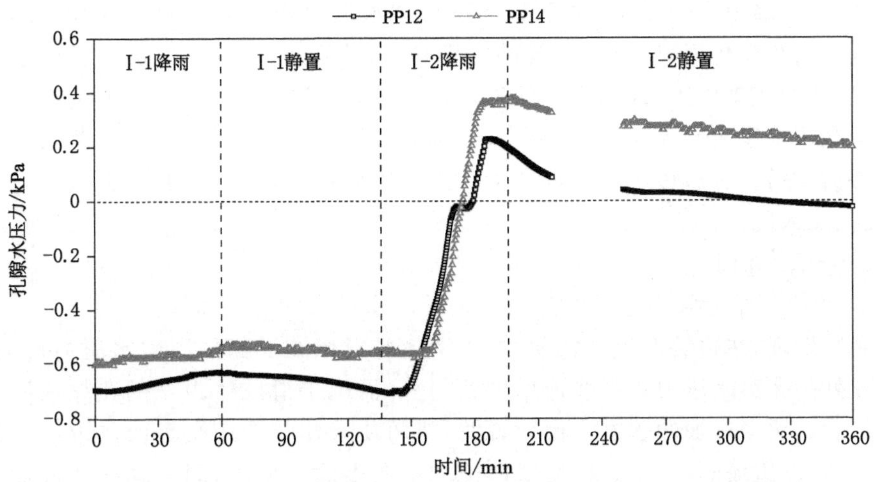
PP12
PP14
I-1降雨
I-1静置
I-2降雨
I-2静置
孔隙水压力/kPa
0.6
0.4
0.2
0
-0.2
-0.4
-0.6
-0.8
0
30
60
90
120
150
180
210
240
270
300
330
360
时间/min

(d)

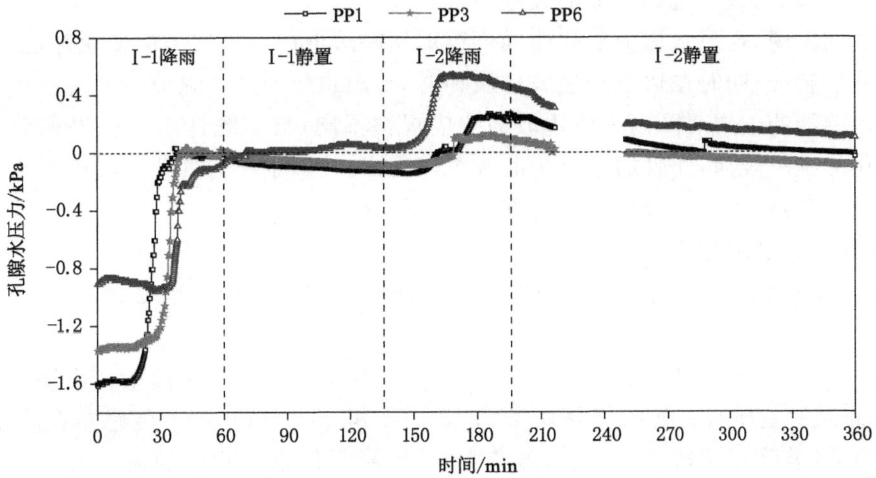
PP1
PP3
PP6
I-1降雨
I-1静置
I-2降雨
I-2静置
孔隙水压力/kPa
0.8
0.4
0
-0.4
-0.8
-1.2
-1.6
0
30
60
90
120
150
180
210
240
270
300
330
360
时间/min

(e)

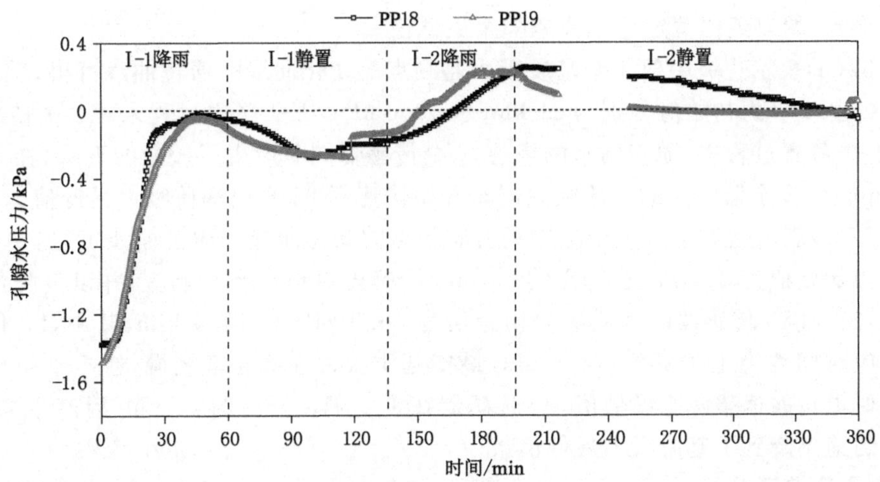
PP18
PP19
I-1降雨
I-1静置
I-2降雨
I-2静置
孔隙水压力/kPa
0.4
0
-0.4
-0.8
-1.2
-1.6
0
30
60
90
120
150
180
210
240
270
300
330
360
时间/min

(f)

图 3-35(续)

边坡表面较近，受降雨影响显著，在Ⅰ-2阶段孔隙水压力产生了突增。PP18和PP19传感器孔隙水压力曲线变化规律一致，主要的区别在于PP19传感器位于自然边坡和开挖边坡交界附近，受开挖扰动作用影响，雨水的渗透速率较大，其监测曲线的变化幅度也较大，而且在静置阶段孔隙水压力产生了多次突增。结合边坡表面变形特征可知，孔隙水压力产生突增的原因为：在静置阶段，传感器附近产生了张拉裂隙，而这些裂隙成为汇水和存水的主要通道，造成孔隙水压力突增。

(2) 第Ⅱ阶段降雨

图3-36为第Ⅱ阶段降雨过程中边坡体内孔隙水压力的变化曲线。

对比曲线发现，在边坡产生失稳前，位于滑体与滑床交界面的孔隙水压力均为正值，而且位于交界处的孔隙水压力均呈快速增加的趋势，而位于滑坡体内部的孔隙水压力则处于较稳定的状态或缓慢增加的状态。由此说明，降雨使滑体与滑床交界面产成正的孔隙水压力，弱化了交界面边坡的抗剪强度，对滑体施加了向上的浮托力，同时降雨使边坡岩土体的重度和下滑力增加，最终造成滑坡的失稳。

通过曲线发现，孔隙水压力变化曲线不仅能反映边坡内部水压力的变化特征，而且能反映边坡的变形特征，同时在边坡产生失稳破坏时，孔隙水压力产生显著的突变。但是由于孔隙水压力传感器的位置对降雨入渗边坡的响应规律不同，很难统计出边坡失稳前孔隙水压力曲线变化的统一规律，而且通过分析曲线可以得出，孔隙水压力变化曲线的突变相对于边坡的变形、裂隙的产生以及最终的失稳都有一定的滞后性。

3.5.5 基质吸力监测分析

图3-37为第Ⅰ阶段降雨过程中边坡体内基质吸力的变化曲线（S1、S2……为传感器编号）。

图3-37(a)表示坡肩处垂直方向上3个基质吸力监测点的变化曲线。由图可得，S1和S2传感器监测的基质吸力初始值分别为23.3 kPa和23.7 kPa。S1传感器在降雨22 min后开始响应，随着降雨的持续，基质吸力产生突降，降至传感器测量的最低值10 kPa左右；S2传感器在降雨22 min时开始响应，基质吸力先缓慢降低，基质吸力降至11 kPa，之后随着雨水入渗，开始以近似恒定速率快速降至最低值。

图3-37(b)表示边坡中部4个基质吸力监测点的变化曲线。通过曲线可得，S4和S5传感器监测的基质吸力初始值分别为21 kPa和19.6 kPa，Ⅰ-1降雨过程未对2个传感器产生影响，在Ⅰ-1静置过程中，随着雨水的渗透，2个传感器同时产生了缓慢的下降，在Ⅰ-2降雨持续27 min后，2个监测点的基质吸力同时开始快速降低，直至基质吸力最低值。

图3-37(c)表示边坡下部3个基质吸力监测点的变化曲线。通过曲线可得，S10传感器的基质吸力初始值为22 kPa，在降雨约12 min后率先对雨水产生响应，并以突降的形式降到最低值；S8和S9传感器的基质吸力初始值为18.5 kPa和19.9 kPa，其中，S8传感器对雨水的响应时间约为Ⅰ-1降雨后60 min，最初基质吸力降低速率缓慢，在Ⅰ-2降雨启动后开始以近似恒定的速率降至最低值，S9传感器在Ⅰ-2降雨开始约20 min后产生响应，并以近似恒定的速率降到了基质吸力最低值。

3.5.6 含水率监测分析

图3-38表示在第Ⅰ阶段降雨过程中不同研究区域的体积含水率变化曲线（HS1、HS2……为传感器编号）。

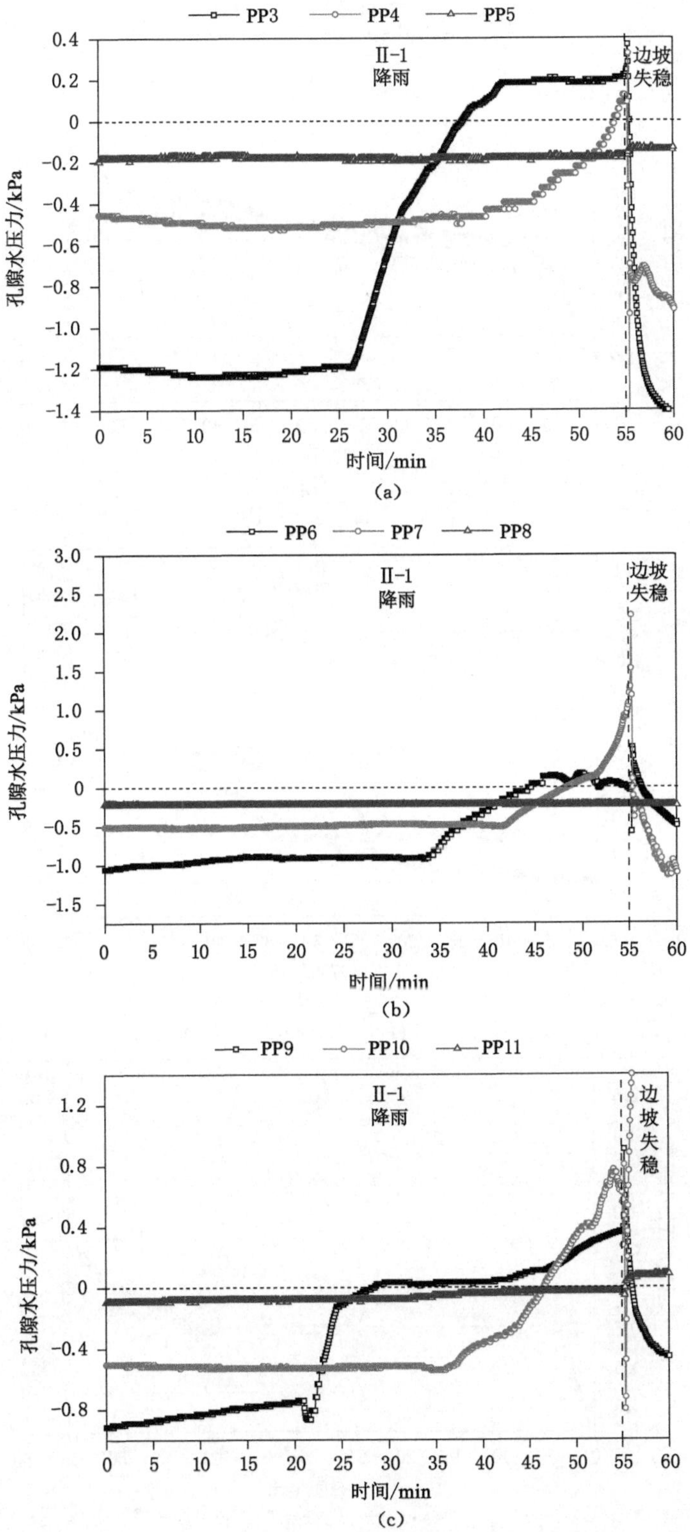

图 3-36　第Ⅱ阶段降雨过程孔隙水压力变化曲线

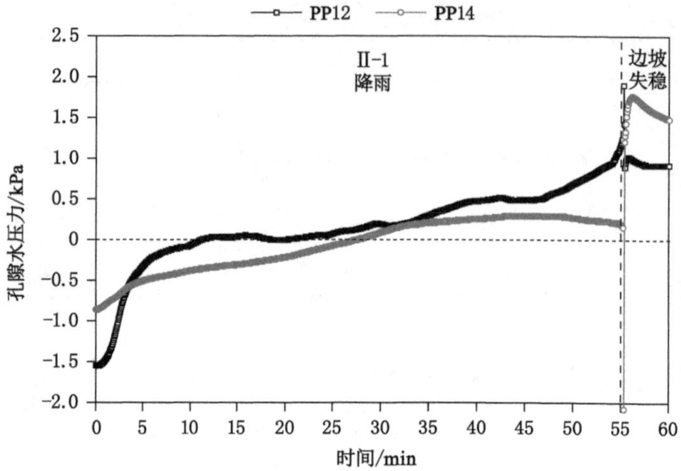
PP12
PP14
Ⅱ-1
降雨
边坡
失稳
孔隙水压力/kPa
时间/min

(d)

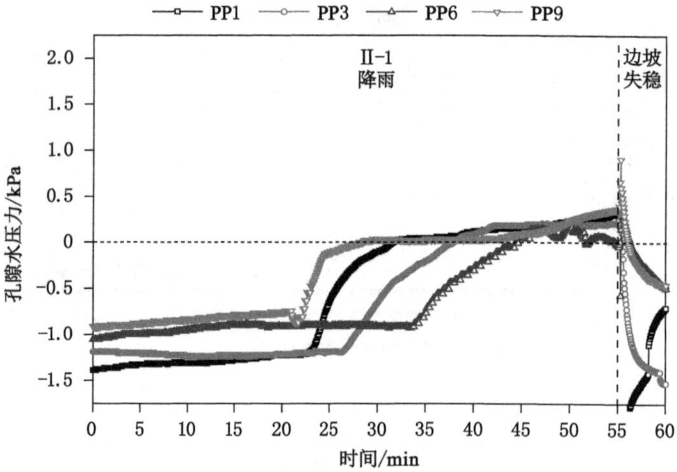
PP1
PP3
PP6
PP9
Ⅱ-1
降雨
边坡
失稳
孔隙水压力/kPa
时间/min

(e)

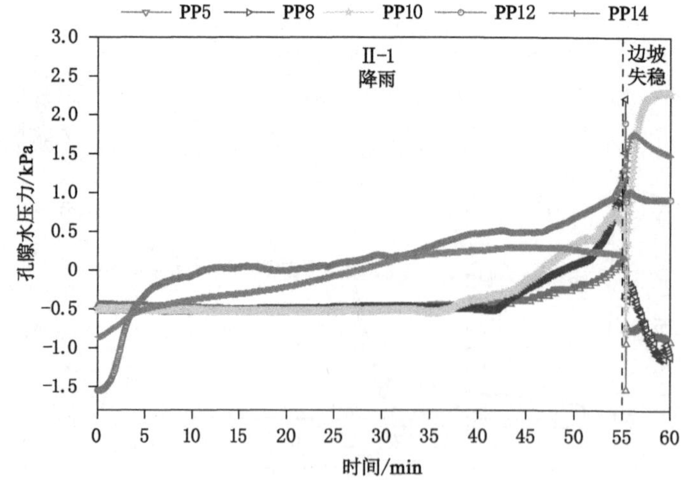
PP5
PP8
PP10
PP12
PP14
Ⅱ-1
降雨
边坡
失稳
孔隙水压力/kPa
时间/min

(f)

图 3-36(续)

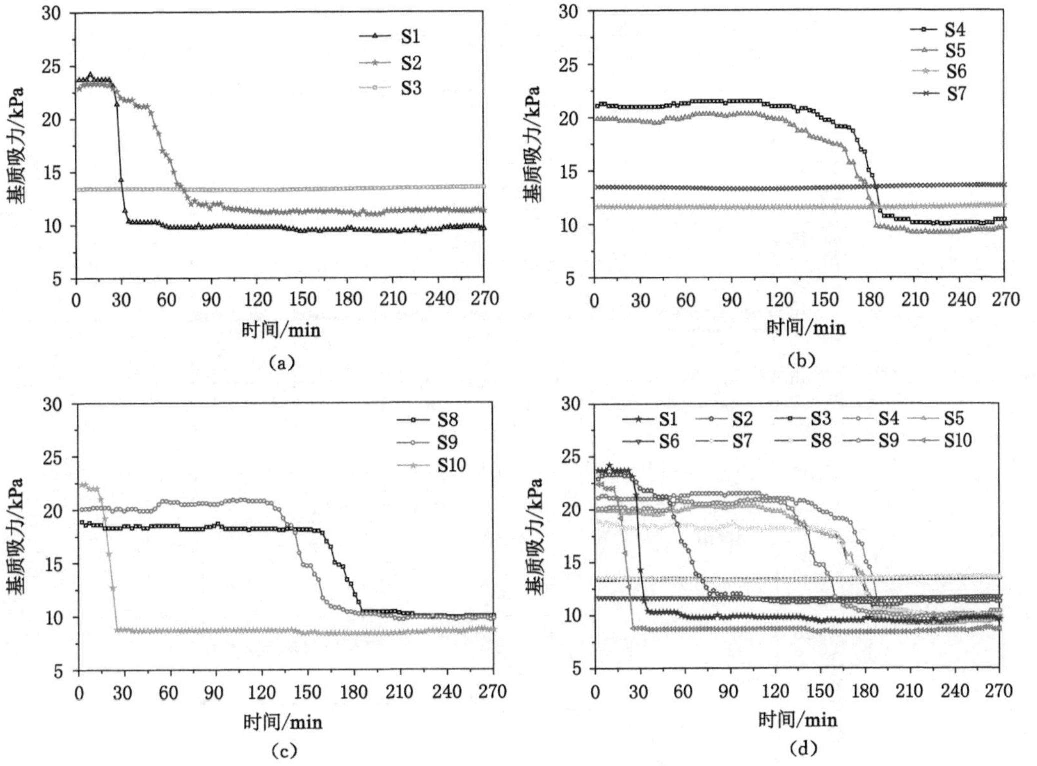

图 3-37 第Ⅰ阶段降雨过程基质吸力变化曲线

图 3-38(a)表示坡肩处垂直方向的 3 个监测点含水率变化曲线。其中，HS1 传感器位于滑体中，HS2 传感器位于滑体与滑床交界面处，HS3 传感器位于较稳定的滑床中。由于滑床及其以下的岩层中的含水率传感器受降雨影响较小，含水率几乎不产生变化，这里不再对其进行描述。由图可得，HS1 传感器在Ⅰ-1 降雨 53 min 后开始响应，含水率开始增加，

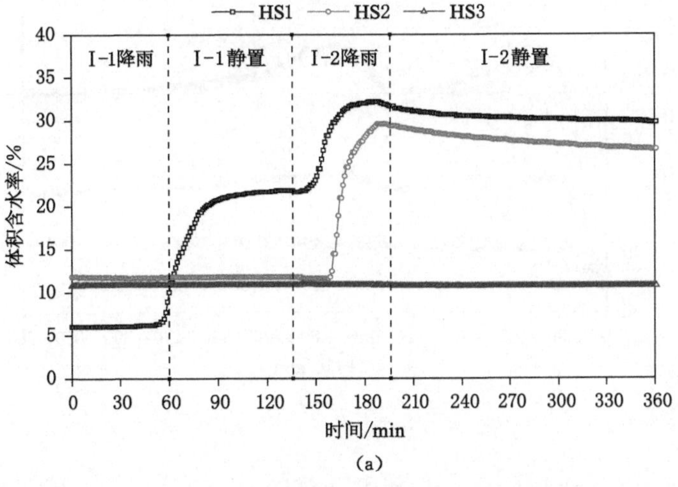

图 3-38 第Ⅰ阶段降雨过程体积含水率变化曲线

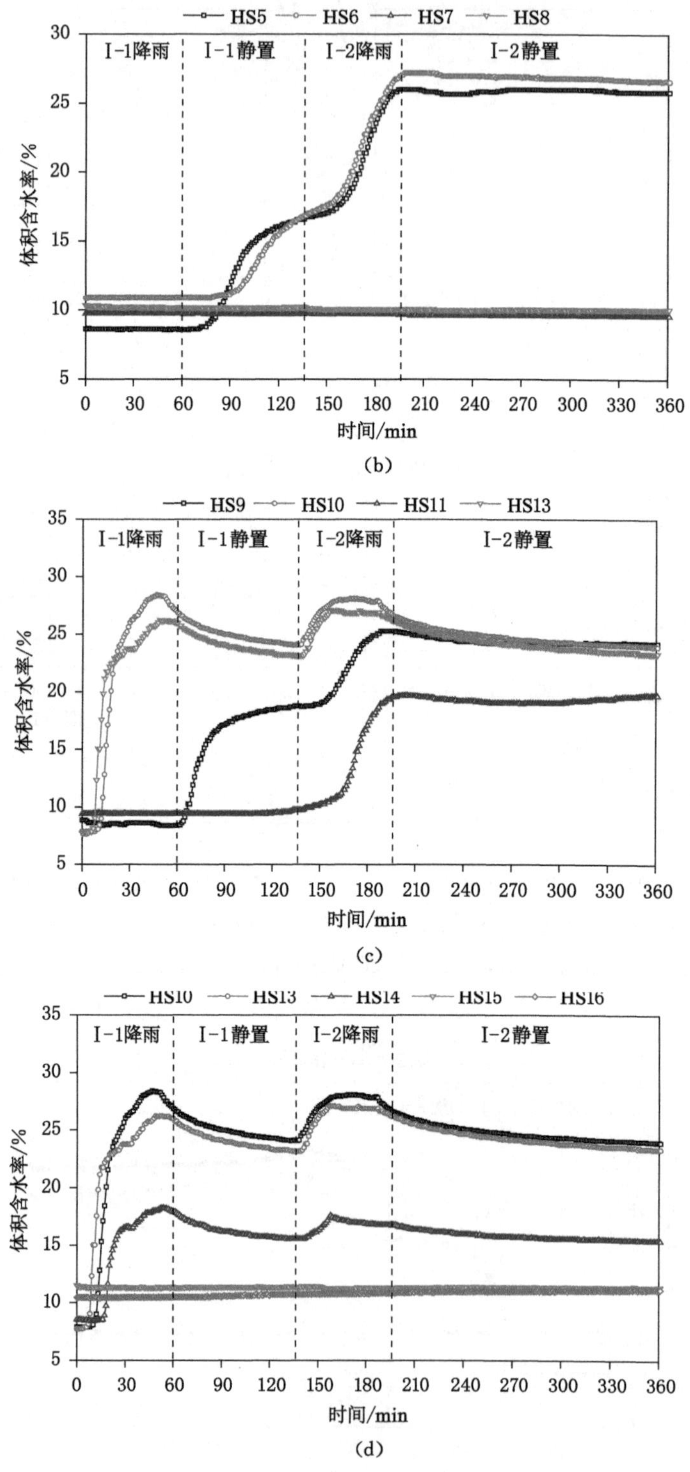
HS5 HS6 HS7 HS8
I-1降雨 I-1静置 I-2降雨 I-2静置
体积含水率/%
时间/min
(b)
HS9 HS10 HS11 HS13
I-1降雨 I-1静置 I-2降雨 I-2静置
体积含水率/%
时间/min
(c)
HS10 HS13 HS14 HS15 HS16
I-1降雨 I-1静置 I-2降雨 I-2静置
体积含水率/%
时间/min
(d)

图 3-38(续)

并在Ⅰ-1静置期间达到一个相对稳定的状态，在Ⅰ-2降雨开始后，HS1含水率继续增加至最大值32.16%，之后开始缓慢降低；HS2传感器在Ⅰ-2降雨开始后20 min开始响应，并在降雨结束前达到了最大值29.6%，之后开始缓慢下降。

图3-38(b)表示边坡中上部垂直方向的4个监测点的含水率变化曲线。由图可得，HS5和HS6传感器几乎同时在Ⅰ-1静置过程中开始产生响应，之后2条含水率曲线的变化规律几乎一致，并在Ⅰ-1降雨结束时达到最大值25.99%和27.19%，之后含水率曲线保持相对稳定状态。

图3-38(c)表示边坡中下部垂直方向的4个监测点的含水率变化曲线。可以看出，HS10和HS13传感器监测的含水率曲线几乎同步，在降雨6 min后传感器产生响应，并在Ⅰ-1降雨结束前达到最大值28.37%和26.22%，在静置期间产生了小幅度下降，在Ⅰ-1降雨结束前达到最大值，之后开始缓慢下降。HS9传感器在Ⅰ-1静置阶段的$t=62$ min时对雨水产生响应，且含水率曲线一直处于增长过程，并先后经历两次快速增加，在Ⅰ-2降雨结束前达到最大值25.28%，并保持一段时间的稳定；HS11传感器在Ⅰ-2降雨开始时对降雨产生响应，且含水率曲线在Ⅰ-2降雨结束时只经历一次增长过程，含水率达到最大值19.52%，并保持一段时间的相对稳定状态。

图3-39表示在第Ⅱ阶段降雨过程中不同研究区域的体积含水率变化曲线。

通过曲线可以看出，在降雨的前5 min内，含水率均未产生变化，说明此时雨水并未入渗至传感器位置。在降雨5 min后，HS1传感器监测到含水率开始突增，之后其他监测点的含水率也开始陆续增加，并在达到最大值后保持相对的稳定状态。在边坡产生突发性失稳破坏前，滑坡体中上部的岩土体已经达到饱和状态，而从HS2传感器监测曲线可以看出，该点的含水率仍处于上升阶段，并未达到最大值，说明此时滑动面附近的岩土并未达到饱和状态，但是雨水入渗已经使滑动面附近土体的抗剪强度显著降低，而上覆土体重度的增加使边坡的下滑力变大，从而导致边坡最终产生突发性的失稳破坏。

综上所述，对于无支护边坡，开挖为滑坡的产生提供了空间条件，开挖扰动及开挖卸荷作用使边坡浅层岩土体产生应力松弛和应力重分布，在降雨条件下，这些松散的表层土体为

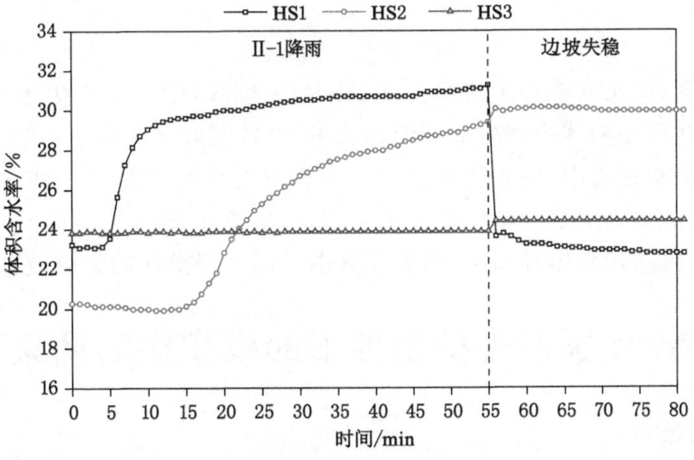

(a)

图3-39 第Ⅱ阶段降雨过程中体积含水率变化曲线

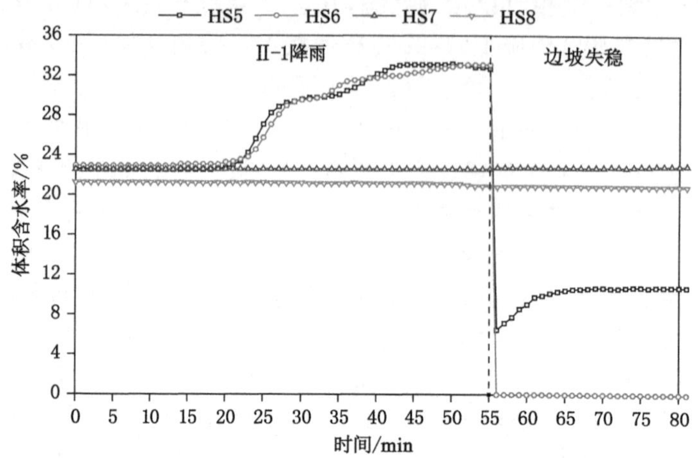

(b)

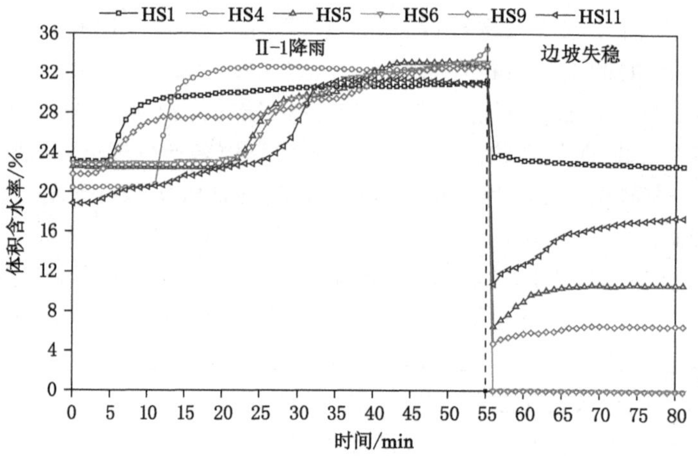

(c)

图 3-39(续)

降雨入渗提供便利,雨水入渗带走浅层土体中的微小颗粒,使土体产生不均匀沉降,同时雨水的不断入渗在浅层松散体中产生局部饱和状态,导致饱和区土体抗剪强度弱化,形成局部的浅层滑塌。在静置过程中,坡表土体会因水分蒸发而收缩和变形,形成张拉裂隙,再次降雨过程中,张拉裂隙成为主要的输水和储水通道,产成静水压力和浮托力,导致边坡发生变形,边坡内部岩土体结构整体性弱化,从而在降雨时产生突发性的失稳破坏。

3.6 PR+NPR 锚索支护条件下的模型实验结果分析

3.6.1 模型实验进程

本次模型实验主要包括边坡开挖、降雨和边坡加固等步骤。

(1) 第Ⅰ阶段开挖。此次开挖主要位于模型边坡的中下部,按照四级台阶开挖,共分四步,每步开挖一级台阶。Ⅰ-1 开挖用时 20 min,第一级台阶高度为 30 cm,预留平台宽度为

4 cm；Ⅰ-2 开挖用时 22 min，第二级台阶高度为 24 cm，预留平台宽度为 4 cm；Ⅰ-3 开挖用时 31 min，第三级台阶高度为 24 cm，预留平台宽度为 4 cm；Ⅰ-4 开挖用时 39 min，第四级台阶高度为 24 cm。每步开挖完成后静置 30 min。具体的开挖时间如表 3-12 所示。

表 3-12 模型边坡第Ⅰ阶段开挖时间

阶段	开始时刻	结束时刻	持续时间/min
Ⅰ-1 开挖	10:40	11:00	20(0～20)
Ⅰ-1 静置	11:00	11:30	30(20～50)
Ⅰ-2 开挖	11:30	11:52	22(50～72)
Ⅰ-2 静置	11:52	12:22	30(72～102)
Ⅰ-3 开挖	12:22	12:53	31(102～133)
Ⅰ-3 静置	12:53	13:23	30(133～163)
Ⅰ-4 开挖	13:23	14:02	39(163～202)
Ⅰ-4 静置	14:02	14:32	30(202～232)

(2) 第Ⅰ阶段降雨。该阶段进行了 2 次降雨，第一次降雨持续时间为 60 min，降雨后静置时间为 79 min，第二次降雨持续时间为 60 min，降雨后静置时间为 60 min。具体的降雨时间如表 3-13 所示。

表 3-13 模型边坡第Ⅰ阶段降雨时间

阶段	开始时刻	结束时刻	持续时间/min
Ⅰ-1 降雨	15:13	16:13	60(0～60)
Ⅰ-1 静置	16:13	17:32	79(60～139)
Ⅰ-2 降雨	17:32	18:32	60(139～199)
Ⅰ-2 静置	18:32	19:32	60(199～259)

(3) 第Ⅱ阶段开挖。此次开挖涉及整个模型边坡，按照六级台阶开挖，共分五步。Ⅱ-1 开挖用时 48 min，第一级台阶高度为 36 cm，预留平台宽度为 5 cm；Ⅱ-2 开挖用时 20 min，第二级台阶高度为 15 cm，预留平台宽度为 4 cm；Ⅱ-3 开挖用时 20 min，第三级台阶高度为 15 cm，预留平台宽度为 4 cm；Ⅱ-4 开挖用时 20 min，第四级台阶高度为 20 cm，预留平台宽度为 6 cm；Ⅱ-5 开挖包含两级台阶，用时 30 min，其中，第五级台阶高度为 36 cm，预留平台宽度为 4 cm，第六级台阶高度为 36 cm。每步开挖完成后静置 30 min。在Ⅱ-1 静置阶段，对上排锚索进行安装和张拉，在Ⅱ-3 静置阶段，对下排锚索进行安装和张拉。具体的开挖时间如表 3-14 所示。

表 3-14 模型边坡第Ⅱ阶段开挖时间

阶段	开始时刻	结束时刻	持续时间/min
Ⅱ-1 开挖	13:12	14:00	48(0～48)
Ⅱ-1 静置	14:00	14:30	30(48～78)

表 3-14(续)

阶段	开始时刻	结束时刻	持续时间/min
Ⅱ-2 开挖	14:30	14:50	20(78～98)
Ⅱ-2 静置	14:50	15:20	30(98～128)
Ⅱ-3 开挖	15:20	15:40	20(128～148)
Ⅱ-3 静置	15:40	16:10	30(148～178)
Ⅱ-4 开挖	16:10	16:30	20(178～198)
Ⅱ-4 静置	16:30	17:00	30(198～228)
Ⅱ-5 开挖	17:00	17:30	30(228～258)
Ⅱ-5 静置	17:30	18:00	30(258～288)

(4) 第Ⅱ阶段降雨。该阶段进行 2 次降雨,第一次降雨持续时间为 64 min,降雨后静置时间为 70 min,第二次降雨持续时间为 59 min,此时边坡发生失稳破坏。具体的降雨时间如表 3-15 所示。

表 3-15　模型边坡第Ⅱ阶段降雨时间

阶段	开始时刻	结束时刻	持续时间/min
Ⅱ-1 降雨	10:16	11:20	64(0～64)
Ⅱ-1 静置	11:20	12:30	70(64～134)
Ⅱ-2 降雨	12:30	13:29	59(134～193)

3.6.2　模型坡面形态及变形场演化规律

(1) 第Ⅰ阶段开挖

边坡物理模型第Ⅰ阶段的开挖过程如图 3-40 所示。

边坡物理模型第Ⅰ阶段开挖过程中边坡表面沿着坡面向下的位移演化规律如图 3-41 所示。由图 3-41 可以得出,整个第Ⅰ阶段的开挖过程并未引起边坡的大变形,边坡整体仅产生微小的位移,其中最大的位移只有 2.11 mm,产生在开挖边坡一级台阶的上缘。这说明模型边坡的整体稳定性很好,虽然第Ⅰ阶段开挖的岩土方量很大,但是人工开挖扰动只引起了边坡表面微小的变形,该变形不足以对边坡的整体稳定性造成严重影响。但是开挖所形成的临空面,为后续降雨条件下边坡的整体变形提供了有利的空间条件。同时,由于开挖卸荷作用,开挖边坡表面的岩土体应力会重分布,产生回弹变形,造成开挖边坡表层岩土体较为松散,这是后续雨水快速入渗并形成浅层局部饱和状态的重要原因。

(2) 第Ⅰ阶段降雨

第Ⅰ阶段降雨过程中边坡宏观形态特征如图 3-42 所示。由图 3-42 和表 3-13 可得,Ⅰ-1 降雨阶段持续了 60 min,整个边坡并未产生明显变形和破坏特征,在 $t=60$ min 时,自然边坡的下缘左侧产生了小面积的冲刷。在Ⅰ-2 降雨过程中,在 $t=152$ min 时,开挖边坡中部的右侧边缘产生了小范围的冲刷,而开挖边坡下缘右侧产生了局部的滑塌,滑塌的顶部位于开挖边坡第四级台阶的顶部,之后随着降雨的持续,滑塌的范围不断扩展。在 $t=161$ min 时,产生滑塌的区域已经扩展至第三级台阶的顶部,而滑塌宽度已经超过模型边坡

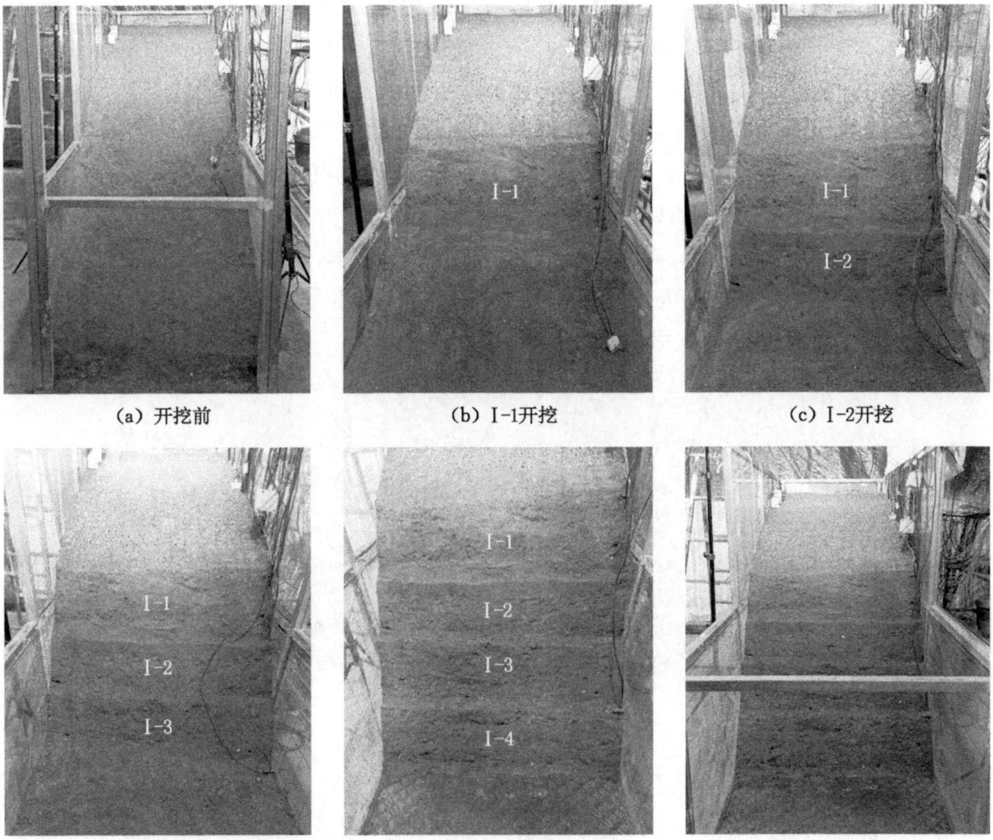

(a) 开挖前　(b) I-1开挖　(c) I-2开挖
(d) I-3开挖　(e) I-4开挖　(f) I-5开挖

图 3-40　第 I 阶段边坡开挖过程

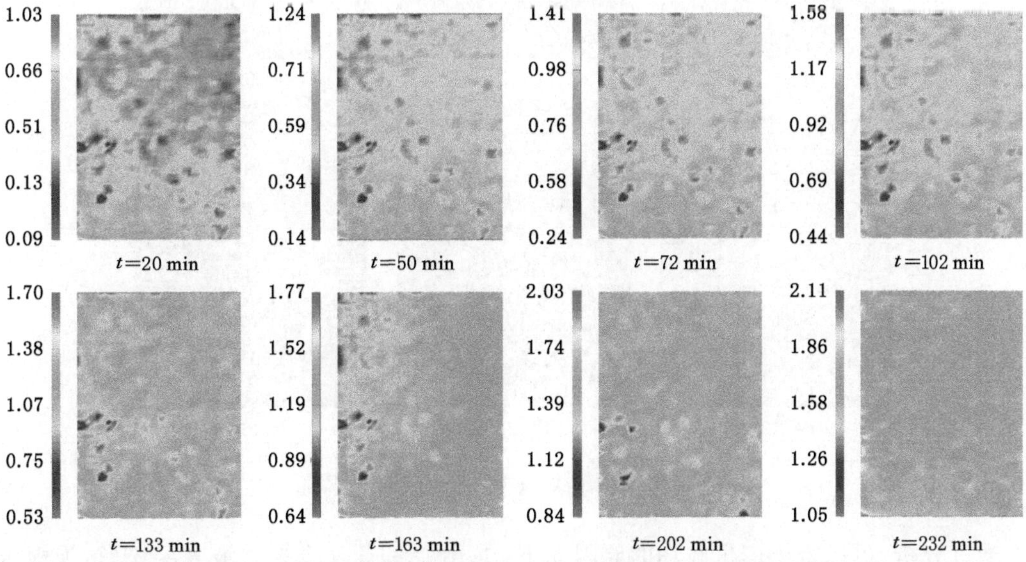

图 3-41　第 I 阶段开挖过程中坡表位移演化规律(单位:mm)

宽度的一半，随着该区域边坡不断破坏，对上部开挖边坡的支撑作用降低，导致开挖边坡的破坏区域逐渐增加，在 $t=193$ min 时，破坏区域已经扩展至第一级台阶中部，滑塌的左侧边界接近边坡宽度的三分之二。在Ⅰ-2 降雨结束后，开挖边坡的破坏区域仍在不断扩展，可以看出，在 $t=201$ min 时，破坏区已经扩展至一级台阶的顶部，同时在第一级台阶左侧也出现了一条明显的张拉裂隙。在 $t=219$ min 时，这条张拉裂隙已经扩展并与右侧破坏区域贯通，整个贯通区域产生了明显的破坏，在 $t=261$ min 时，扩展区域仍在不断扩展，在一级边坡上形成一个圆弧形的破坏面，破坏面以下的开挖边坡已经全部破坏。在 $t=464$ min 时，边坡的破坏区域仍产生了小范围的扩展，但破坏区域主要还是在开挖边坡区域，之后边坡开始恢复稳定。

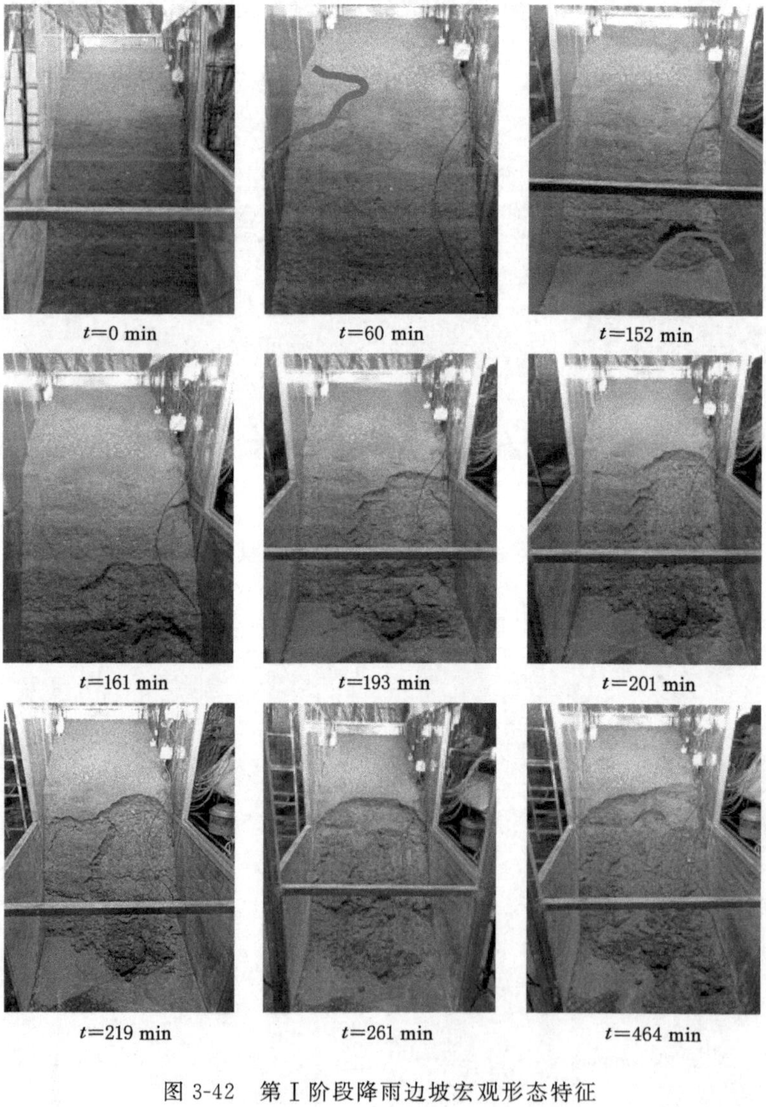

图 3-42　第Ⅰ阶段降雨边坡宏观形态特征

通过分析，可以得出产生破坏的原因如下：① 开挖卸荷使开挖边坡表层松散，为雨水的入渗提供有利条件；② 边坡开挖后增加了边坡的坡度，为边坡的变形破坏提供了空间和便利；③ Ⅰ-1 降雨阶段增加了边坡表层土体的重度，增加了边坡的下滑力；④ 局部的滑塌破坏了开挖边坡的整体性，减小了对邻近边坡的支撑，成为开挖边坡渐进式破坏的契机；⑤ 持续降雨形成的坡表径流以及边坡浅表层的渗流加速了边坡的破坏。

第Ⅰ阶段降雨过程中模型自然边坡裂隙演化规律如图 3-43 所示。由图可得，在Ⅰ-1 降雨阶段，坡面未产生明显可见的裂隙，但是降雨使边坡表层土体的细小颗粒被带走，并导致边坡表层存在局部的饱和状态。在Ⅰ-1 静置阶段，随着坡体雨水不断向坡体内部渗透以及坡表水分的蒸发，边坡表层土体开始产生变形，在 $t=114$ min 时，自然边坡顶部平台上产生了两条张拉裂隙，随着静置时间增加，裂隙产生了缓慢的扩展。在Ⅰ-2 降雨开始后，雨水的再次入渗以及坡表径流使坡顶平台的张拉裂隙闭合，并在坡表形成了多个因径流而产生的冲沟。在Ⅰ-2 静置阶段，在 $t=220$ min 时，坡顶平台最初产生张拉裂隙的位置再次产生裂隙，且随着静置的持续，裂隙不断向两侧扩展，在 $t=243$ min 时，顶部平台的裂隙已经完全贯通，同时在坡面上产生了多条小的张拉裂隙。在 $t=461$ min 时，坡顶平台贯通的裂隙宽度明显增加，坡面的张拉裂隙也有明显的扩展。

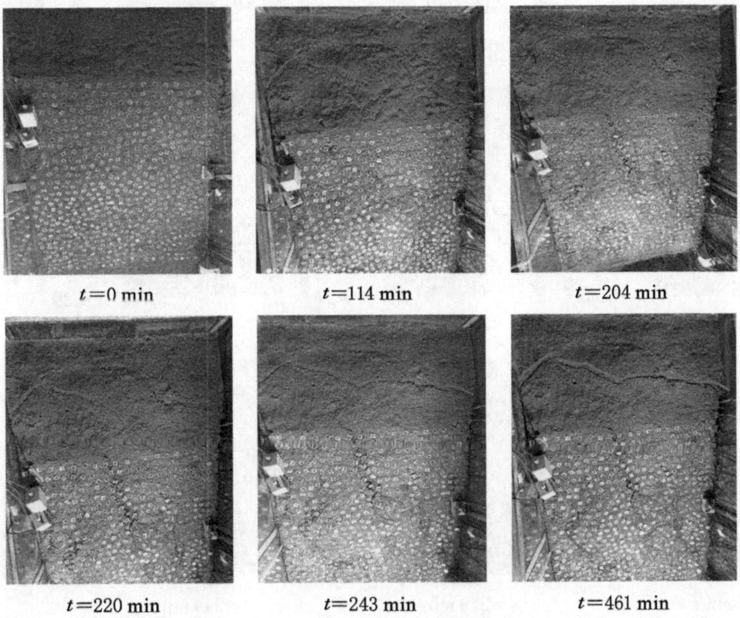

图 3-43　边坡裂隙演化规律

第Ⅰ阶段降雨过程中模型边坡表面沿着坡面向下位移演化规律如图 3-44 所示。系统默认沿着坡面向下的位移为正方向，向上的位移为负方向。图中 0～60 min 和 60～139 min 分别表示Ⅰ-1 降雨和静置阶段的坡表位移，139～199 min 和 199～259 min 分别表示Ⅰ-2 降雨和静置阶段的坡表位移。通过分析可得，施加降雨后，随着降雨的入渗，首先边坡上缘的右侧产生较大位移变形，如 $t=15$ min 时的区域，变形量约为 2.43 mm。其他区域的变形量大致相同，其中有部分区域产生了负的变形，这主要是因为边坡表面松散的土体受到降雨的影响产生了不均匀的沉降。随着降雨的持续，边坡上缘右侧的变形量持续增加，而且变形范围不断向边坡中部扩散。这是由降雨入渗对边坡表面土体软化和上部变形体推动共同作用而引起的。Ⅰ-1 降雨结束后，上部边坡产生的最大位移量为 4.75 mm。这与边坡实际变形情况相符，Ⅰ-1 降雨阶段未对边坡产生显著影响。

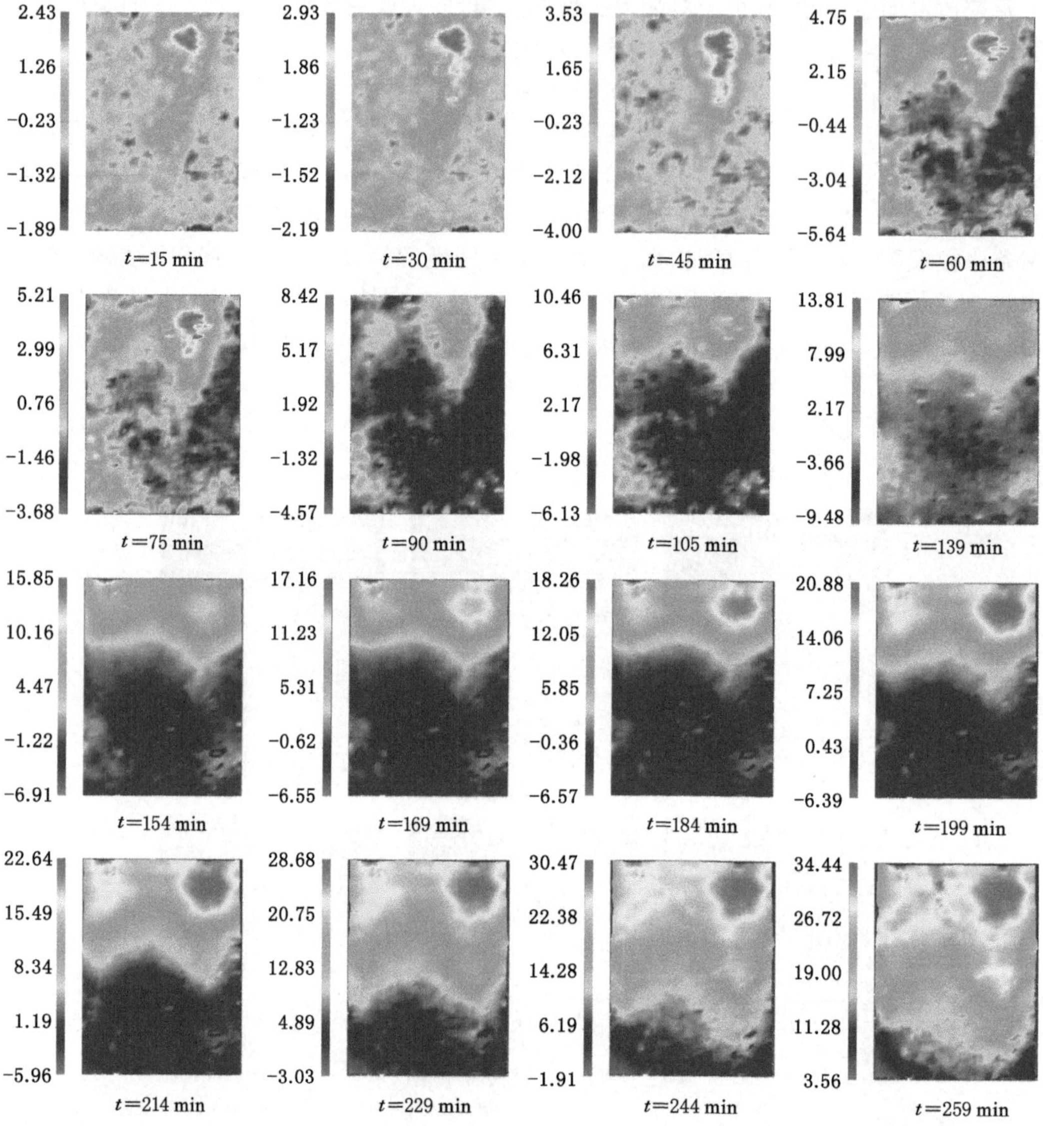

图 3-44　第Ⅰ阶段降雨过程中坡表位移演化规律(单位:mm)

在Ⅰ-1 降雨结束后，边坡表面的位移并未停止，而是持续增加，在 $t=75$ min 时，边坡上缘右侧的位移达到了 5.21 mm，而且边坡的下缘右侧产生了较大的变形。之后，边坡的整体变形速率逐渐减小，但整体变形量仍有所增加，其中，边坡顶部右侧产生了较大的变形量，最大变形量达到 13.81 mm，这是由于边坡顶部平台产生了张拉裂隙而导致的。

在Ⅰ-2 降雨开始后，随着雨水不断从坡表和坡顶平台的张拉裂隙入渗到边坡体内，雨水在裂隙内汇聚并形成滞留水，产生静水压力并作用在边坡上，形成沿坡面向下的推力，边坡上缘的变形量不断增大，变形范围不断向边坡中部扩展，而且较大的变形主要分布在边坡上缘的左右两侧。降雨结束时，坡表的最大变形量为 20.88 mm。降雨结束后，边坡表面的位移持续增加，并由边坡上缘不断向边坡下缘扩展，引起整个边坡的变形。其中，最大的变形量达到 34.44 mm。

通过对比图 3-43 和图 3-44 可得，引起模型自然边坡上缘产生较大变形的主要原因是开挖为边坡变形提供了空间条件。在降雨过程中，坡顶平台产生的张拉裂隙为雨水入渗提供了便利，并在裂隙内形成静水压力，张拉裂隙深度不断下切，宽度增大。降雨同时增加了边坡岩土体的重度和边坡的下滑力，加速了边坡的变形。尤其在静置阶段，张拉裂隙扩展明显，这与坡面变形场的演化规律一致。

(3) 第Ⅱ阶段开挖

图 3-45 为第Ⅱ阶段边坡开挖过程。此次开挖涉及从坡顶到坡脚整个边坡，所以该阶段未对边坡表面的位移场进行监测。该阶段开挖过程涉及两排预应力锚索的安装，分别位于第一级台阶和第三级台阶，共 16 根锚索，其中，PR 锚索 12 根，NPR 锚索 4 根。两排锚索均在同一台阶边坡开挖完成后进行安装并施加预紧力。

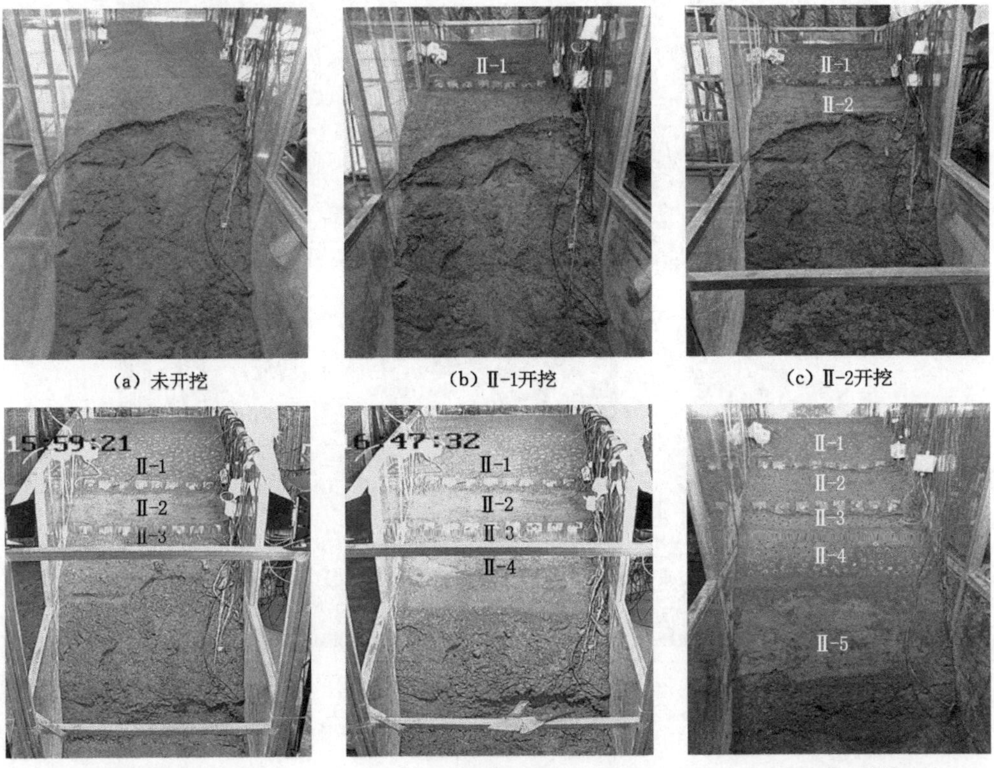

(a) 未开挖　(b) Ⅱ-1开挖　(c) Ⅱ-2开挖

(d) Ⅱ-3开挖　(e) Ⅱ-4开挖　(f) Ⅱ-5开挖

图 3-45　第Ⅱ阶段边坡开挖过程

(4) 第Ⅱ阶段降雨

第Ⅱ阶段降雨过程中边坡宏观形态特征如图 3-46 所示。

由图 3-46 可得，在整个Ⅱ-1 降雨和Ⅱ-1 静置过程中，从 $t=9$ min 开始，第四级台阶中部开始产生多处小的滑塌，滑塌破坏区域不断向边坡两侧扩展，整个第四级台阶的下部坡面破坏严重。随着降雨的持续，破坏面开始向台阶坡顶面扩展，在Ⅱ-1 静置结束时，第四级台阶右侧三分之二的坡面发生滑塌。产生该现象的原因是，第四级台阶的坡底面正好位于滑

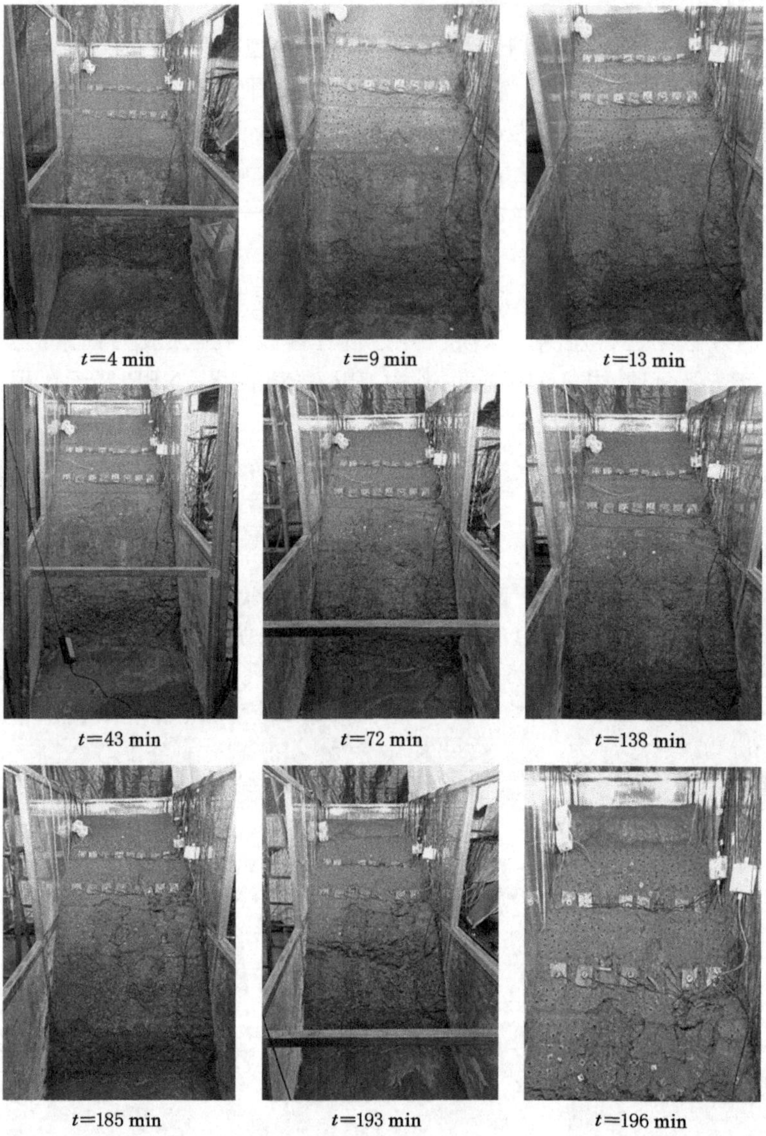

图 3-46　第Ⅱ阶段降雨过程中边坡宏观形态特征

体与滑床交界附近，由于滑床岩层渗透性较差，降雨后在第四级台阶坡顶面附近首先形成局部饱和区，同时开挖卸荷导致坡面表层松散，所以第四级台阶坡面开始产生局部滑塌，形成破坏面，破坏面附近的土体不断劣化，导致破坏区不断扩展。在Ⅱ-2 降雨开始后，由于第四级台阶破坏严重，导致对其上部边坡的支撑作用减小，所以破坏区域开始向上扩展至第三级台阶，但是由于锚索的存在，上部边坡的破坏形式与第四级台阶不同，并不是形成局部的滑塌，而是雨水作用在破坏区形成冲沟，随着降雨的持续，在锚墩处形成多条明显的冲蚀沟，冲蚀沟不断向上扩展，形成稳定的水流，在第四级台阶坡面形成多条冲蚀沟。随着降雨的持续，在 t=193 min 时，边坡产生了整体的滑坡失稳大变形，滑动过程持续时间只有几秒钟，之后又再次达到新的稳定状态。图中 t=196 min 时为边坡发生滑坡后的状态。

图 3-47 为边坡发生滑动后的滑坡后缘破坏特征。由图可得，滑坡的后缘冠部呈明显的圈椅状，滑坡后缘壁的高度约为 20 cm，整个后缘壁凹凸不平，后缘张拉裂隙已经被滑落的泥土覆盖，在后缘形成了局部的后缘反倾平台，该平台上遍布多条张拉裂隙。滑坡后缘的这些破坏特征，与实际现场边坡的后缘破坏特征一致，现场边坡后缘产生了落差约为 3 m 的陡坎，且由于破坏面先由降雨产生张拉裂隙后产生剪切滑动，所以陡坎面凹凸不平。工程现场的滑坡后缘破坏特征如图 3-48 所示。

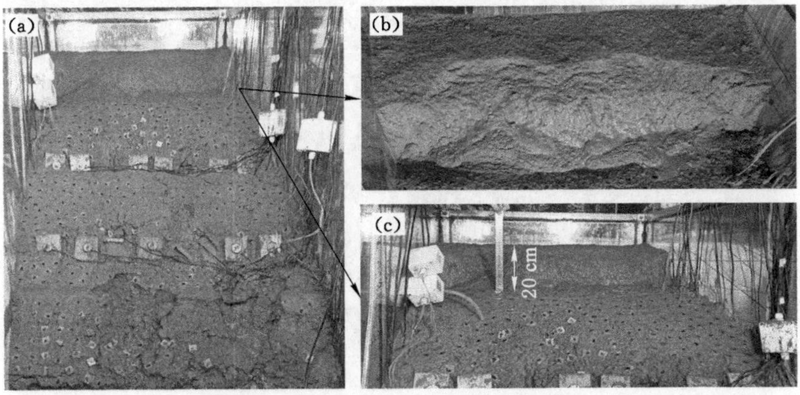

图 3-47 滑坡后缘破坏特征

(a) 滑坡后缘陡坎左侧

(b) 滑坡后缘陡坎右侧

图 3-48 工程现场滑坡后缘破坏特征

图 3-49～图 3-51 分别为滑坡后锚索加固区域边坡的破坏特征以及锚索的变形破坏特征。由图 3-49 可知，在边坡发生大变形后，所有的 PR 锚索均清晰可见，说明 PR 锚索的锚垫板均随着滑坡体的滑动而移动，移动距离超过 10 cm。根据 PR 锚索的力学性质可知，此时的 PR 锚索已经完全断裂，图 3-51 也证明了所有的 PR 锚索均发生了断裂，其中，MS7、MS9 和 MS10 锚索在锚头位置处产生断裂，MS4 和 MS8 在锚索的中部产生断裂，其余的 PR 锚索均在滑动面处产生断裂，而且所有 PR 锚索断裂的位置均产生了明显的颈缩现象。通过对比发现，NPR 锚索均内陷于滑坡体内，由图 3-50 可得，NPR1～NPR4 锚索的锚垫板与原位置相比陷入滑坡体内的距离分别为 10 cm、12 cm、12 cm 和 12 cm。而且所有的 NPR 锚索的恒阻体均沿着恒阻套筒产生了不同程度的滑动。由图 3-51 可得，NPR1～NPR4 锚索的恒阻体在恒阻套筒中滑动的距离分别为 4.5 cm、4.7 cm、0.5 cm 和 4.5 cm，所有的 NPR 锚索均未发生断裂，恒阻体也并没有全部穿过恒阻套筒。由此可得，边坡在发生滑动的过程中，PR 锚索产生拉伸变形，并超过其抗拉强度而断裂失效，NPR 锚索在边坡产生滑动后达到其恒阻力，并在恒阻力作用下产生变形，同时吸收边坡大变形释放的能量，最终使

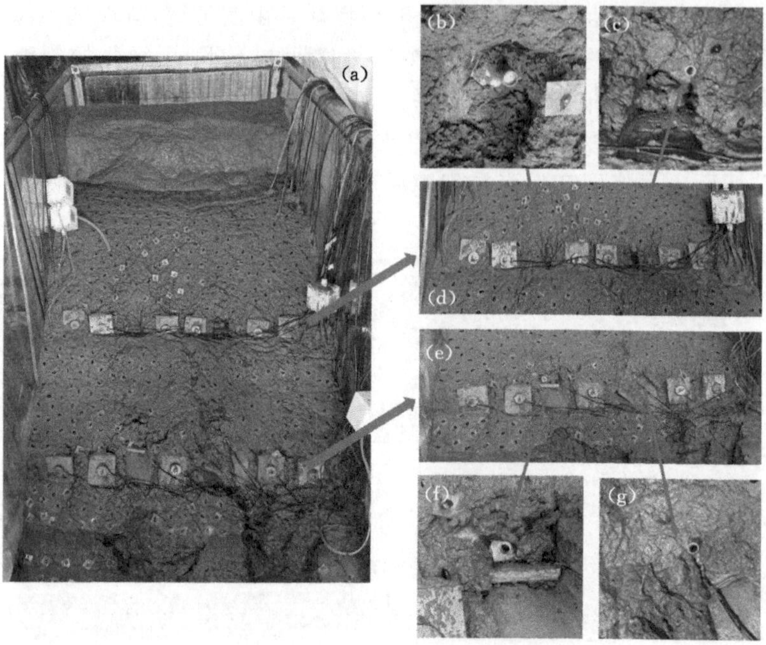

图 3-49　滑坡后锚索加固区域边坡破坏特征

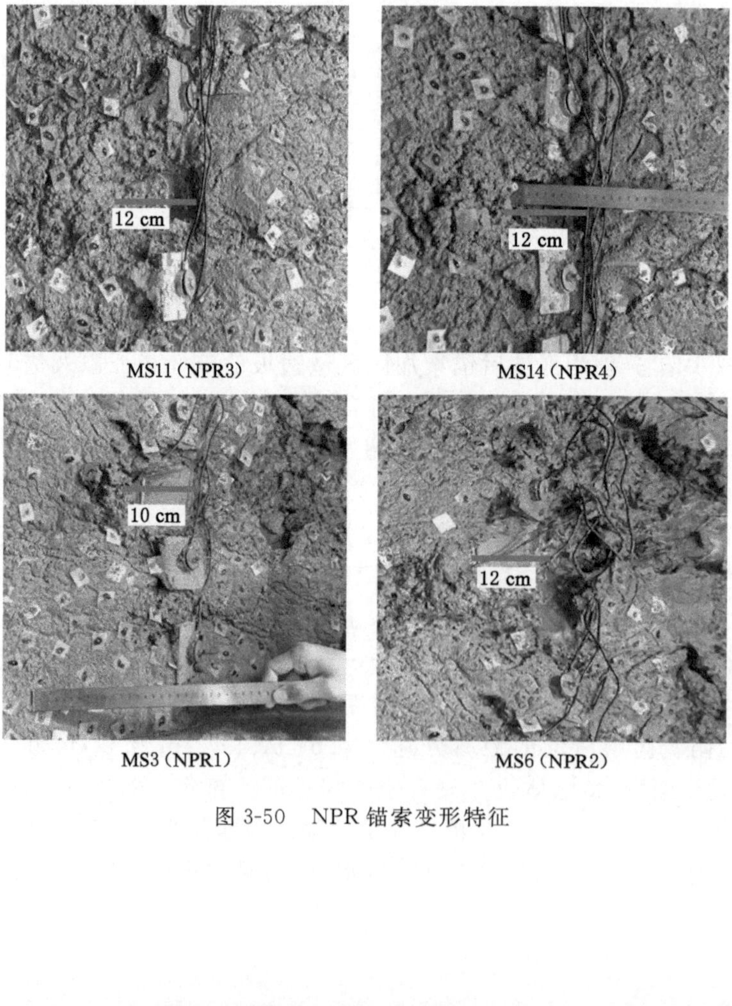

图 3-50　NPR 锚索变形特征

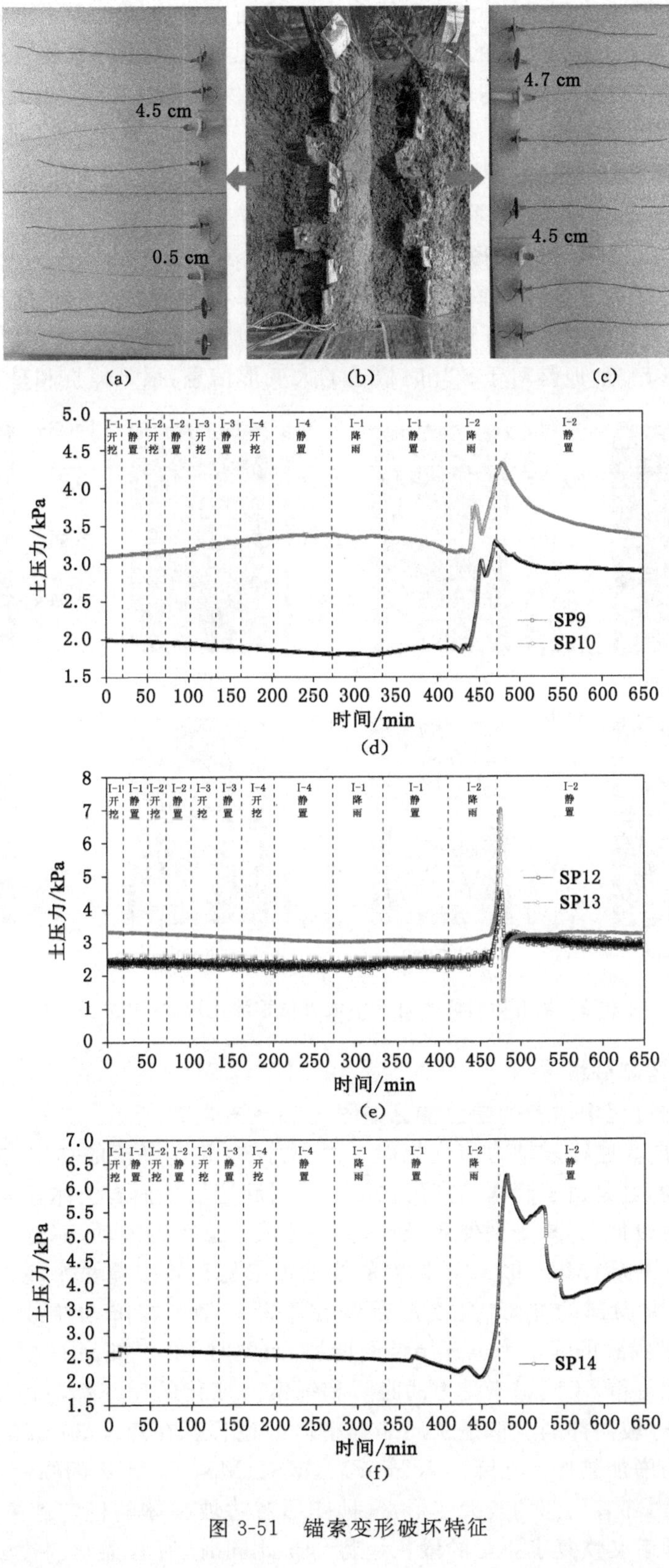

图 3-51 锚索变形破坏特征

边坡再次达到稳定状态。因此，虽然 PR 锚索在失效前也对边坡起到一定的支护和吸能作用，但其作用效果有限，而且边坡的变形量远大于 PR 锚索的极限伸长量。边坡发生滑坡大变形后再次达到稳定状态，主要还是因为 NPR 锚索提供了支撑力。同时，这也验证了 NPR 锚索的大变形和吸能的特性。

第Ⅱ阶段降雨过程中模型边坡表面沿着坡面向下位移演化规律如图 3-52 所示。由图可得，从Ⅱ-1 降雨开始至边坡失稳，只在第四级台阶边坡产生显著变形，且变形区不断扩大，变形量不断增加，直至边坡失稳破坏。根据散斑记录的破坏前坡表的变形场演化规律，它与边坡表面的形态演化规律一致，变形主要发生在第四级台阶。由于散斑只能记录和显示缓慢的小变形，对于大变形而言精确性会有所降低，所以对于边坡大变形，散斑数字图像能反映边坡的变形趋势，但是对于破坏时快速的大变形信息，很难捕捉和呈现。

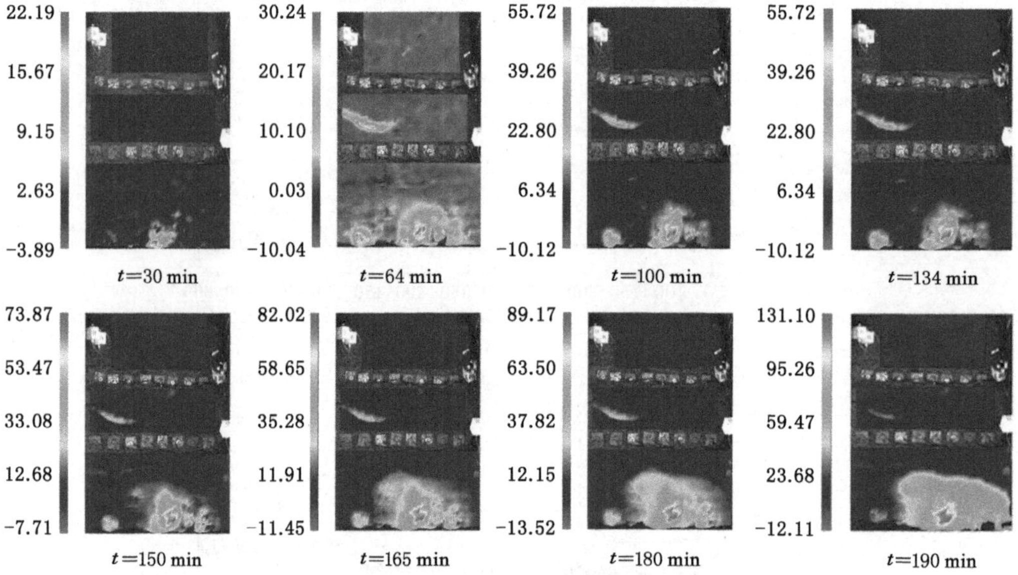

图 3-52　第Ⅱ阶段降雨过程中坡表位移演化规律(单位：mm)

3.6.3　锚索受力监测分析

第Ⅱ阶段降雨过程中锚索的受力情况如图 3-53～图 3-56 所示。

图 3-53 为下排普通锚索轴力演化规律。由图可知，Ⅱ-1 降雨的初期，锚索受力而产生了不同程度的波动，这是由于降雨初期雨水的入渗引起边坡表面岩土体重度的迅速变化，而此时锚索的预紧力较低，容易受到外界干扰，从而造成锚索力的波动，而随着降雨的持续，锚索力的波动消失。之后，MS2 和 MS7 锚索的锚索力率先开始缓慢增加，说明这两个锚索控制的范围内，边坡有局部的变形，且变形范围在不断扩散。在降雨持续了约 24 min 后，MS1、MS4 和 MS8 锚索的锚索力也开始缓慢增加，而此时 MS2 和 MS7 锚索的锚索力呈线性增加趋势。由此可得，不同锚索受力的时间和锚索力变化的速率都与边坡内部的变形息息相关，也反映了边坡内部的变形是从局部到整体的过程。在降雨 30 min 后，所有的锚索力都保持近线性的增加趋势。在降雨 50 min 后，MS4、MS7 和 MS2 的锚索力依次产生了波动，说明此时边坡内部有局部的较大变形，这种变形对边坡整体的稳定性未产生较大影响，所以锚索力在波动后又恢复了正常的增长趋势。与此同时，所有锚索的锚索力的增长速率

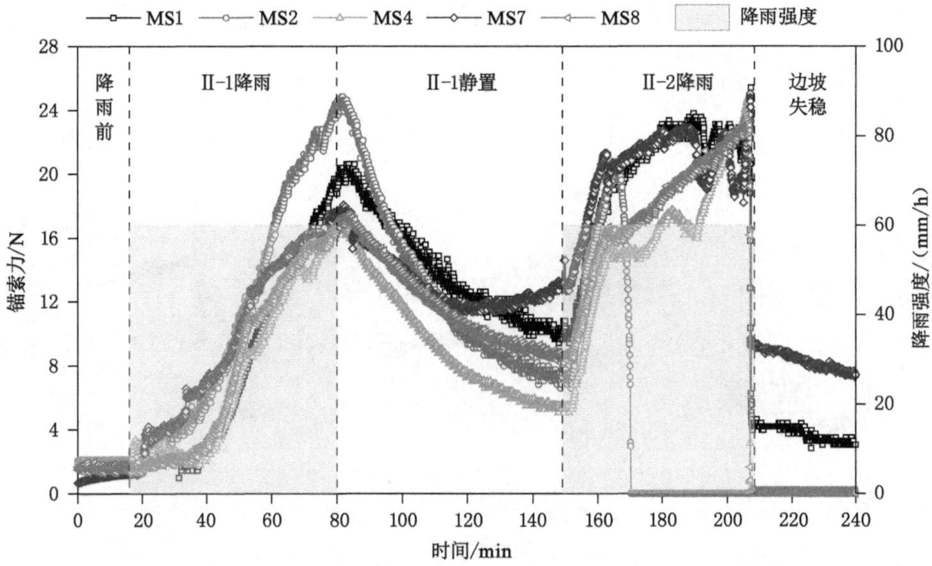

图 3-53 下排普通锚索轴力演化规律

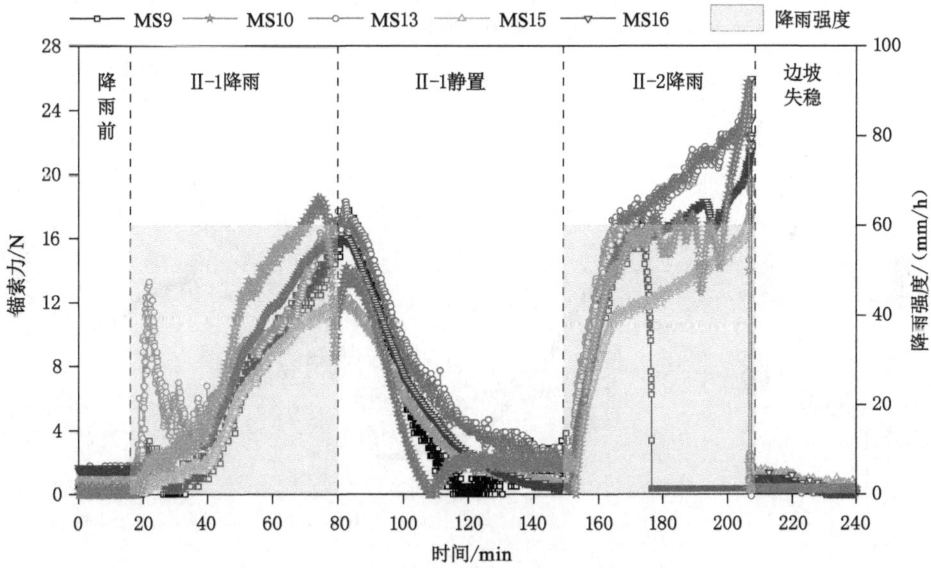

图 3-54 上排普通锚索轴力演化规律

开始降低，在降雨停止后约 5 min，锚索力达到了最大值，分别为 20.3 N、24.6 N、16.4 N、17.4 N、17.2 N。

在Ⅱ-1 降雨结束后，锚索力并未立即停止增长，而是又持续增长了约 5 min 后达到了最大值，之后锚索力开始减小，且减小的速率较为一致，这说明降雨结束后，随着边坡体内部雨水的不断渗流，边坡岩土体的饱和重度开始降低，导致边坡的下滑力有所降低。其中 MS7 锚索的锚索力在降雨停止后 30 min 左右开始缓慢上升，通过观察边坡模型，产生该现象的原因应该是边坡下缘出现大范围的滑动。在开始 Ⅱ-2 降雨前，所有的锚索力降低速率都变

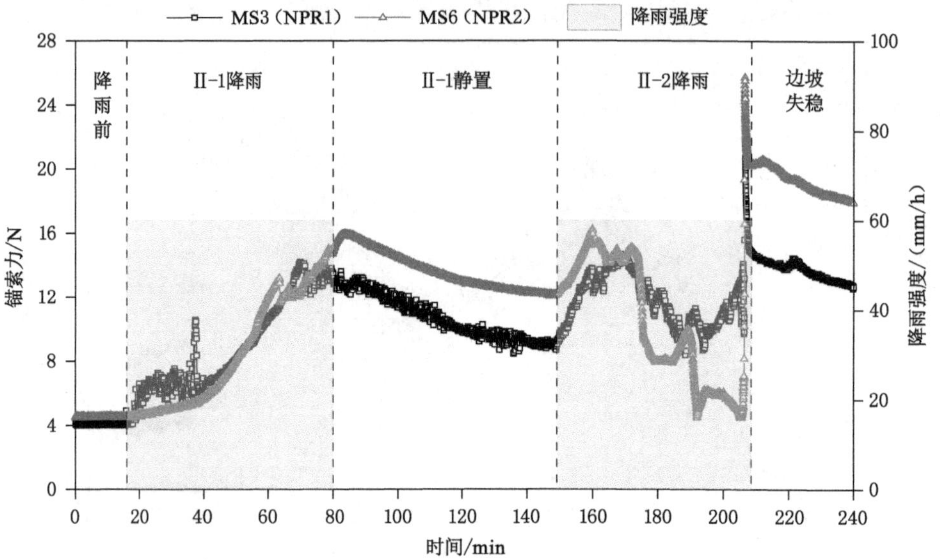

图 3-55　下排 NPR 锚索轴力演化规律

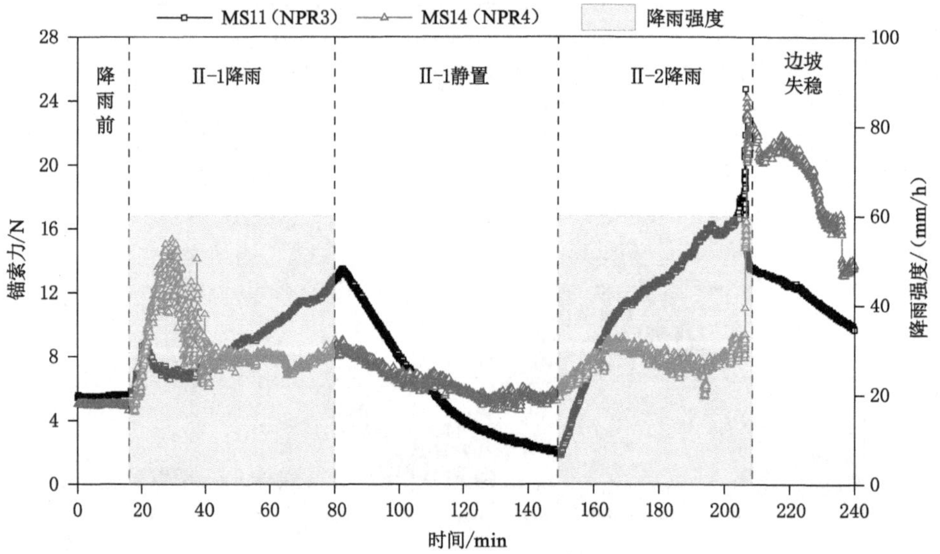

图 3-56　上排 NPR 锚索轴力演化规律

缓，但并未降到初始值，说明此时锚索仍对边坡有一定的控制作用。

Ⅱ-2 降雨开始后，MS1～MS8 锚索的锚索力仍然经历了短暂微小的波动后开始快速增加，且增长的速率明显大于Ⅱ-1 降雨。降雨持续约 10 min 后，所有锚索都产生了不同程度的波动下降，其中 MS2 锚索力突降到 0，说明该锚索发生断裂，由此可见，这次锚索力波动下降是因边坡体内部发生局部较大变形而引起的，边坡体内的变形引起了坡体内部应力的变化，并通过锚索力的变化反映出来。在经过短暂的波动后，MS1、MS7 和 MS8 锚索的锚索力又开始以恒定速率增加，但增加速率明显小于波动前的速率。而 MS4 锚索则呈较大的波动式上升，说明该锚索所在区域边坡内部仍然存在不断扩展的变形，而且变形范围在不断向四周扩散，并在降雨约 40 min 后扩展到 MS1 和 MS7 锚索所控制的区域，并引起这两个锚索的锚索力一并开始出现较大范围的波动，直至最后边坡的完全失稳破坏。

图 3-54 显示的是上排普通锚索轴力演化规律。由于 MS12 锚索数据异常，所以这里只显示了 MS9、MS10、MS13、MS15 和 MS16 锚索的锚索力变化曲线。由图可得，在Ⅱ-1 降雨开始后，与第一排锚索一样，锚索力都经历了短暂的波动，之后所有锚索力都开始缓慢增加。在降雨持续约 22 min 后，锚索力开始呈恒定速率的增长，其中 MS10 锚索的锚索力增长斜率最大。在降雨持续了约 32 min 时，MS10 和 MS13 锚索出现了一次突降，这是边坡内部变形产生的应力重分布而造成的。波动后 MS10 锚索力的增长速率有所减小，所有锚索的锚索力增长速率几乎一致。在降雨约 55 min 后，MS10 锚索的锚索力产生了大幅度的突降，降低幅度约为 10 N，而其他锚索的锚索力并未产生突变，说明该锚索力的突变是边坡的局部变形所导致的，并与下排锚索产生突变的时间相对应。

在Ⅱ-1 降雨结束后，锚索力同样是在持续增长一段时间达到最大值后开始逐渐减小。在降雨停止约 30 min 后，MS10 锚索的锚索力降到 0 后又突然开始增加到 2 N，之后趋于稳定。在降雨停止约 40 min 后，MS9 锚索的锚索力同样是在降到 0 后又突然增加到 2 N，之后趋于稳定。其余锚索的锚索力都是逐渐降低到初始值。说明在降雨停止后，随着雨水的渗流和边坡体内部的应力调整，上部边坡对锚索施加的力恢复到了初始值，只是局部的较大应力调整在 MS9 和 MS10 锚索上有所体现。

在Ⅱ-2 降雨开始约 5 min 后，所有锚索的锚索力都开始急剧增加，增加速率大致相同，且均明显大于Ⅱ-1 降雨时锚索力的增加速率。在降雨持续了约 20 min 后，锚索力增加的速率开始减小，其中 MS13 和 MS15 锚索的锚索力仍保持着几乎相同的速率增加，而 MS9 锚索的锚索力在缓慢增加约 5 min 后突降降低到 0，说明该锚索已经被拉断。与此同时，MS10 锚索的锚索力开始大幅度波动式增长，说明该锚索所在区域边坡内部正在发生变形。在降雨持续了约 40 min 后，MS16 的锚索力也开始产生波动式增长。直至边坡最后失稳破坏，所有锚索力突降为 0。

通过对比发现，下排锚索在降雨后产生的锚索力明显大于上排锚索，且在第一次降雨结束后，上排锚索的锚索力逐渐降低至初始值，而下排锚索仍然有较大的力值，这说明降雨结束后，随着边坡体内水的运移，边坡产生的变形主要由下排锚索承担，而上排锚索在弹性变形后，随着降雨的结束，随边坡土体共同进行应力重分布，锚索的弹性变形恢复，锚索力降至初始值。

图 3-55 为下排锚索中两个 NPR 锚索的轴力演化规律。在Ⅱ-1 降雨初期，MS3(NPR1)锚索的锚索力突然增加，之后出现了较长时间的波动，但锚索力的平均力值几乎不变，造成这种现象的原因有两个：① 施加降雨后，该锚索所在区域边坡表层土体在雨水入渗过程中产生了应力的较大变化；② 恒阻体在受力后与恒阻套筒之间有一个应力自适应的调整过程。MS6(NPR2)锚索则从降雨初期即保持稳定的缓慢增长趋势，且增长速率不断增加。在降雨持续约 25 min 后，两个 NPR 锚索的锚索力开始以恒定速率增加，且 NPR2 锚索的锚索力增加速率大于 NPR1 锚索的锚索力增加速率，这也反映出降雨后，边坡体内部因变形而产生的应力变化是有区域性的，是从局部到整体的扩展过程。在降雨持续约 44 min 后，两个锚索的锚索力均产生波动。其中，NPR1 锚索的锚索力虽然产生了波动但平均值保持

不变，保持在 13 N 左右，而 NPR2 锚索的锚索力在波动过程中仍然不断增加。

在Ⅱ-1 降雨结束后，NPR1 锚索力在保持一段时间恒定后开始缓慢降低，而 NPR2 锚索的锚索力则持续增长，约 5 min 后达到最大值 16 N，随后开始缓慢降低。

在Ⅱ-2 降雨开始后，两个 NPR 锚索的锚索力均以恒定速率增加，且增长速率近似相同。在降雨持续了约 10 min 后，两个锚索力均产生了较大的波动并开始下降。其中，NPR1 锚索的锚索力在波动后仍有小幅度的增长，最终锚索力约达到 14 N，随后开始波动式下降，在降雨持续约 40 min 后，锚索力在一次较大的波动后开始呈波动式增长的趋势。产生这种现象是因为随着降雨的持续，降雨入渗速率开始不断减小至恒定，而坡表的径流则在不断增加，随着坡表的径流不断增加，携带坡表松散的土体运动，在坡表形成不同规模的冲沟，尤其是在锚头部分，因为石膏板的存在，加上局部的坡表径流作用，导致该区域的土体流失严重，已有的锚索力随着土体流失而逐渐消散，所以锚索力开始波动式下降；而 NPR2 锚索的锚索力则在波动后先缓慢降低，随后发生了突降，锚索力从 15 N 突降至 8 N，然后锚索力在保持 8 N 的力值约 5 min 后又发生小幅度增加，力值增加至 10 N 左右，紧接着又产生第二次突降，从 10 N 突降至 5 N，接着，锚索力又增加至 6 N 左右，并维持一段时间后再次降至 5 N。NPR2 锚索力的两次突降说明该锚索控制的边坡区域内部先后产生了两次不同规模的滑动，但这两次滑动并未在坡表产生明显的现象。最后，两个锚索的锚索力都产生大幅度的突增，随后又很快产生显著突降，接着边坡整体失稳，发生滑坡。

图 3-56 为上排锚索中的两个 NPR 锚索的轴力演化规律。由图可知，在Ⅱ-1 降雨开始后，MS11(NPR3)和 MS14(NPR4)两个锚索的锚索力都产生了不同程度的波动。其中，NPR3 锚索的锚索力在波动之后开始以恒定的速率增长，而 NPR4 锚索的锚索力一开始即产生了较大幅度的波动，产生这种异常现象的原因应该是恒阻体在安装至恒阻套筒中时发生了偏心，所以在重新调整的过程中导致了锚索力的大幅度变化。NPR4 锚索的锚索力在波动后并未持续增长，而是维持在 8 N 左右不变，产生这种现象的原因为该区域边坡在安装锚索和施加预紧力时被扰动而呈松散状态，降雨引起锚索力增加后，在锚索力的作用，石膏板下方的岩土体产生了压缩变形，但锚索力并未产生明显增长，在持续降雨约 50 min 后，锚索力有一个小的突降，之后开始缓慢增长，这个突降应该是在岩土体被压缩的过程中，锚头位置产生了小的变动而引起的。

在Ⅱ-1 降雨结束后，两个 NPR 锚索的锚索力在持续增加约 5 min 后分别达到了最大值，之后两个锚索力开始降低。在Ⅱ-2 降雨开始前，两个锚索的锚索力都降到了最初的初始值，这个现象与普通锚索的锚索力变化情况一致。

在Ⅱ-2 降雨开始后，两个 NPR 锚索开始增长，而 NPR3 锚索的锚索力增长速率要明显大于 NPR4 锚索的锚索力的增长速率。在降雨持续了约 20 min 后，NPR4 锚索的锚索的锚索力在产生一个小幅度的增长后开始呈波动式缓慢减小，这是由于边坡体内突然产生一个局部的大变形，引起锚索力增加，随后边坡体内部应力重新调整，锚索力又开始缓慢降低。而 NPR3 锚索在降雨约 30 min 后其锚索力有一个小的波动，之后又开始以近似恒定的速率增长，但增长速率明显小于波动前的速率。在降雨持续 40 min 后，NPR3 锚索的锚索力有一个小幅度降低，产生这个锚索力降低的原因为内部边坡发生小的滑动，随后锚索力又开始增长，在降雨约 58 min 后，两个 NPR 锚索的锚索力都开始突增，NPR3 锚索的锚索力从 17 N 增加至 24 N，NPR4 锚索的锚索力从 8 N 增加至 24 N，随后都产生突降，NPR3 锚索的锚索力从 24 N 突降至 14 N，NPR4 锚索的锚索力从 24 N 增加至 20 N。最后，边坡发生整体的失稳破坏。

综上所述，通过对比 PR 锚索和 NPR 锚索的受力特征可知，虽然，为了保证 NPR 锚索的恒阻力为 PR 锚索屈服强度的 85%，此次实验采用的 NPR 锚索中的锚索材质与 PR 锚索的材质有差异，但是通过最终的锚索力曲线可知，材质差异并未对锚索的受力特征产生较大影响，PR 锚索和 NPR 锚索在达到屈服强度和恒阻力之前，两者的变化趋势是一致的，差异较大的地方还是在边坡产生滑动前。部分 PR 锚索在降雨过程中因局部受力较大而发生断裂，部分 PR 锚索在滑坡发生前因边坡变形而产生较大波动，但最终 PR 锚索皆因边坡最终变形较大而发生断裂，并未产生边坡临滑前的锚索力统一变化规律。对于 NPR 锚索而言，虽然由于位置不同，在边坡变形过程中产生了不同的变化规律，但是在边坡产生滑动前，锚索均产生了明显的突增和突降现象，这是 NPR 锚索在滑坡发生前的锚索力统一变化规律。

3.6.4 土压力监测分析

图 3-57 为第Ⅰ阶段边坡降雨和开挖期间边坡内部土压力传感器的变化曲线。由于 SP5、SP8、SP11、SP15～SP17、SP21～SP23 传感器作为对比监测点位于稳定的基岩中，其整体稳定性好，上部岩土体内力的变化对其影响甚微，这些监测点的土压力曲线几乎未产生变化，所以这里不再对其进行显示和描述。另外，通过观察曲线可得，边坡开挖期间，边坡内部的土压力监测曲线几乎未产生显著变化，均处于较稳定状态，这里主要分析降雨期间边坡内部土压力的变化情况。

图 3-57(a)和(b)为坡顶处 2 个垂直方向 4 个监测点的变化曲线。由曲线可得，位于顶部的 SP1 和 SP3 传感器的监测曲线变化趋势相似，降雨时上升，静置时缓慢下降，且 SP1 传感器对降雨的响应均早于 SP3 传感器。SP2 传感器位于滑体中，且埋深大于 SP4 传感器。故 SP2 传感器土压力在第一次降雨和静置过程中只产生了微小的变化，在Ⅰ-2 降雨持续了约 30 min 后才开始快速增加，在降雨结束时达到最大值，之后开始缓慢降低；而 SP4 传感器在Ⅰ-1 降雨持续约 40 min 后开始响应，在Ⅰ-1 静置约 30 min 后增加到最大值，并保持稳定状态，在Ⅰ-2 降雨开始后 SP4 传感器土压力开始下降，之后与 SP3 传感器土压力同时开始增加，但增加的速率明显小于 SP3 传感器，且 SP4 传感器土压力在降雨结束后仍持续增加后保持相对的稳定。

其中，SP1 传感器监测曲线在Ⅰ-1 静置和Ⅰ-2 降雨期间分别产生了 2 次和 1 次小幅度突变，产生这种现象的原因是边坡顶部产生了张拉裂隙，后因降雨而导致裂隙被覆盖。

图 3-57(c)和(e)为坡面中上部和中下部 2 个垂直方向 4 个监测点的变化曲线。由曲线可得，虽然 4 个传感器均对降雨产生了响应，但监测曲线均存在明显的突降特点，而且突降后的土压力值明显小于初始值，造成这种现象的原因可能是传感器位于预埋锚索附近，这些预埋锚索对土压力的变化产生了影响。

图 3-57(d)为边坡中部垂直方向 2 个监测点的变化曲线，可以看出 SP9 和 SP10 传感器本身的埋深较深，所以 2 个传感器对降雨的响应都比较晚，均在Ⅰ-2 降雨期间开始响应，土压力迅速增加，之后均产生了一个大的波动，然后保持持续增加，在降雨结束时达到最大值，后开始缓慢下降。产生突降还是预埋锚索造成的。

图 3-57(f)为 SP14 传感器的监测曲线。由于该传感器埋深较大，且位于滑体底部，所以该传感器对降雨的响应较晚，但响应后的土压力增加速率和增加值很大，且土压力一直持续

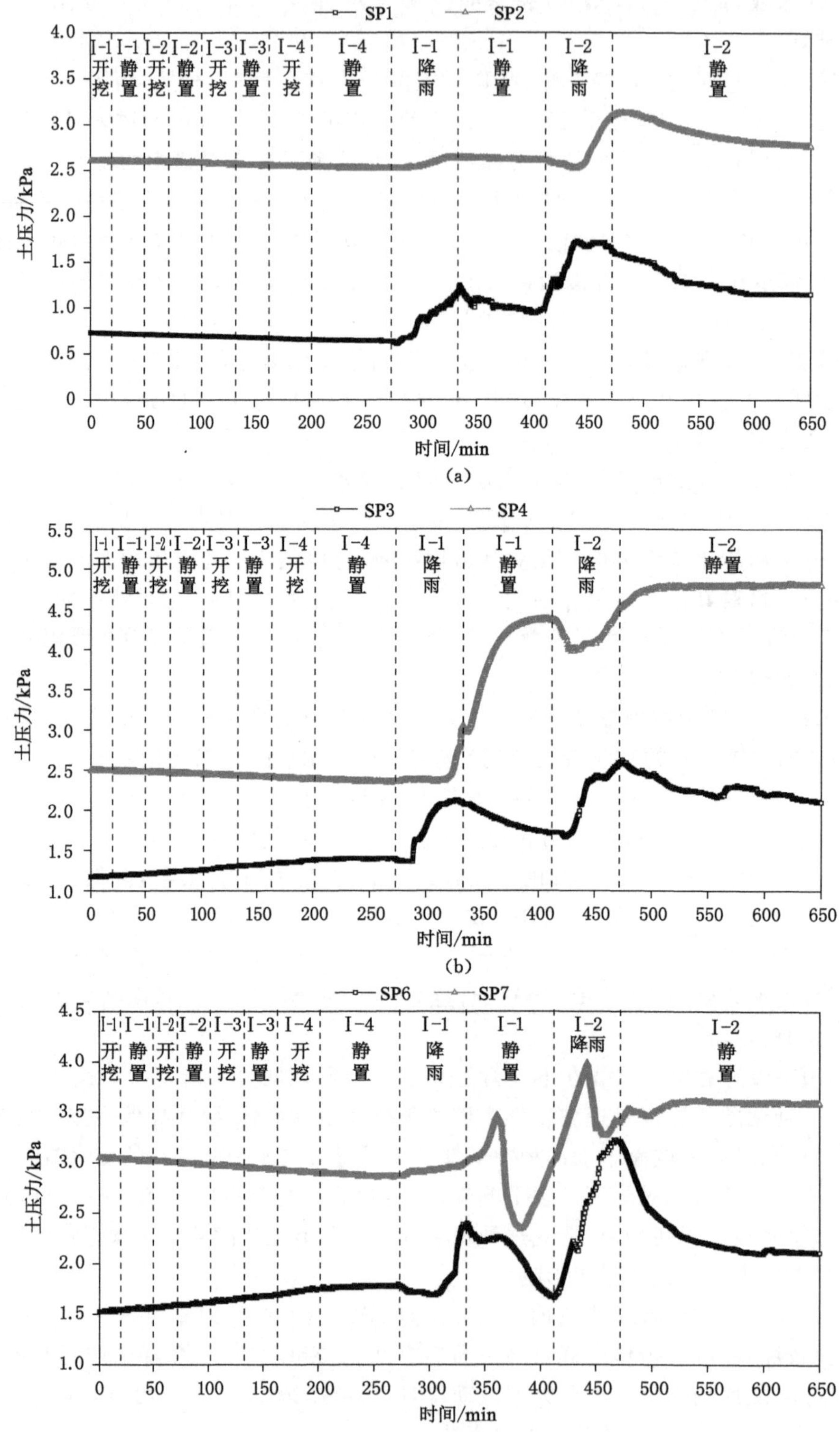

(c)

图 3-57　第Ⅰ阶段边坡降雨和开挖期间边坡内部土压力传感器变化曲线

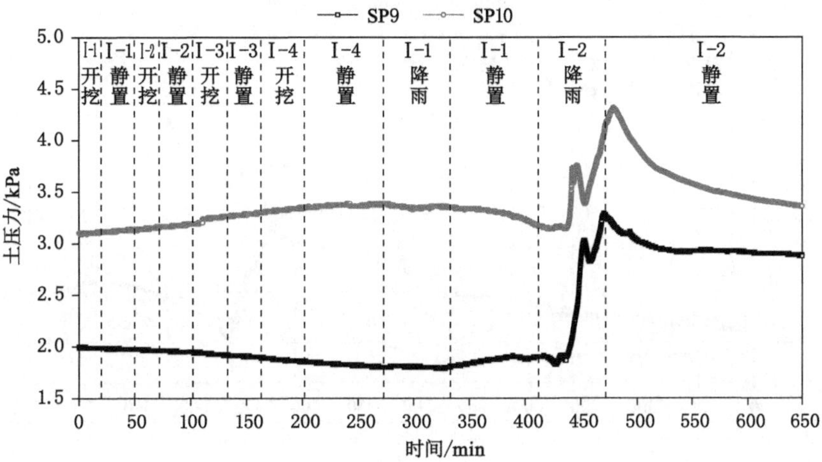
SP9
SP10
土压力/kPa
时间/min
I-1 开挖
I-1 静置
I-2 开挖
I-2 静置
I-3 开挖
I-3 静置
I-4 开挖
I-4 静置
I-1 降雨
I-1 静置
I-2 降雨
I-2 静置

(d)

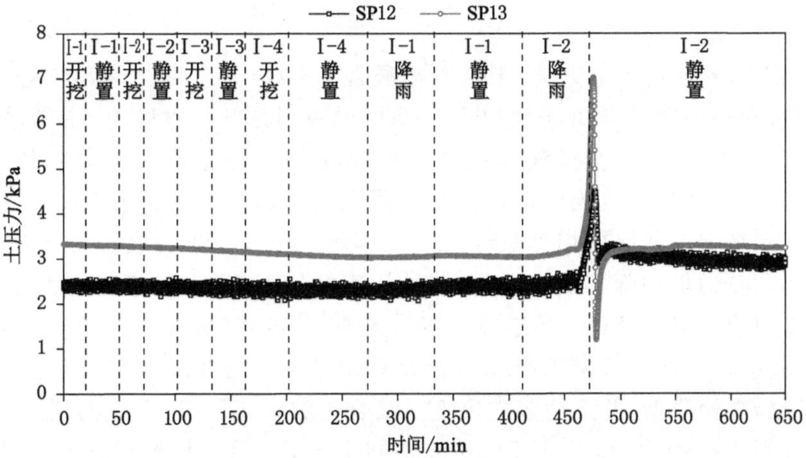
SP12
SP13
土压力/kPa
时间/min
I-1 开挖
I-1 静置
I-2 开挖
I-2 静置
I-3 开挖
I-3 静置
I-4 开挖
I-4 静置
I-1 降雨
I-1 静置
I-2 降雨
I-2 静置

(e)

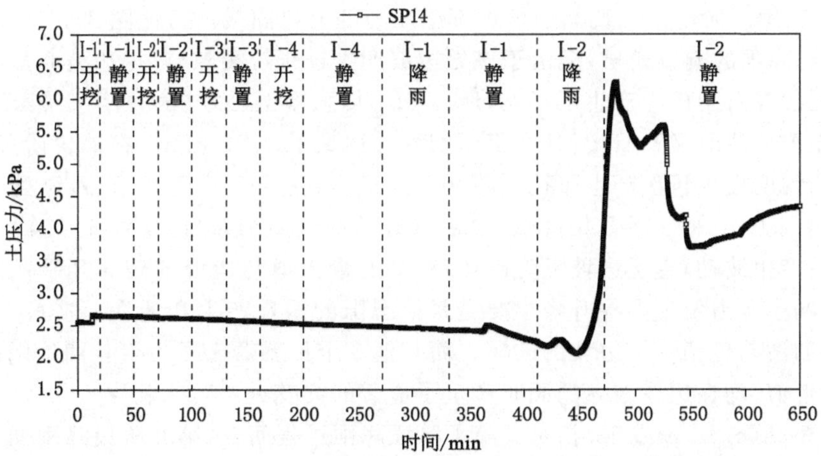
SP14
土压力/kPa
时间/min
I-1 开挖
I-1 静置
I-2 开挖
I-2 静置
I-3 开挖
I-3 静置
I-4 开挖
I-4 静置
I-1 降雨
I-1 静置
I-2 降雨
I-2 静置

(f)

图 3-57(续)

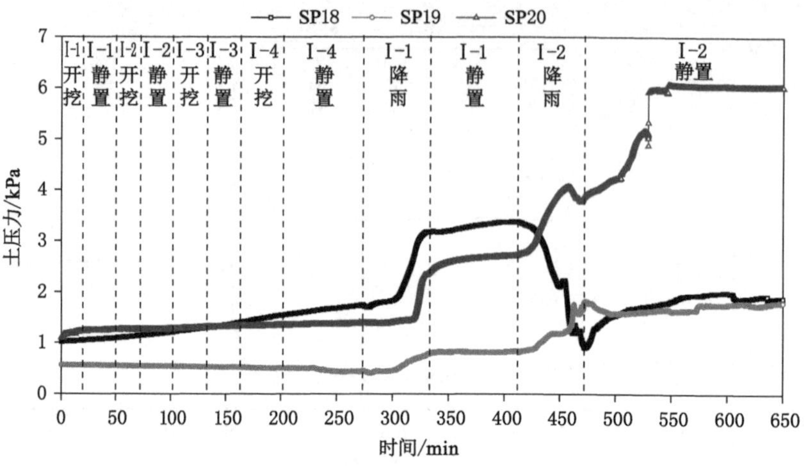

(g)

图 3-57(续)

到Ⅰ-2 静置后 5 min 才达到最大值,土压力增幅达 3.8 kPa。之后土压力产生了多次大幅度突降,结合边坡的破坏形态可知,产生土压力突降的原因是开挖边坡的不断破坏。

图 3-57(g)为自然边坡坡脚和开挖边坡坡顶处 3 个传感器的监测曲线。可以看出,SP19 传感器首先对降雨产生响应,SP18 传感器次之,SP20 传感器最后。土压力均在Ⅰ-1 降雨结束后达到最大值并保持相对稳定,在Ⅰ-2 降雨开始后,SP18 传感器土压力开始下降,原因是降雨作用在边坡中部形成了冲沟,该冲沟正好位于 SP18 传感器上方,造成该处的土压力随着降雨而持续降低;SP19 传感器土压力先增加后达到最大值并保持稳定,SP20 传感器土压力则持续增加,在Ⅰ-2 降雨持续 45 min 时 2 个土压力曲线均产生突变,之后 SP20 传感器土压力开始缓慢降低,并产生多次突变。结合边坡破坏形态,突变的原因是开挖边坡的破坏逐渐扩展到第一级台阶,位于 SP20 传感器上方,之后破坏继续扩展至 SP19 传感器附近。

图 3-58 为第Ⅱ阶段降雨期间边坡内部土压力的变化曲线。对比图 3-58(a)和(b)可得,SP1 传感器对降雨的响应最早,但由于该处边坡产生过张拉裂隙,开挖边坡时虽然对裂隙进行了处理,但仍然对土压力产生了影响,所以 SP1 传感器土压力在增加了 0.3 kPa 后开始降低,在恢复至初始值时又开始增加,在降雨结束时达到了 0.92 kPa。在静置阶段,土压力产生多次突变,说明坡顶再次产生张拉裂隙并不断扩展,在Ⅱ-2 降雨开始后,该处土压力先迅速上升,在达到 1.44 kPa 后开始降低,之后又开始缓慢增加,再次增加至 1.47 kPa 后又开始降低,最后产生波动,直至边坡发生破坏,波动的最大值与边坡的破坏几乎同时发生。该处边坡内部的土压力发生多次升降主要是张拉裂隙的循环产生和消失而造成。另外,该处土压力最后的波动也预示了边坡的破坏。而其他 3 个传感器土压力变化曲线随降雨和静置的变化曲线近似,均在边坡破坏的同时产生了显著的突变。

对比图 3-58(c)~(e)发现,相对于第Ⅰ阶段降雨过程而言,第Ⅱ阶段降雨期间同一垂直方向的传感器土压力曲线变化规律相似。比较独特的一点是位于滑体与滑床交界层交界处的 SP7、SP10、SP13 和 SP14 传感器土压力在降雨期间均呈波动式增长,产生这种现象的原因如下:① 雨水的入渗造成边坡岩土体重度增加,使边坡的下滑力增加;② 雨水的入渗使

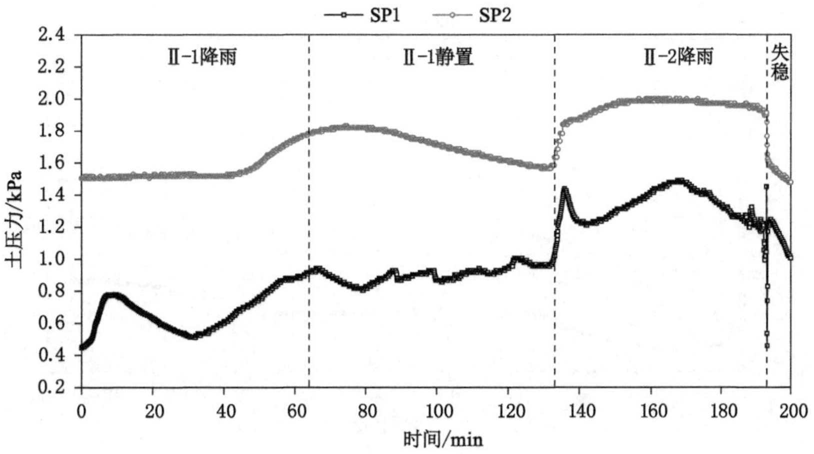

(a)

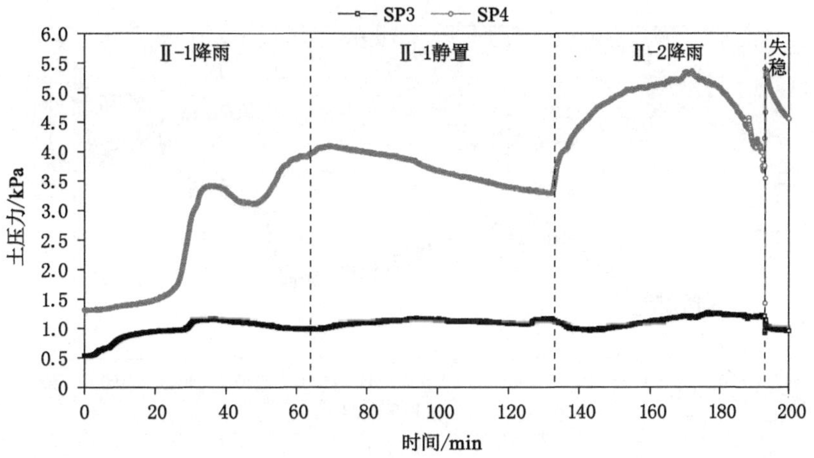

(b)

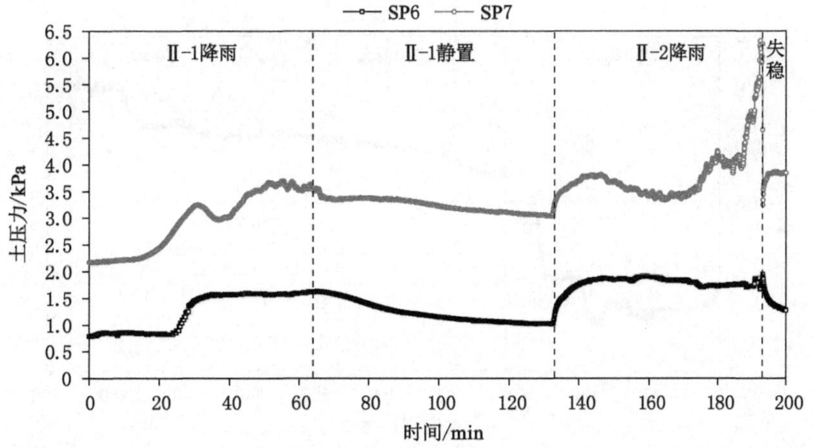

(c)

图 3-58 第Ⅱ阶段降雨期间边坡内部土压力变化曲线

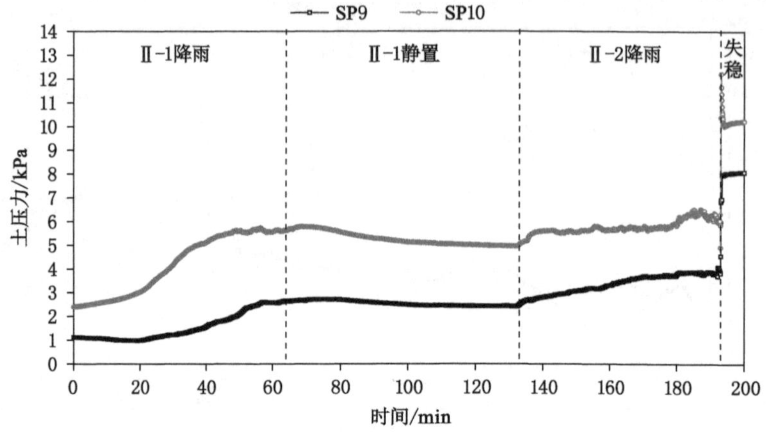
SP9
SP10
Ⅱ-1降雨
Ⅱ-1静置
Ⅱ-2降雨
失稳
土压力/kPa
时间/min

(d)

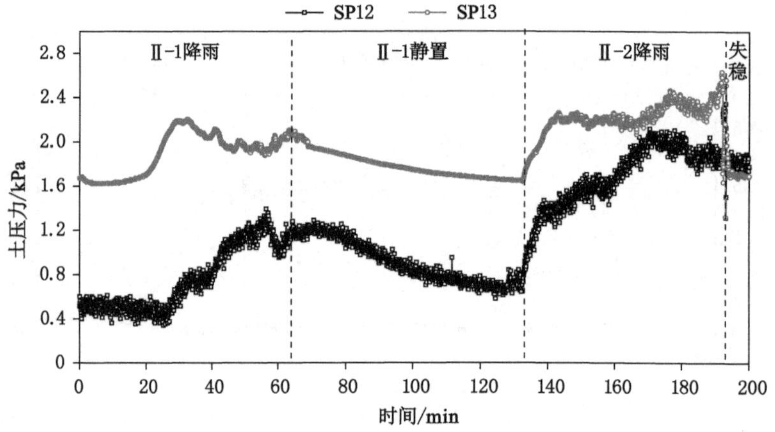
SP12
SP13
Ⅱ-1降雨
Ⅱ-1静置
Ⅱ-2降雨
失稳
土压力/kPa
时间/min

(e)

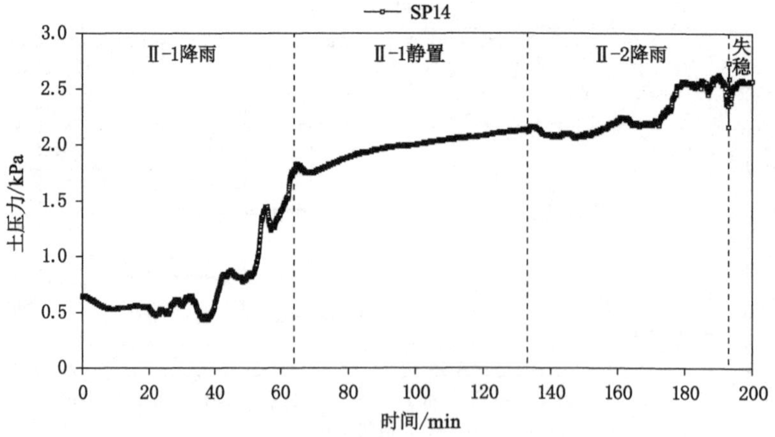
SP14
Ⅱ-1降雨
Ⅱ-1静置
Ⅱ-2降雨
失稳
土压力/kPa
时间/min

(f)

图 3-58(续)

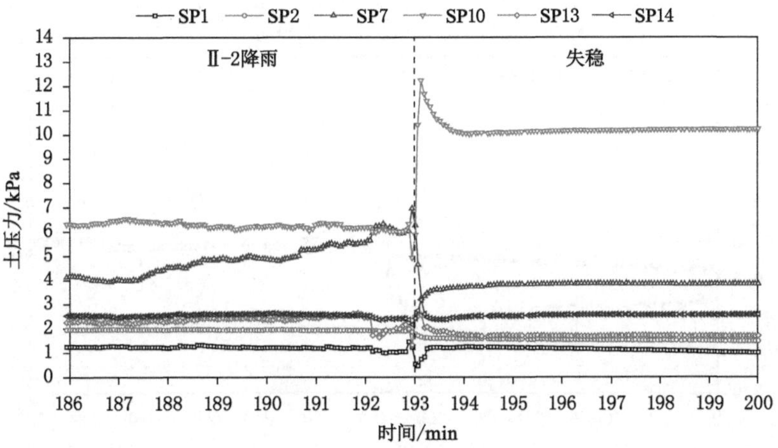

(g)

图 3-58(续)

不同岩层之间的抗剪强度降低；③ 锚索承受的拉力开始变化；④ 锚索开始与岩土体彼此适应并产生应力调整，共同承担着边坡的变形。以上多种因素的作用，导致土压力呈波动式变化，但整体的趋势不变。其中，除了 SP7 传感器土压力在破坏前产生了显著增加外，其他的传感器土压力突变均与边坡破坏时间一致。

图 3-58(g)为边坡发生失稳前后土压力曲线图。通过观察可以发现，不同位置的土压力在边坡发生破坏前几乎均达到了最大值，并保持着相对的稳定状态，部分土压力会因坡表冲蚀或锚索断裂而产生小范围的降低和增加。但是土压力曲线最终的突变几乎与边坡失稳同时发生，甚至晚于边坡失稳。

综上所述，通过对边坡从稳定到失稳全过程的土压力变化曲线进行分析可以得出，土压力曲线可以反映降雨后边坡体内部土压力的变化情况，尤其是位于滑动面处的土压力传感器，可以很敏感地监测到滑动面的变形特征，但是土压力曲线受外界因素影响较大。比如：① 不同的地层岩性，由于其整体性差异较大，变形特征也不同，监测到上覆土压力的变化规律也存在差异；② 边坡在滑动过程中裂隙的产生、扩展和闭合，均会对其附近的土压力产生显著影响；③ 对于距离坡表较近的土压力传感器，坡表冲蚀会对土压力产生影响；④ 当锚索存在时，锚索受力、变形和破坏过程也会对其附近的土压力产生显著影响。因此，在边坡发生失稳前，土压力曲线的变化形式多样，而且在边坡发生失稳时，土压力曲线的突变几乎与边坡失稳同时发生，甚至晚于边坡失稳。所以，土压力监测数据虽然能有效反映边坡内部应力的变化规律，但是要以土压力监测数据作为边坡失稳的判据，仍须对其进行深入研究。

3.6.5　孔隙水压力监测分析

(1) 第Ⅰ阶段降雨

图 3-59 为第Ⅰ阶段降雨过程中边坡内部的孔隙水压力变化曲线。由于操作原因，在Ⅰ-1 降雨过程中未采集到孔隙水压力的监测数据，所以这里只对Ⅰ-2 降雨过程中孔隙水压力的变化进行分析。其中，PP5、PP8、PP11、PP15、PP16 和 PP17 传感器作为对比组，位于滑床岩层及以下稳定基岩中，渗透系数非常小，受雨水入渗作用影响不大，所以这里不再对这些传感器的监测数据进行描述和分析。

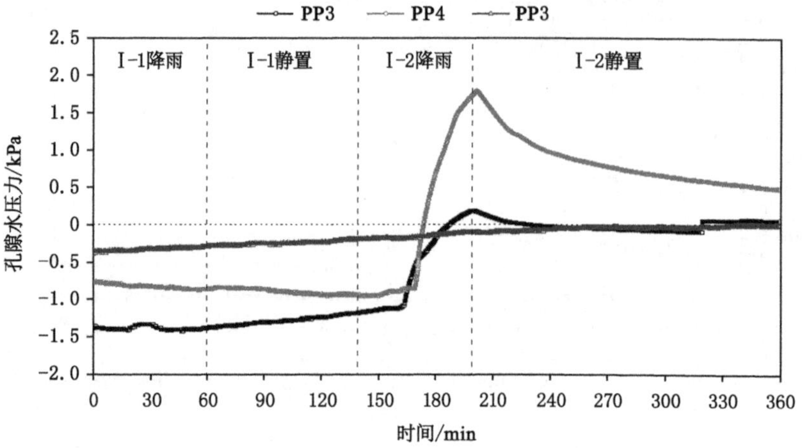

(a)

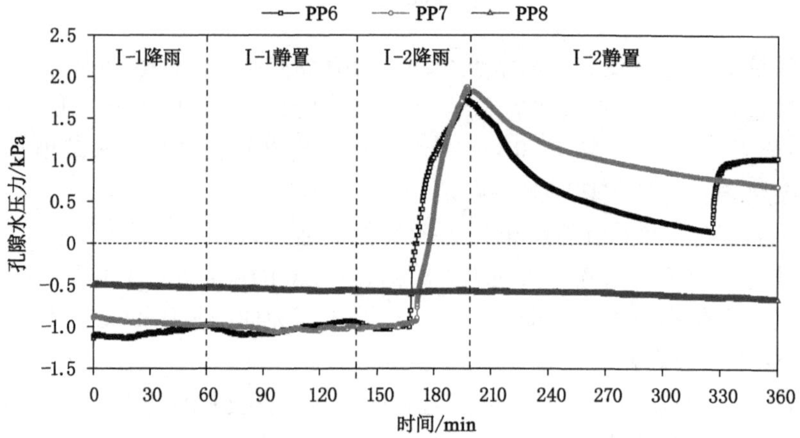

(b)

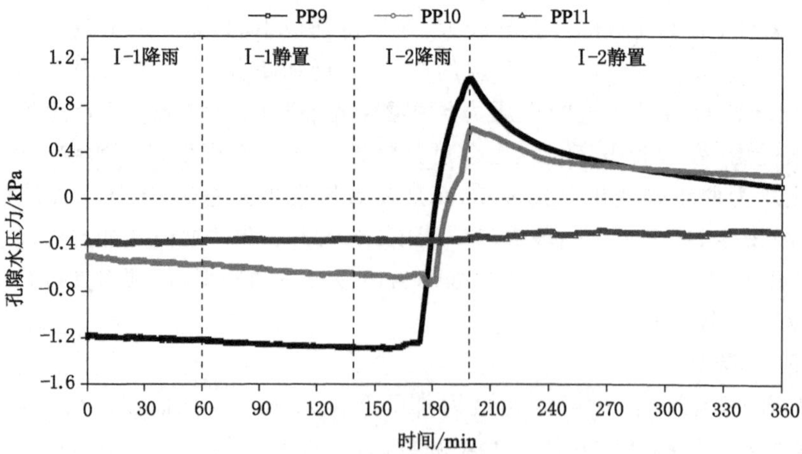

(c)

图 3-59　第Ⅰ阶段降雨过程孔隙水压力变化曲线

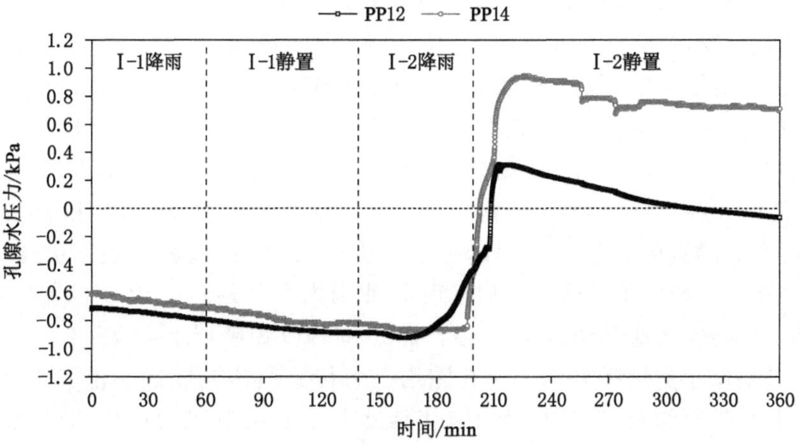
PP12
PP14
I-1降雨
I-1静置
I-2降雨
I-2静置
孔隙水压力/kPa
时间/min

(d)

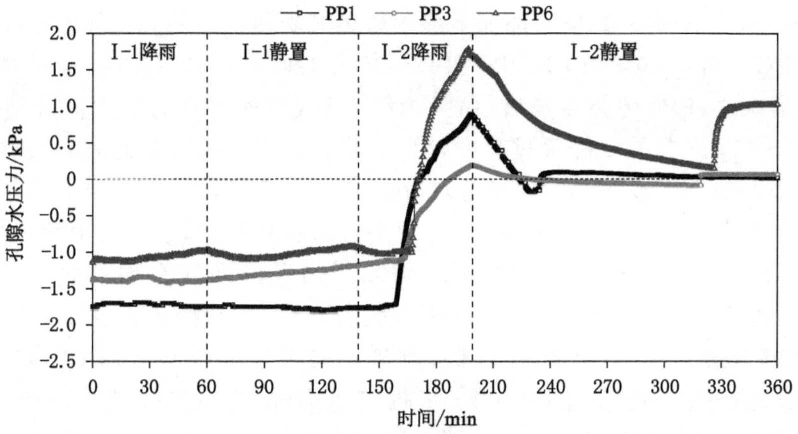
PP1
PP3
PP6
I-1降雨
I-1静置
I-2降雨
I-2静置
孔隙水压力/kPa
时间/min

(e)

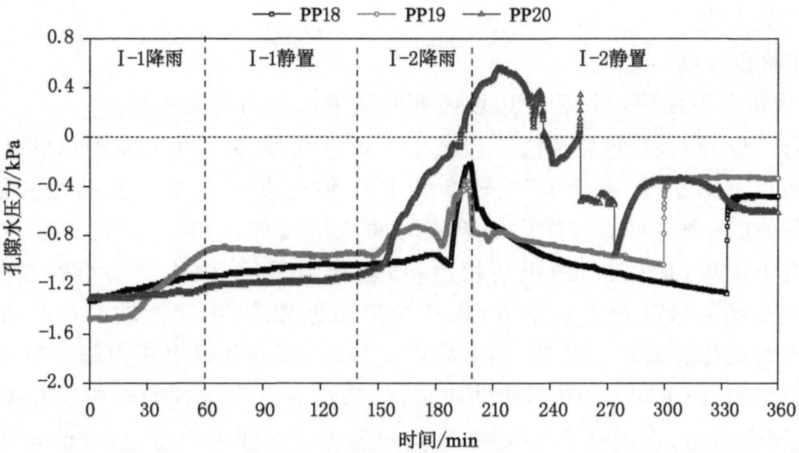
PP18
PP19
PP20
I-1降雨
I-1静置
I-2降雨
I-2静置
孔隙水压力/kPa
时间/min

(f)

图 3-59(续)

图 3-59(a)、(b)和(c)分别是位于边坡中上部 3 个垂直剖面上监测点的孔隙水压力的变化曲线。通过对比发现，3 个垂直方向上，位于顶部的传感器首先对降雨产生响应，但由于其埋深较浅，在降雨结束后，所产生的孔隙水压力也较小。由于 PP6 和 PP7 传感器分别位于预埋锚索的上下两侧，受到预埋锚索的影响，PP6 和 PP7 传感器在降雨结束时的最大孔隙水压力几乎相同。而且由于底部传感器会受到上部边坡内雨水向下入渗的影响，降雨结束后，位于底部的孔隙水压力降低速率明显低于上部。同时发现，PP3 和 PP6 传感器孔隙水压力曲线在Ⅰ-2 静置的过程中分别产生了一次突变，结合边坡的表面破坏形态可知，由于边坡中部因降雨而产生了冲沟，在静置期间，冲沟内及其附近产生了多条裂隙，这些裂隙成为雨水富集的位置，而这些位置正好位于 PP3 和 PP6 传感器上方。

图 3-59(d)是位于边坡下缘的 2 个孔隙水压力传感器监测曲线。由于 2 个传感器埋深较大，所以在Ⅰ-2 降雨结束前 PP12 和 PP14 传感器才依次对降雨产生响应，而且孔隙水压力的增长速率很快，在Ⅰ-2 静置初期达到最大值后开始缓慢降低，而且 PP14 传感器的孔隙水压力值明显大于 PP12。

图 3-59(e)和(f)分别是边坡上部和下部距离边坡表面最近的 2 组孔隙水压力传感器监测曲线。通过对比可得，对于 PP1、PP3 和 PP6 传感器而言，PP1 传感器最早对降雨产生响应，PP3 传感器次之，PP6 传感器最后，而降雨结束后，三者达到的最大值分别为 0.8 kPa、0.2 kPa 和 1.8 kPa。在Ⅰ-2 静置过程中，PP1、PP3 和 PP6 传感器的监测数据依次产生突变，结合边坡表面的变形破坏形态规律可知，在 $t=220$ min 后，坡顶平台产生了多条张拉裂隙，张拉裂隙不断下切；在 $t=243$ min 时，坡顶平台的裂隙贯通，且边坡上缘产生多条裂隙，这些裂隙产生和扩展的过程正好包含了孔隙水压力监测曲线突增的阶段。对于 PP18、PP19 和 PP20 传感器而言，由于其位于自然边坡的下缘，而开挖边坡在Ⅰ-2 降雨过程中产生了滑塌且范围不断扩大，所以受到下部边坡破坏的影响，PP18 和 PP19 传感器监测曲线在 $t=190$ min 时产生了突增，在 $t=200$ min 时产生突降，之后又分别在 $t=335$ min 和 $t=300$ min 时产生了突增；另外，PP20 传感器受开挖边坡破坏的影响最为严重，因为其正好位于滑塌区域上边界附近，所以随着边坡破坏范围的向上扩展，PP20 传感器孔隙水压力监测数据产生了多处突变。

(2) 第Ⅱ阶段降雨

图 3-60 为第Ⅱ阶段降雨过程中边坡内部的孔隙水压力变化曲线。

图 3-60(a)、(b)和(c) 分别是位于边坡中上部 3 个垂直剖面上监测点的孔隙水压力的变化曲线。通过对比发现，由于 PP3、PP6 和 PP9 传感器距边坡表面的距离依次增加，在Ⅱ-1 降雨阶段，这三个传感器对降雨的响应时间依次增加，而且达到的孔隙水压力最大值依次增加。由于距离边坡表面的距离较近，停止降雨后，孔隙水压力会快速降低。其中，PP9 传感器位于第一级开挖平台下方，在Ⅱ-2 降雨过程中，由于边坡的局部滑塌和降雨形成的冲沟扩展至该传感器所在位置，随着降雨的持续，该处孔隙水压力随着降雨的持续而持续降低。对于 PP4、PP7 和 PP10 传感器而言，传感器在对雨水开始响应后孔隙水压力即快速增加，之后缓慢增加，直至降雨结束后，孔隙水压力开始缓慢降低，三者的孔隙水压力变化曲线相似。在边坡最后发生失稳破坏的同时，所有的孔隙水压力曲线均产生了不同程度的突降。

图 3-60(d)和(e)分别是距离边坡表面最近的 2 组传感器的孔隙水压力变化曲线。其

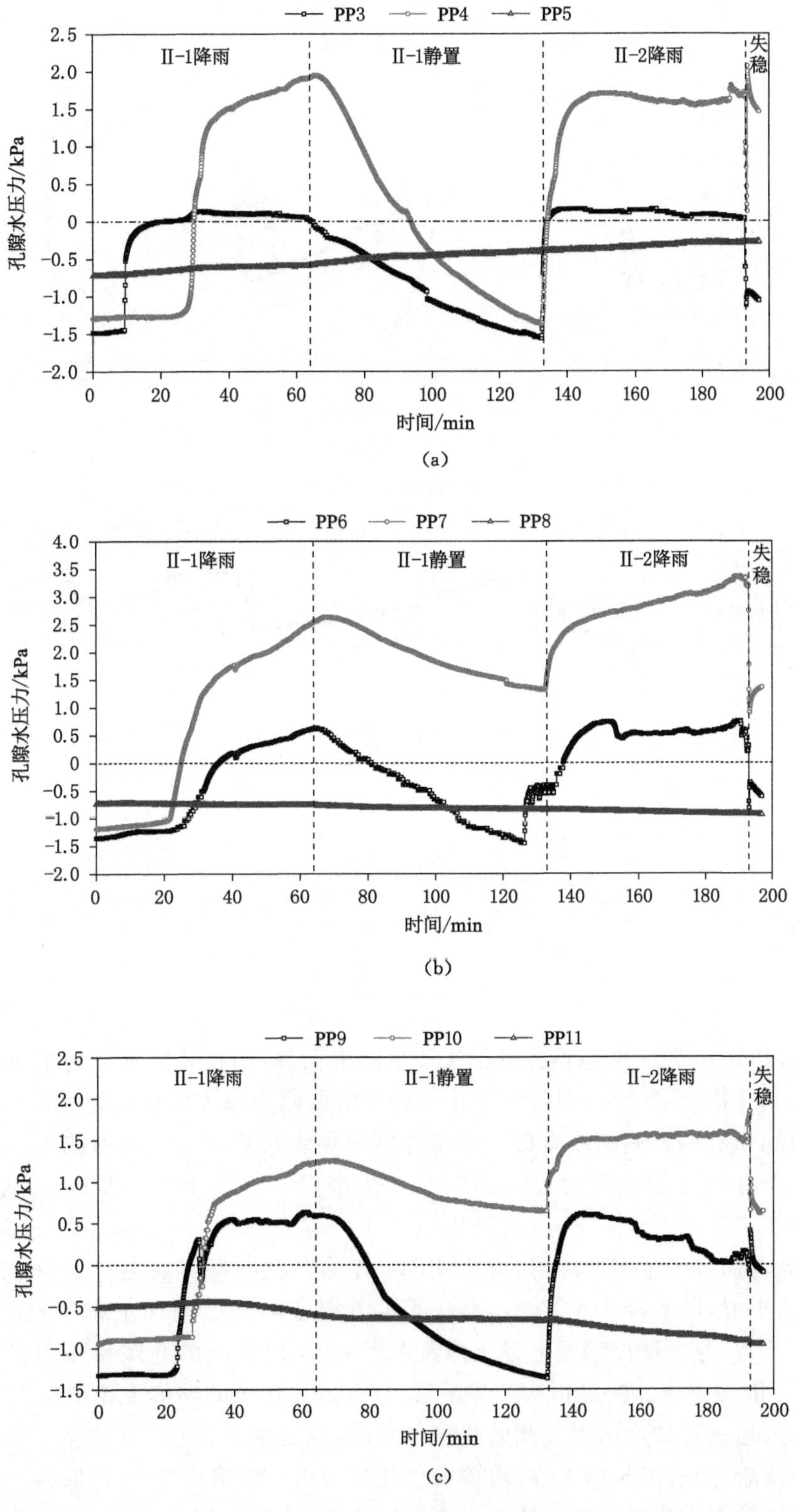

图 3-60　第Ⅱ阶段降雨过程孔隙水压力变化曲线

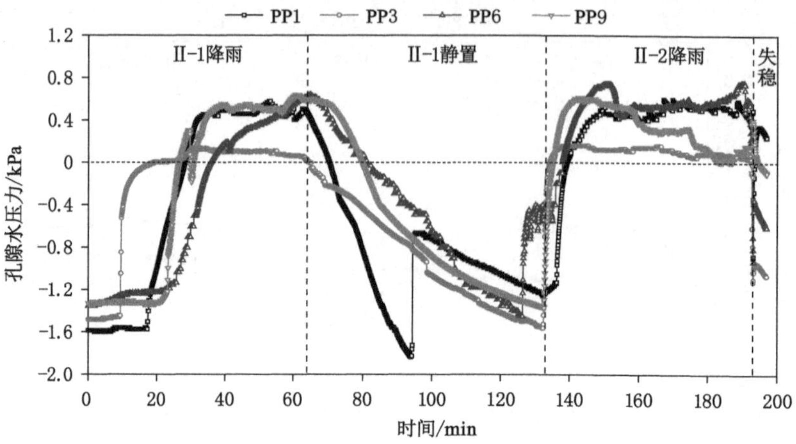

(d)

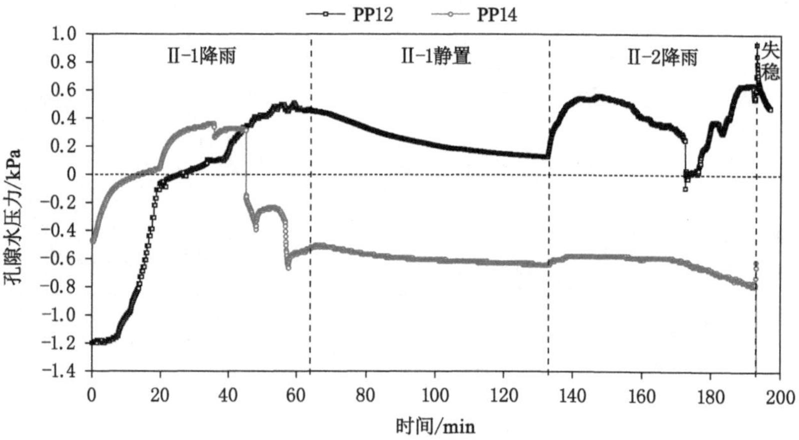

(e)

图 3-60(续)

中,PP1、PP3、PP6 和 PP9 传感器分别位于边坡的中上部,而且孔隙水压力整体变化曲线相似,除了 PP1 和 PP6 传感器监测曲线在Ⅱ-1 静置阶段因边坡表面出现裂隙而产生突变。在Ⅱ-2 降雨阶段,所有的监测曲线皆因为降雨冲刷而导致孔隙水压力有所降低。在边坡发生失稳破坏时,所有的孔隙水压力监测曲线均产生突降。对于 PP12 和 PP14 传感器,由于PP14 传感器位于第四级台阶下方,而降雨造成第四级台阶冲刷严重,导致 PP14 传感器监测曲线在开始增加后产生多次突降,此时 PP14 传感器已经暴露在空气中;PP12 传感器位于第三级台阶下方,随着降雨的持续,边坡下缘滑塌破坏并逐渐向上扩展,在Ⅱ-2 降雨阶段,由于冲刷严重,导致该传感器上方土体流失严重,所以该点的孔隙水压力发生多次突降直到 0 kPa,后随着土体的覆盖再次产生正值,直至最后边坡的整体失稳破坏。

综上所述,通过孔隙水压力监测曲线可以看出,在施加降雨前,边坡存在负的孔隙水压力,在施加降雨后,随着雨水的入渗,坡体内负孔隙水压力快速变为 0,并保持一段时间的相对稳定,之后随着雨水的汇集和坡体含水率不断增加,孔隙水压力变为正值,并在降雨过程中达到较大的孔隙水压力。而孔隙水压力的增加降低了边坡岩土体的有效应力,增加了边坡岩土体的饱和重度，并在潜在滑动面附近产生浮托力，同时雨水的入渗降低了滑动面附近土体的抗剪强度，从而造成了边坡的大变形失稳。孔隙水压力曲线很好地反映了边坡内部水压力的变化特征，也反映了边坡土体劣化的过程，同时也能很好反映边坡表面裂隙的扩展和坡面冲蚀特征，但是孔隙水压力最后产生突变的时间与滑坡发生的时间一致，甚至略晚于滑坡发生的时间，这说明孔隙水压力的变化是由滑坡的产生而造成。

3.6.6 基质吸力监测分析

图 3-61 为第Ⅰ阶段降雨过程中边坡体内基质吸力的变化曲线。

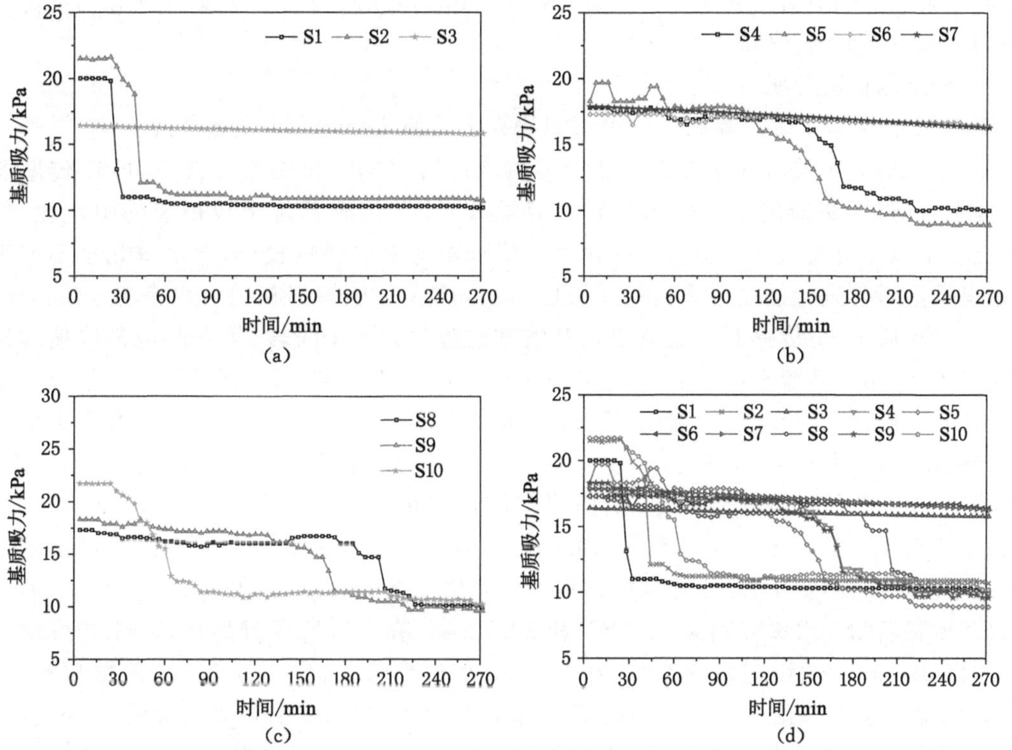

图 3-61 基质吸力变化曲线

图 3-61(a)为坡肩处垂直方向上 3 个基质吸力监测点的变化曲线。其中 S1 和 S2 传感器位于滑体内，S3 传感器位于滑床岩体内，由于滑床及以下岩层整体性相对较好，渗透性较差，所以在降雨实验过程中，位于这些地层的基质吸力传感器未产生明显变化，这里不再对其进行描述。由图可得，S1 和 S2 传感器的基质吸力初始值分别为 20 kPa 和 21.5 kPa，S1 传感器在降雨 20 min 后开始响应，随着雨水的入渗，4 min 后基质吸力产生突降，降至传感器测量的最低值 10 kPa 左右；S2 传感器在降雨 24 min 后对雨水产生响应，由于其埋深较深，且处于不同地层的交界处，雨水入渗至传感器并对其产生明显影响需要一段时间，所以基质吸力曲线经历缓降和突降 2 个阶段的变化，最后达到最低值。

图 3-61(b)为边坡中部 4 个基质吸力监测点的变化曲线。其中，S4 和 S5 传感器位于强风化层中，且埋深相同；S6 和 S7 传感器位于稳定的基岩中，且埋深相同。通过曲线可得，S4 和 S5 传感器监测的基质吸力初始值分别为 17.8 kPa 和 18.3 kPa，由于其埋深较大，所以传

感器对雨水的响应时间较晚，发生在Ⅰ-1静置阶段，时间分别为124 min和104 min。另外，由于处于静置阶段，只有坡体内残留雨水的入渗，没有降雨对其进行补给，传感器所处地层渗透性相对较差，2条监测曲线均处于缓慢降低的状态，且维持了较长的时间，直至Ⅰ-2降雨开始后，基质吸力开始快速下降至最低值。

图3-61(c)为边坡下部3个基质吸力监测点的变化曲线。其中，S10传感器距边坡表面较近，S8和S9传感器埋深较大。通过曲线可得，传感器对雨水的响应时间差距很大，S10传感器在降雨24 min后产生响应，且基质吸力值以相对恒定的速率降到最低值；S8和S9传感器对雨水的响应时间分别为160 min和128 min，之后2条曲线均以先缓降后突降的形式降到了基质吸力最低值。

3.6.7 含水率监测分析

图3-62表示第Ⅰ阶段降雨过程中不同研究区域的体积含水率变化曲线。

图3-62(a)表示坡肩处垂直方向3个监测点的含水率变化曲线。其中，HS1传感器位于滑体中，HS2传感器位于滑体与滑床交界面处，HS3传感器位于较稳定的中风化层中。由于位于中风化层及以下的岩层中的含水率传感器受降雨影响较小，含水率几乎不产生变化，这里不再对其进行描述。通过曲线可以看出，HS1传感器的初始含水率为11.33%，在降雨12 min后HS1传感器开始响应。其增加过程分为3个阶段，第一阶段是快速增长阶段，在降雨25 min后含水率达到22.75%；之后含水率增加速率开始降低，并开始以恒定的速度增加，在降雨57 min后增加至27%；在降雨的最后4 min后，HS1传感器含水率有小幅度的突增，含水率达到27.91%。HS2传感器的初始含水率为10%，随着雨水的入渗，在降雨约37 min后传感器开始响应，先快速增加，41 min后增加至25.66%，后增加速率减缓，在Ⅰ-1降雨结束时含水率达到了30.51%。在Ⅰ-1静置期间，HS1传感器含水率发生了较大幅度的降低，而HS2传感器的含水率只产生了微小的降低，在Ⅰ-1静置结束时，HS1和HS2传感器的含水率分别为24.08%和29.72%。在Ⅰ-2降雨开始后，HS1传感器含水率开始以0.5/min的恒定速率增加，在20 min后达到最大值31.64%，并保持相对稳定。HS2传感器在Ⅰ-2降雨只产生了小幅度的增加，同样在20 min后达到最大值30.64%。在Ⅰ-2降雨结束后，2个监测点的含水率均开始缓慢降低，在降雨结束61 min和93 min时，HS1传感器含水率分别产生了一次小的突降，在降雨结束126 min时，HS2传感器含水率产生了一次小的突降。通过观察边坡可知，含水率突降的原因为边坡上缘产生了多条张拉裂隙，根据2个监测点含水率突变的时间可以看出张拉裂隙正在不断扩展和下切，如图3-62(a)所示。HS3传感器位于中风化岩层中，岩层渗透性差，故整个降雨过程中，对含水量的影响很小，几乎不变。通过分析可得，HS1传感器距离边坡表面11 mm，雨水从坡表入渗至HS1传感器用时12 min，HS2传感器距边坡表面的距离约为27 mm，雨水从坡表入渗至HS2传感器用时37 min。由于中风化层的渗透性很差，故可视为隔水层，在降雨持续43 min后，HS2传感器的含水率开始高于HS1传感器的含水率，且两者的差距越来越大，在Ⅰ-1降雨结束时，两者的含水率分别为27.87%和30.51%，这是由于雨水不断从边坡表面入渗，在隔水层处聚集。

图3-62(b)表示边坡中上部垂直方向的4个监测点的含水率变化曲线。其中，HS5和HS6传感器位于滑体中，且处于同一高度；HS7和HS8传感器位于稳定的基岩中，且处于同一高度。通过观察可得，HS5和HS6传感器在Ⅰ-1降雨期间均未产生变化，在Ⅰ-1静置

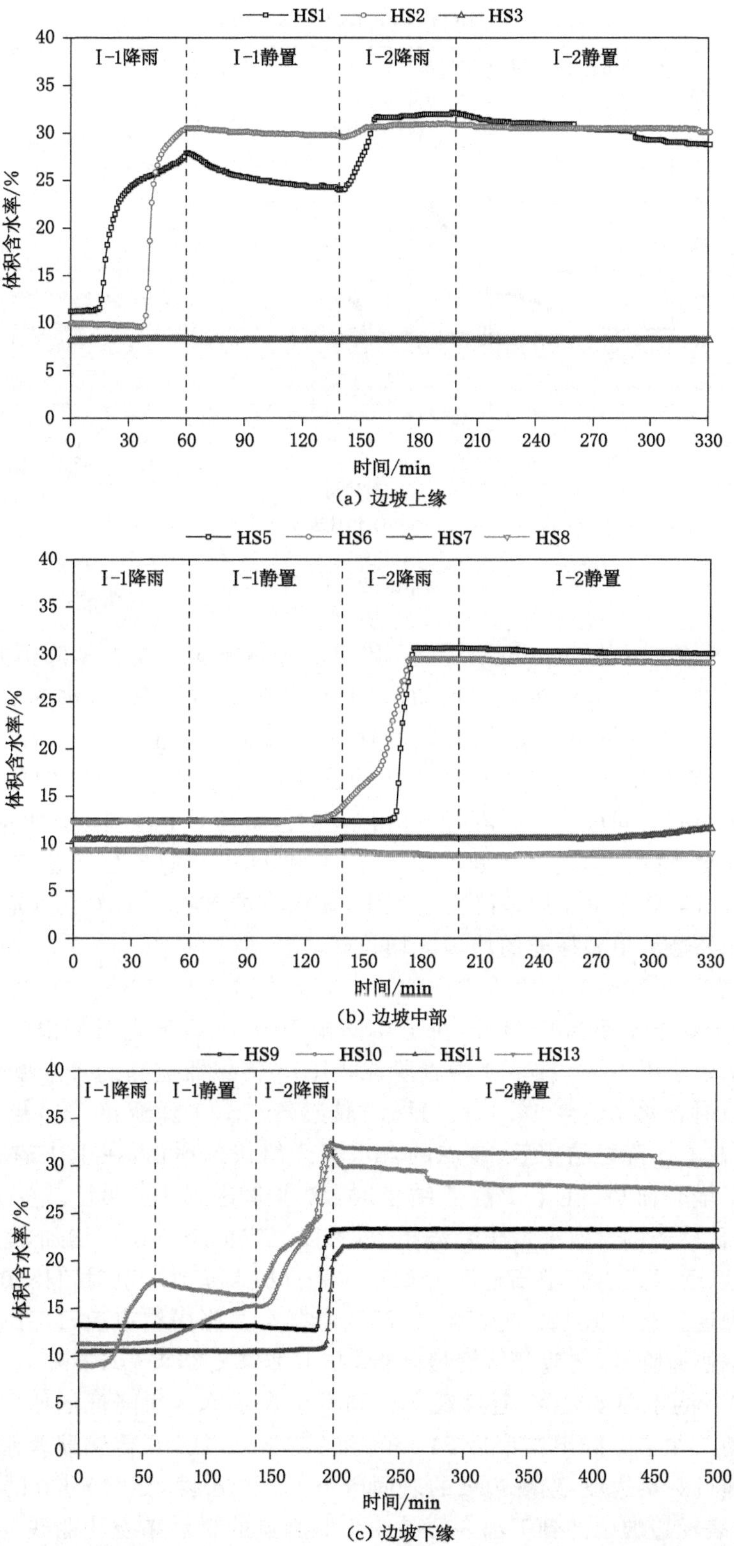

图 3-62 第Ⅰ阶段降雨体积含水率变化曲线

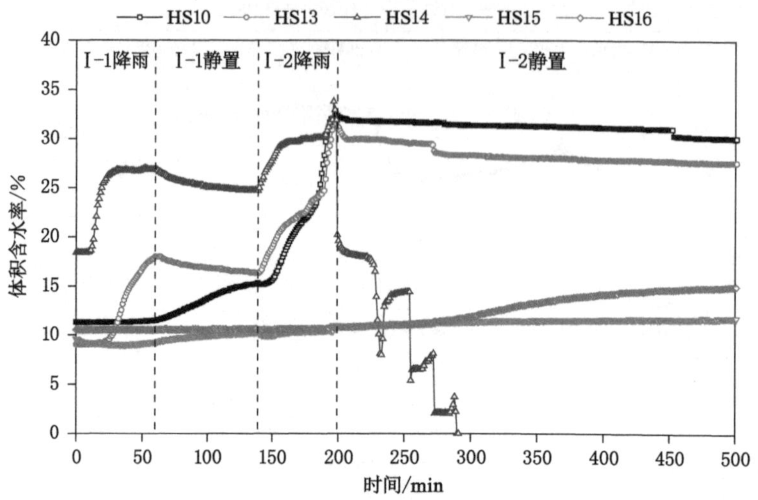

(d) 边坡表层

图 3-62(续)

期间,即Ⅰ-1 降雨结束后约 64 min 后,HS6 传感器开始响应。在Ⅰ-2 降雨开始后,HS6 传感器含水率开始以 0.2%/min 的速率增加,在Ⅰ-2 降雨 20 min 后,含水率增加至 18.23%,之后 HS6 传感器含水率开始以近似直线的速率增加至最大值 29.45%。HS5 传感器在Ⅰ-2 降雨 25 min 后开始响应,且以近似直线的速率增加至最大值 30.64%。HS5 和 HS6 传感器对降雨的响应时间虽有所间隔,但是相差不大,而且 2 个监测点含水率达到最大值的时间以及最大含水量的值均近似相同。由于 HS7 和 HS8 传感器位于稳定的基岩中,完整性好,透水性差,所以整个第Ⅰ阶段降雨过程中,该区域的含水率未产生明显的变化,这说明降雨的均匀度以及边坡模型搭建的均匀度均较好。

图 3-62(c)表示边坡中下部垂直方向的 4 个监测点的含水率变化曲线。通过观察可得,HS13 传感器的初始含水率为 9.04%,在Ⅰ-1 降雨 10 min 后率先对降雨产生响应,在Ⅰ-1 降雨结束后含水率达到 18%,在Ⅰ-1 静置阶段,HS13 传感器监测的含水率开始缓慢减少,在Ⅰ-1 静置结束时含水率达到 16.4%。HS10 传感器在Ⅰ-1 降雨 40 min 后开始响应,但是增长速率很小,在Ⅰ-1 降雨结束后,该点的含水率开始快速增加,在Ⅰ-1 静置阶段,该点的含水率一直处于增长阶段,在Ⅰ-1 静置结束时,含水率达到 15.26%。在Ⅰ-2 降雨阶段,HS10 和 HS13 传感器的含水率增长趋势相似,先以恒定的增长速率增加,之后增长速率产生波动,最后又以近似直线的增长速率开始增加,在Ⅰ-2 降雨结束时,HS10 和 HS13 传感器的含水率分别达到最大值 32.43%和 31.75%。在Ⅰ-2 降雨结束后,HS13 传感器含水率先以恒定的速率快速降低,之后开始缓慢降低,在Ⅰ-2 降雨结束后 72 min,HS13 传感器含水率又产生了 1%的小幅度突降,通过观察得到发生含水率 2 次降低的原因是边坡前缘产生了局部的滑动。在Ⅰ-2 降雨结束后 81 min 和 253 min,HS10 传感器含水率分别产生一次小的突降。通过观察边坡,发现边坡的表面产生了张拉裂隙,如图 3-63(b)所示。

图 3-62(d)表示边坡中部到下部表层的 5 个监测点的含水率变化曲线。其中,HS10 和 HS13 传感器上文已经分析过,在此不再赘述。HS14 传感器最初含水率为 18.4%,在Ⅰ-1 降雨开始 9 min 后开始响应,并以近似直线的速率增加至 26.83%,之后开始保持相对的稳

定状态，直至Ⅰ-1降雨结束。在Ⅰ-1静置阶段，HS14传感器含水率缓慢降低至24.71%。在Ⅰ-2降雨开始后，开始以0.26%/min的速率增加至29.89%，并保持相对恒定。在Ⅰ-2降雨52 min时，HS14传感器含水率产生了突增，之后产生了大幅度突降，通过观察边坡，产生这种现象的原因是边坡下缘发生局部的滑坡，HS14传感器暴露在空气中，如图3-63(a)所示。HS15和HS16传感器位于稳定的基岩中，渗透性差，所以在整个降雨过程中并未产生明显的变化。

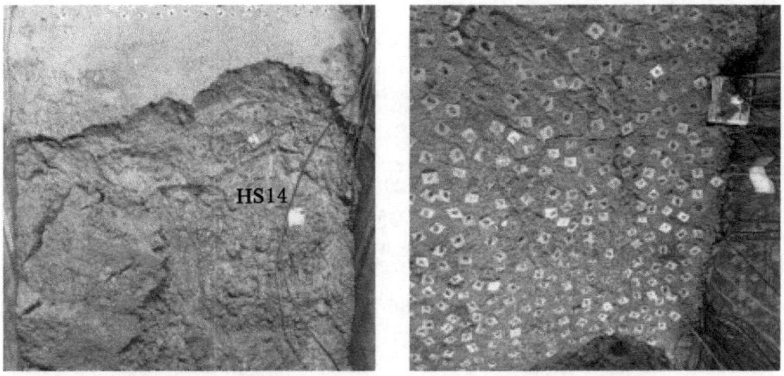

(a) 含水率传感器暴露　　(b) 张拉裂隙

图3-63　边坡局部破坏特征

图3-64表示第Ⅱ阶段降雨过程中不同研究区域的体积含水率变化曲线。

图3-64(a)表示边坡在第Ⅱ阶段开挖和支护后边坡上缘垂直方向上3个监测点的含水率变化曲线。其中，HS1和HS2传感器分别在Ⅱ-1降雨开始后6 min和19 min开始产生响应，并以近似相同的速率开始增加。HS1传感器含水率在降雨15 min后达到29.77%，之后保持相对稳定，在降雨27 min后又开始缓慢增长至降雨结束时达到31.07%；HS2传感器含水率则保持相对的稳定状态不变。在Ⅱ-1静置阶段，HS1传感器含水率降低至28.87%，而HS2传感器仍保持相对的稳定。这是因为HS1传感器距离边坡表面较近，对雨水的敏感度大，而且停止降雨后雨水的流失和蒸发较快，所以在Ⅱ-1静置期间，该点的含水率产生了明显的下降；而HS2传感器有上部边坡体内的雨水不断向下入渗，所以保持了相对的稳定。

在Ⅱ-2降雨开始后，HS1传感器首先对降雨产生响应，含水率开始快速增加至30.17%，之后保持了相对的稳定。在Ⅱ-2降雨持续30 min后，HS1和HS2传感器含水率同时开始缓慢增加，且最终达到了共同的最大值31.07%，并持续保持约10 min后，HS1传感器含水率产生了大幅度突增，边坡发生破坏。

图3-64(b)表示边坡中上部4个监测点的含水率变化曲线。HS5和HS6传感器在Ⅱ-1降雨5 min后均产生响应，之后开始快速增加，在Ⅱ-1降雨21 min和28 min后，HS6和HS5传感器含水率分别达到最大值29.88%和30.02%，且在接下来的降雨过程中保持相对的稳定。在Ⅱ-1静置阶段，2个监测点的含水率变化曲线几乎同步，均产生微小的下降。在Ⅱ-2降雨阶段，HS5传感器含水率只产生了微小的增长，HS6传感器含水率也只是产生了小幅度的增加，在Ⅱ-2降雨59 min后，2处含水率均产生小的突变，边坡发生破坏。

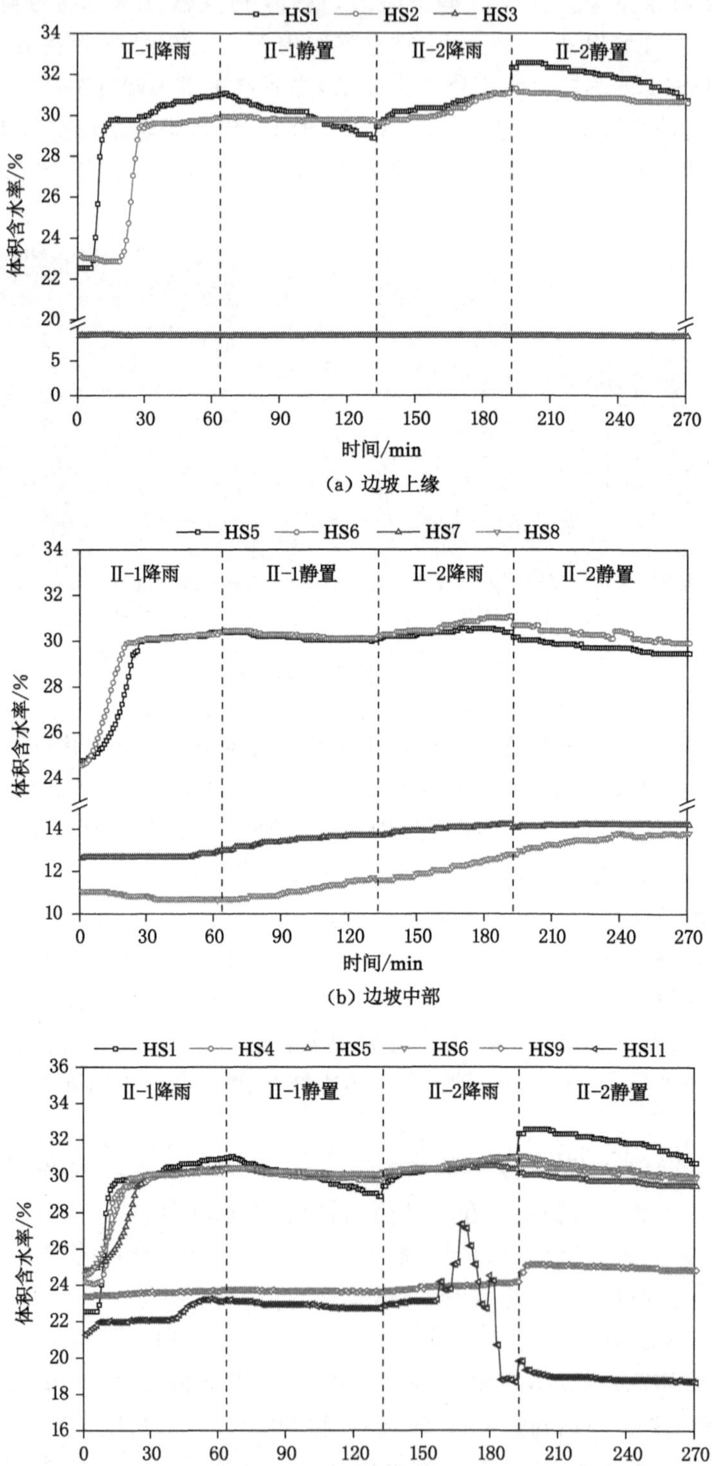

(a) 边坡上缘

(b) 边坡中部

(c) 边坡表层

图 3-64　第Ⅱ阶段降雨体积含水率变化曲线

通过对比可以得出，HS5 和 HS6 传感器对降雨的响应时间早于 HS1 传感器，造成这种现象的原因是 HS5 和 HS6 传感器位于边坡一个平台下方，降雨在平台处产生了积水，加速了雨水的入渗。

图 3-64(c)表示边坡表层 6 个监测点的含水率变化曲线。其中，HS4 传感器含水率的变化曲线与 HS6 传感器的曲线趋势近似，在此不再赘述。HS9 传感器位于强风化层下排锚索上方，其在整个降雨过程中几乎没有发生变化，只在边坡破坏时产生了含水率的突增。HS11 传感器位于强风化层下排锚索下方，在Ⅱ-1 降雨阶段，含水率经历 2 次增长过程，先从 21.26％增至 21.97％后保持稳定，在降雨约 40 min 后再次增长至 23.2％，并保持相对的稳定。在Ⅱ-1 静置阶段，由于上部边坡的雨水不断下渗，所以该处含水率未产生明显降低；在Ⅱ-2 降雨阶段，HS11 传感器含水率仍保持相对的稳定，在降雨持续 23 min 后，含水率产生了多次突变，通过观察得出造成这个现象的原因是在 HS11 传感器上方的边坡表面因降雨产生了多处冲沟，并伴随大量的泥流，造成该处含水率处于较大的波动状态，直至边坡的破坏。

通过含水率监测曲线可得，边坡土体在Ⅱ-1 降雨后几乎达到饱和状态，且一直保持着较高的含水率，从而造成边坡整体的重度增加，增加了坡体的下滑力，同时，滑体与滑床交界面受雨水影响而产生弱化，抗剪强度降低，同时 PR 锚索因边坡变形而产生张拉，最终因超过其抗拉强度而产生破坏，从而导致边坡的整体失稳。但是在边坡破坏前，含水率曲线并没有产生明显的异常，且产生的突变几乎与边坡破坏同步，甚至稍微滞后。

3.7 NPR 锚索支护条件下的模型实验结果分析

3.7.1 模型实验进程

本次模型实验主要包括边坡开挖、降雨和边坡加固等步骤。

（1）第Ⅰ阶段开挖。此次开挖主要位于模型边坡的中下部，按照四级台阶开挖，共分四步，每步开挖一级台阶。Ⅰ-1 开挖用时 15 min，第一级台阶高度为 30 cm，预留平台宽度为 4 cm；Ⅰ-2 开挖用时 21 min，第二级台阶高度为 24 cm，预留平台宽度为 4 cm；Ⅰ-3 开挖用时 17 min，第三级台阶高度为 24 cm，预留平台宽度为 4 cm；Ⅰ-4 开挖用时 17 min，第四级台阶高度为 24 cm。每步开挖完成后静置 30 min。具体的开挖时间如表 3-16 所示。

（2）第Ⅰ阶段降雨。该阶段进行了 2 次降雨，Ⅰ-1 降雨持续时间为 60 min，降雨后静置时间为 60 min，Ⅰ-2 降雨持续时间为 60 min，降雨后静置时间 60 min。具体的降雨时间如表 3-17 所示。

（3）第Ⅱ阶段开挖。此次开挖涉及整个模型边坡，按照六级台阶开挖，共分五步。Ⅱ-1 开挖用时 130 min，第一级台阶高度为 36 cm，预留平台宽度为 5 cm；Ⅱ-2 开挖用时 17 min，第二级台阶高度为 15 cm，预留平台宽度为 4 cm；Ⅱ-3 开挖用时 13 min，第三级台阶高度为 15 cm，预留平台宽度为 4 cm；Ⅱ-4 开挖用时 30 min，第四级台阶高度为 20 cm，预留平台宽度为 6 cm；Ⅱ-5 开挖包含两级台阶，用时 16 min，其中，第五级台阶高度为 36 cm，预留平台宽度为 4 cm，第六级台阶高度为 36 cm。每步开挖完成后静置 30 min。在Ⅱ-1 静置阶段，对上排锚索进行安装和张拉，在Ⅱ-3 静置阶段，对下排锚索进行安装和张拉。具体的开挖统计如表 3-18 所示。

表 3-16　模型边坡第Ⅰ阶段开挖时间

阶段	开始时刻	结束时刻	持续时间/min
Ⅰ-1 开挖	12:30	12:45	15(0～15)
Ⅰ-1 静置	12:45	13:15	30(15～45)
Ⅰ-2 开挖	13:15	13:36	21(45～66)
Ⅰ-2 静置	13:36	14:06	30(66～96)
Ⅰ-3 开挖	14:06	14:23	17(96～113)
Ⅰ-3 静置	14:23	14:53	30(113～143)
Ⅰ-4 开挖	14:53	15:10	17(143～160)
Ⅰ-4 静置	15:10	15:40	30(160～190)

表 3-17　模型边坡第Ⅰ阶段降雨时间

阶段	开始时刻	结束时刻	持续时间/min
Ⅰ-1 降雨	16:00	17:00	60(0～60)
Ⅰ-1 静置	17:00	18:00	60(60～120)
Ⅰ-2 降雨	18:00	19:00	60(120～180)
Ⅰ-2 静置	19:00	20:00	60(180～240)

表 3-18　模型边坡第Ⅱ阶段开挖时间

阶段	开始时刻	结束时刻	持续时间/min
Ⅱ-1 开挖	13:20	15:30	130(0～130)
Ⅱ-1 静置	15:30	16:00	30(130～160)
Ⅱ-2 开挖	16:00	16:17	17(160～177)
Ⅱ-2 静置	16:17	16:47	30(177～207)
Ⅱ-3 开挖	16:47	17:00	13(207～220)
Ⅱ-3 静置	17:00	17:30	30(220～250)
Ⅱ-4 开挖	17:30	18:00	30(250～280)
Ⅱ-4 静置	18:00	18:30	30(280～310)
Ⅱ-5 开挖	18:30	18:46	16(310～326)
Ⅱ-5 静置	18:46	19:16	30(326～356)

(4) 第Ⅱ阶段降雨。该阶段进行 4 次降雨，Ⅱ-1 降雨持续时间为 60 min，降雨后静置时间为 64 min；Ⅱ-2.1 降雨持续时间为 20 min，降雨后静置时间为 11 min；Ⅱ-2.2 降雨持续时间为 20 min，降雨后静置时间为 55 min；Ⅱ-2.3 降雨持续时间为 14 min，降雨后静置时间为 60 min。具体的降雨时间如表 3-19 所示。

表 3-19　模型边坡第Ⅱ阶段降雨时间

阶段	开始时刻	结束时刻	持续时间/min
Ⅱ-1 降雨	13:20	14:20	60(0～60)
Ⅱ-1 静置	14:20	15:24	64(60～124)
Ⅱ-2.1 降雨	15:24	15:44	20(124～144)
Ⅱ-2.1 静置	15:44	15:55	11(144～155)
Ⅱ-2.2 降雨	15:55	16:15	20(155～175)
Ⅱ-2.2 静置	16:15	17:10	55(175～230)
Ⅱ-2.3 降雨	17:10	17:24	14(230～244)
Ⅱ-2.3 静置	17:24	18:24	60(244～304)

3.7.2　模型坡面形态及变形场演化规律

(1) 第Ⅰ阶段开挖

图 3-65 为第Ⅰ阶段的边坡开挖过程。图 3-66 为第Ⅰ阶段开挖过程中自然边坡表面沿着坡面向下的位移演化规律。由图可得,随着边坡的开挖,边坡表面的变形从边坡上缘右侧开始向边坡下缘扩展,但整体而言,人工开挖对边坡表面的变形影响甚微。

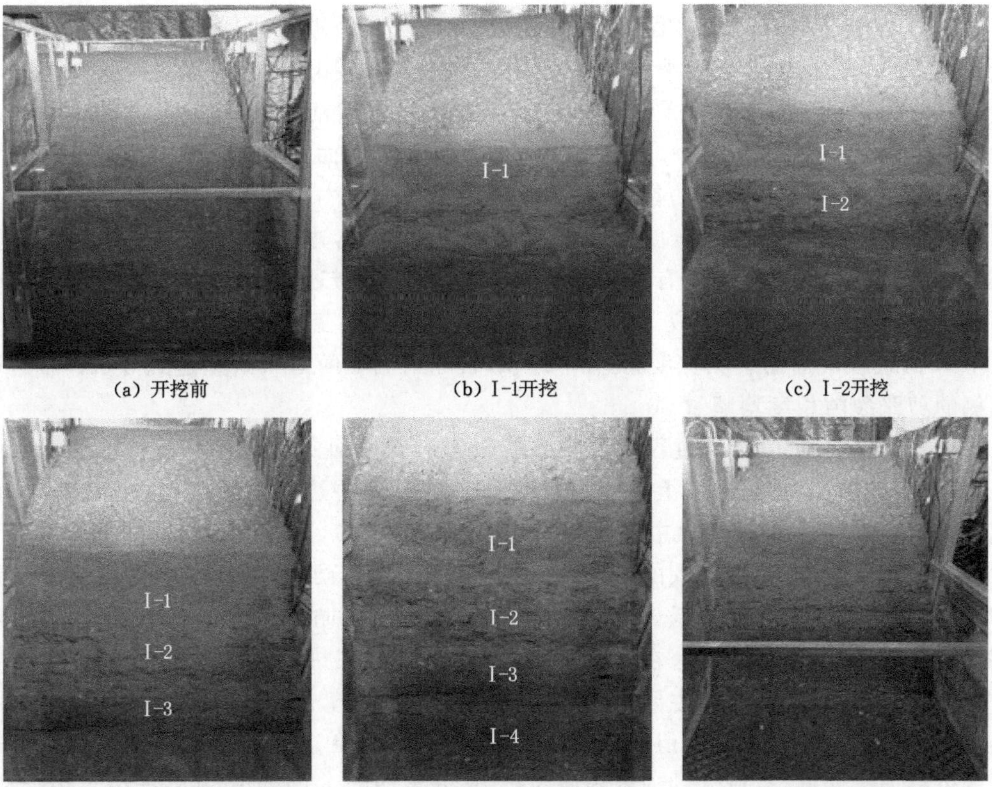

(a) 开挖前　(b) Ⅰ-1开挖　(c) Ⅰ-2开挖
(d) Ⅰ-3开挖　(e) Ⅰ-4开挖　(f) Ⅰ-5开挖

图 3-65　第Ⅰ阶段边坡开挖过程

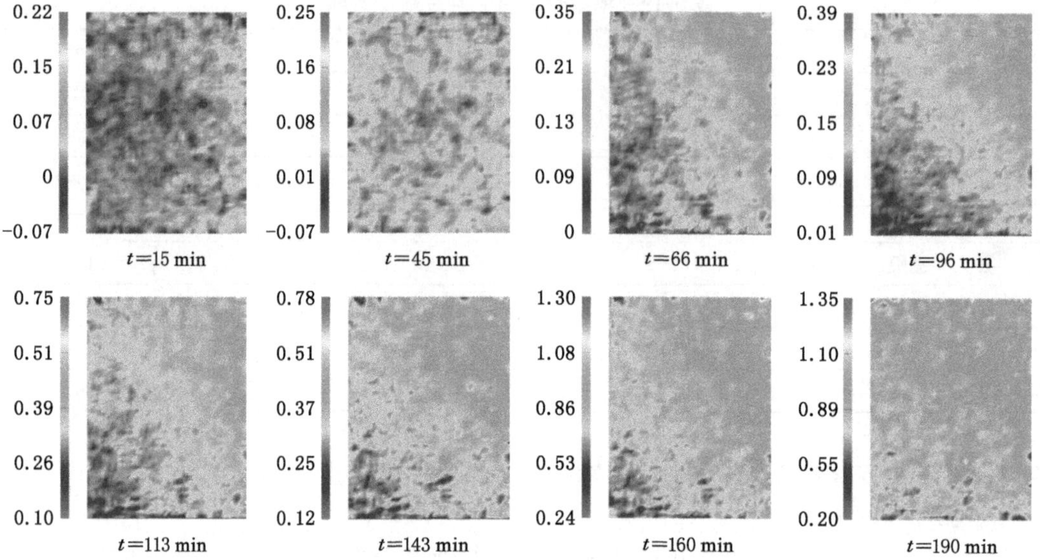

图 3-66　第Ⅰ阶段开挖过程中坡表位移演化规律(单位:mm)

(2) 第Ⅰ阶段降雨

图 3-67 为第Ⅰ阶段降雨过程中自然边坡表面的宏观裂隙演化规律。由图可知,在Ⅰ-1 降雨持续 30 min 时,边坡上缘平台产生了多处张拉裂隙,裂隙的连线呈圈椅状。随着降雨的持续,裂隙不断扩展,在 $t=52$ min 时,裂隙数量明显增加,已有裂隙的上方产生了一条长度约 60 cm 的张拉裂隙。在Ⅰ-1 降雨结束后,随着边坡表面水分的入渗和蒸发,已有裂隙宽度不断增加,形成了圈椅状的裂隙带,同时边坡表面也产生了多条长度不等的裂隙。Ⅰ-2 降雨开始后,在 $t=155$ min 时,坡顶的裂隙部分产生闭合,边坡的下缘左侧产生了剪张裂隙,随着降雨持续,坡顶平台原有小裂隙均闭合,其余裂隙贯通并形成完整的圆弧裂隙,裂隙贯通整个模型边坡,同时,边坡下缘左侧的剪张裂隙扩展变宽。在Ⅰ-2 降雨结束,即 $t=180$ min 时,坡顶贯通的裂隙宽度已达到 2 cm,裂隙两侧坡面最大落差达到 3 cm,而边坡下缘左侧的剪张裂隙长度均超过 30 cm。

图 3-68 为第Ⅰ阶段降雨过程中自然边坡表面沿着坡面向下的位移演化规律。由图可得,随着降雨的施加,首先边坡上缘产生了较大的位移,其中边坡上缘右侧的位移最大,位移量超过 10 mm。产生这种现象主要是因为随着降雨的入渗,边坡表面松散的土体被雨水浸湿后产生了沉降,从而出现较大的变形。随着降雨的持续,雨水不断入渗,导致边坡土体重度增加,而整体的抗剪强度降低,增加了边坡整体沿着坡面向下的变形趋势,使边坡上缘的位移增加,并向边坡中部扩展。在Ⅰ-1 阶段降雨结束时,在边坡上缘右侧产生了约 18 mm 的位移,产生这种现象的原因主要是随着边坡体内雨水沿着竖直方向和平行坡面方向的渗流,坡表的位移仍在不断增加,但增加的幅度较小。其中,在边坡监测区的顶部右侧出现了明显的位移增大区域,造成这种现象的原因是,在静置期间,边坡顶部平台产生了张拉裂隙,这些裂隙的产生,造成坡顶局部位移的增加。在Ⅰ-2 降雨开始后,坡表的位移又开始快速增加,而且产生位移的区域在不断扩展,在降雨结束后,整个边坡表面的监测区域几乎都产生了不同规模的位移。其中最大的位移仍然是坡顶右侧,位移量达到 38 mm。这与边坡顶

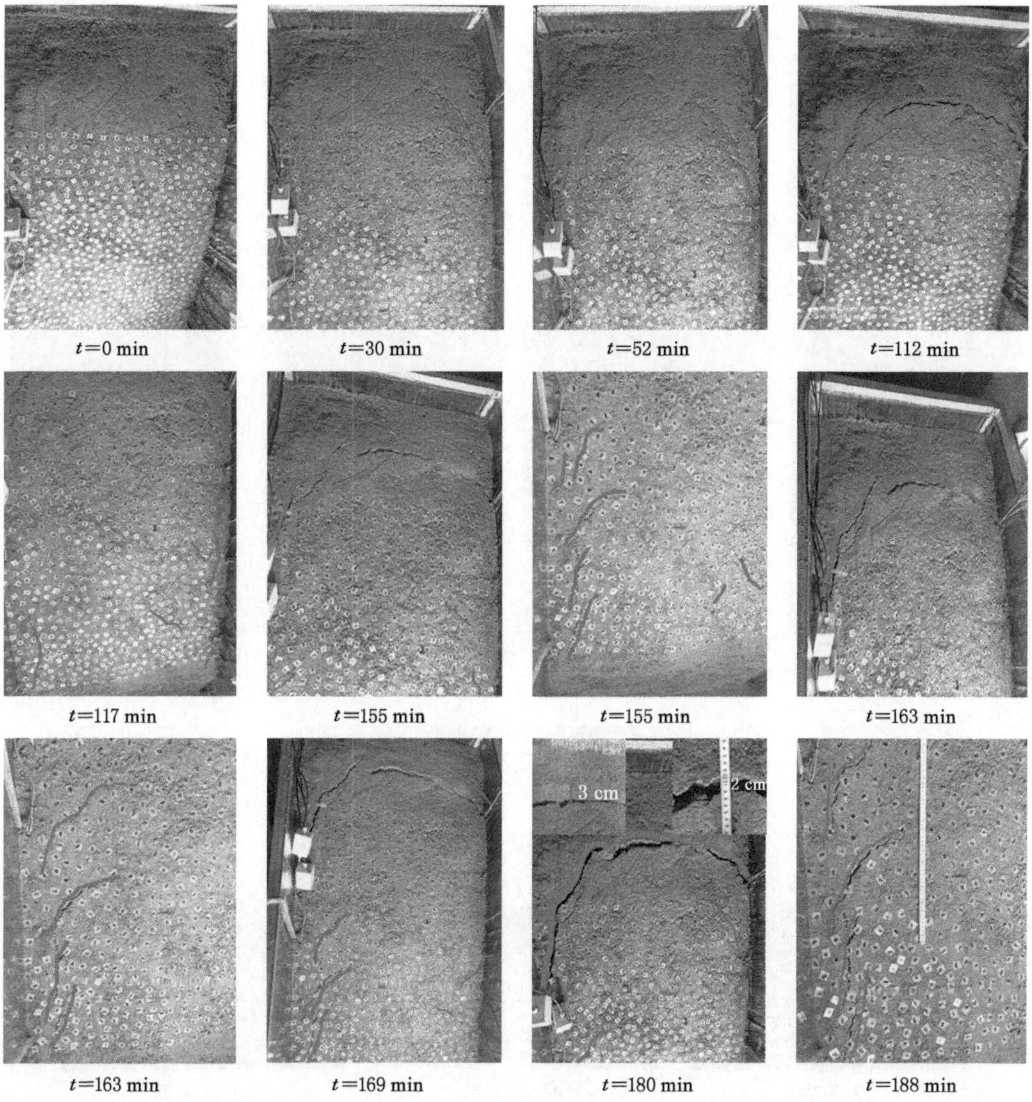

图 3-67　坡表宏观裂隙演化规律

部圈椅状裂隙和边坡侧翼的剪张裂隙的扩展密切相关。

（3）第Ⅱ阶段开挖

图 3-69 为第Ⅱ阶段的边坡开挖过程。该阶段涉及从坡顶到坡脚整个边坡，所以未对边坡表面的位移场进行监测。该阶段开挖过程中涉及两排 NPR 锚索的安装，分别位于第一级台阶和第三级台阶，共 16 个锚索。两排锚索均在同一台阶边坡开挖完成后及时安装并施加预紧力。伴随着边坡开挖，在第一级至第四级台阶的边坡表面安装散斑点。

（4）第Ⅱ阶段降雨

图 3-70 和图 3-71 分别为第Ⅱ阶段降雨过程中边坡表面的形态特征和裂隙演化规律。通过对比发现，由于开挖卸荷作用，边坡表层土体松散，在Ⅱ-1 降雨过程中，受到降雨冲刷影响，边坡中部右侧产生了局部的冲蚀，产生泥石流，而且随着降雨的持续，冲刷范围不断扩

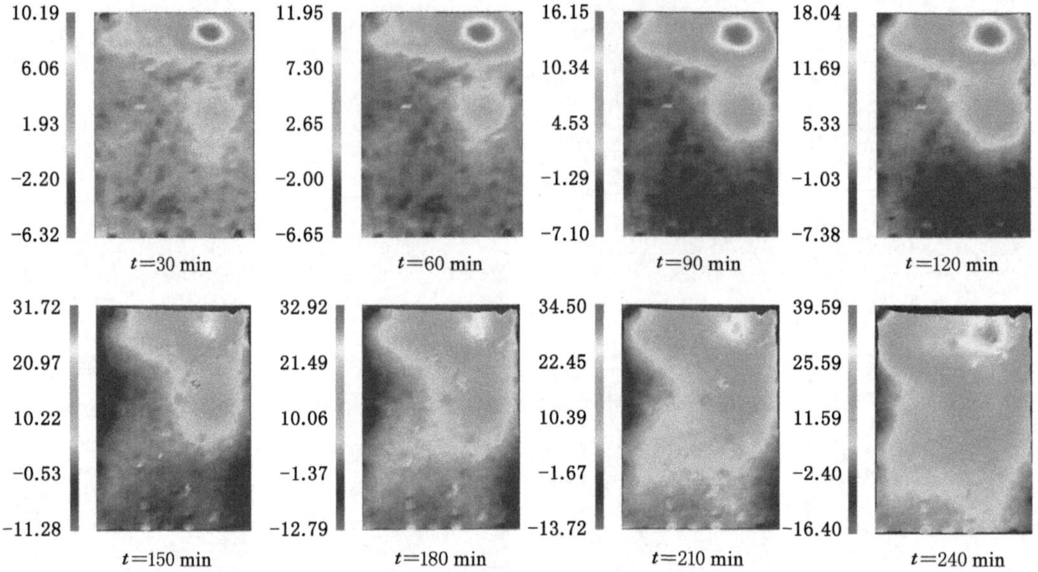

图 3-68　第Ⅰ阶段降雨过程中坡表位移演化规律(单位:mm)

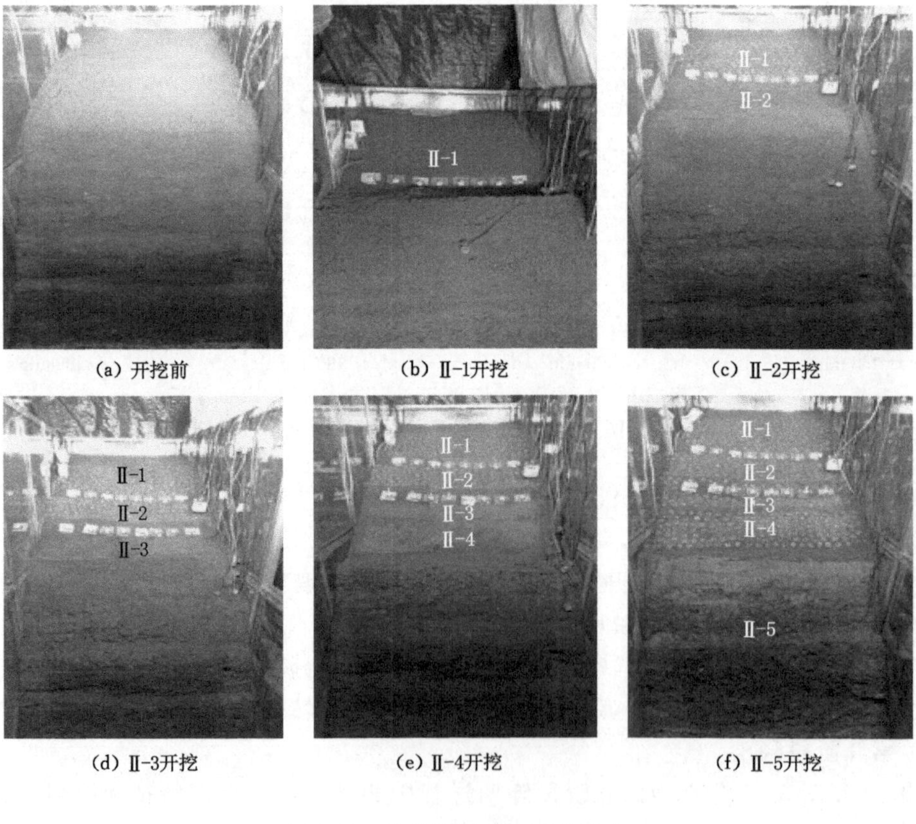

(a) 开挖前　(b) Ⅱ-1开挖　(c) Ⅱ-2开挖

(d) Ⅱ-3开挖　(e) Ⅱ-4开挖　(f) Ⅱ-5开挖

图 3-69　第Ⅱ阶段边坡开挖过程

大，形成泥石流冲积扇。在 $t=60$ min 时，坡肩和坡顶平台处产生了多条张拉裂隙，降雨结束后这些张拉裂隙不断扩展。在 $t=120$ min 时，坡肩处的裂隙已经贯通，而且因冲刷而形成的泥石流将下排锚索覆盖。在Ⅱ-2.1 降雨过程中，坡肩的贯通裂隙因降雨产生了闭合，通过观察，可以看到边坡整体产生了小幅度的沉降，边坡顶部平台因沉降而形成缓坡和裂隙。同时，降雨造成的边坡表面泥石流冲刷范围不断扩大，并不断向坡顶延伸，由图可以看出，泥石流冲刷区的顶部已经达到坡肩处，且两排锚索中间有多处锚索被冲刷的泥流所覆盖。考虑边坡表面的冲刷可能会导致锚垫板底部被冲刷掏空而失效，所以在持续 20 min 后暂停了降雨，之后又恢复了 2 次降雨，降雨时间分别为 20 min 和 14 min，皆因坡表冲刷严重而暂停，而边坡未产生明显的变形。通过对比 $t=180$ min 时的边坡形态和边坡顶部裂隙状态可以看出，经过 3 次累计 54 min 的降雨，边坡整体未产生明显大变形，只是坡顶平台产生了小幅度的沉降，沉降幅度约为 1.5 cm，坡顶平台两侧产生多条小的张拉裂隙。

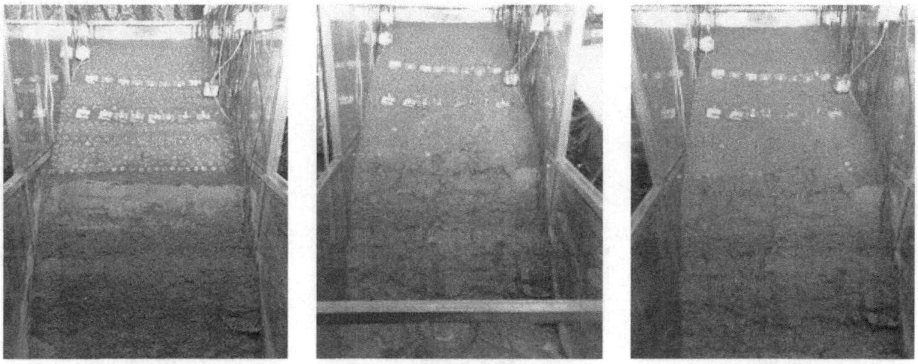

$t=0$ min　　$t=60$ min　　$t=120$ min

$t=156$ min　　$t=180$ min　　$t=180$ min（局部）

图 3-70　第Ⅱ阶段降雨过程中边坡形态特征

图 3-72 为第Ⅱ阶段降雨过程中边坡表面位移的演化规律。由于此次降雨过程中边坡表面因降雨冲刷而产生泥石流，且泥石流的范围不断扩大，造成边坡表面冲刷严重，这个过程有大量的散斑点被泥石流冲走和覆盖，所以只选择了 $t=140$ min 前的数据进行分析。通过观察整个实验过程中边坡表面位移场的演化规律可得，边坡表面的变形是由第四级台阶开始，并随着降雨的持续，变形的范围逐渐扩大并向坡肩处扩展，这与坡表产生泥流冲刷的过程和范围相符。

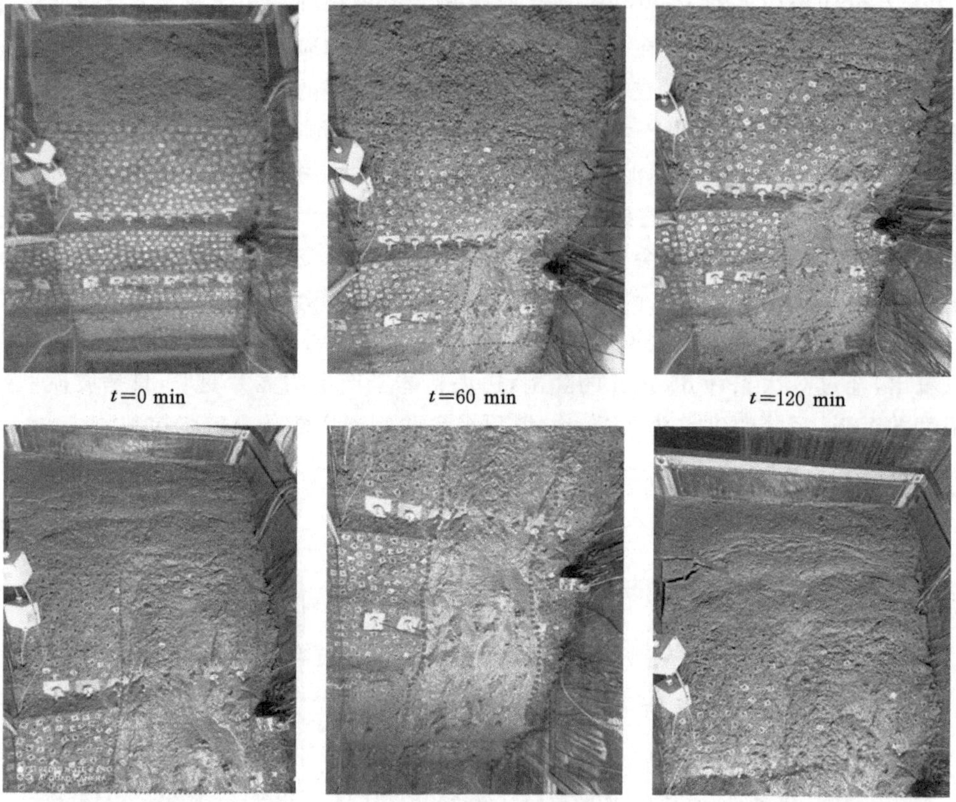

图 3-71　坡表裂隙演化规律

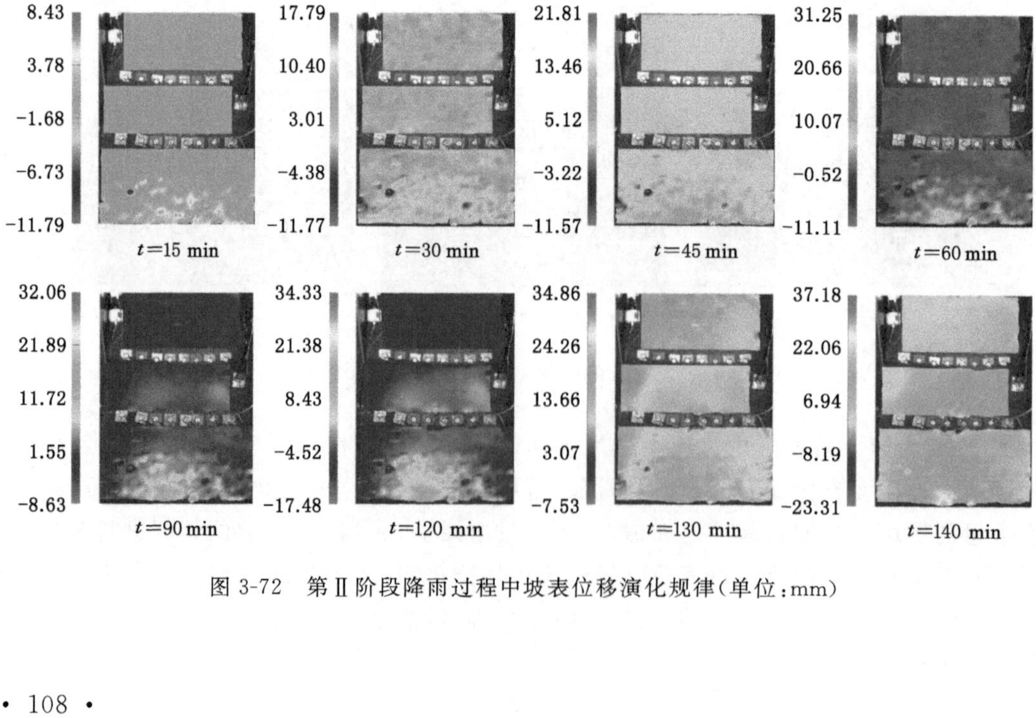

图 3-72　第Ⅱ阶段降雨过程中坡表位移演化规律(单位:mm)

3.7.3 锚索受力监测分析

图 3-73 为第Ⅱ阶段降雨过程中下排 NPR 锚索轴力演化规律。在安装 NPR 锚索时需要提前施加一定的预紧力，但是模型边坡的尺寸较大，导致 NPR 锚索的预紧力施加较为困难，所以未能保证所有 NPR 锚索的预紧力一致。由图可得，在Ⅱ-1 降雨开始后，除了 NPR4 锚索的锚索力在一开始产生突降外，所有的 NPR 锚索的锚索力都在保持了一段时间后开始下降。在降雨持续约 45 min 后，所有 NPR 锚索的锚索力开始产生较大的波动，但锚索力呈上升趋势。造成这种现象的原因总结如下：① 锚索所施加的预紧力不同，对边坡不同区域施加的力不同；② 开挖造成边坡产生卸荷松弛区；③ 降雨后随着雨水的入渗，边坡会产生不同程度的变形，边坡内部应力也会产生变化；④ 降雨造成边坡表面尤其是锚头附近的土体流失；⑤ 在锚索力作用区域，锚索力和边坡内部应力会有一个适应和调整的过程。这个内部应力调整的过程，即锚索力下降的过程，在内部应力重分布后，所有锚索力达到了一个新的平衡，即最小值，之后随着降雨的持续，锚索力开始缓慢增加。

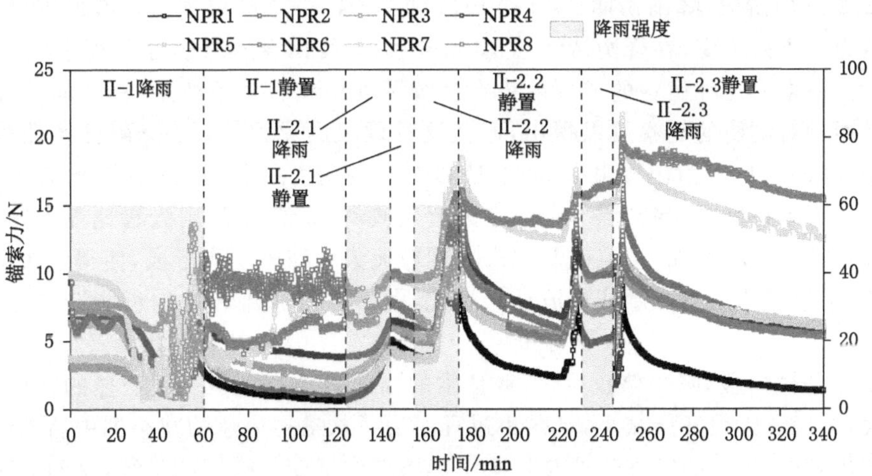

图 3-73 下排 NPR 锚索轴力演化规律

在Ⅱ-1 静置过程中，除了 NPR6、NPR7 和 NPR8 锚索力外，其他 NPR 锚索的锚索力均呈缓慢式减小的趋势。这是由于随着雨水不断沿着边坡向下缘渗流，边坡上缘岩土体的重度不断减少，从而导致锚索受力不断减少。而 NPR6 锚索的锚索力一直在波动中保持不变，NPR7 和 NPR8 锚索的锚索力则在短暂的下降后开始呈波动式上升。其中，NPR7 在降雨停止后约 30 min 后产生突增，随后锚索力的波动幅度不断减弱，但整体呈缓慢上升的趋势；NPR8 锚索的锚索力一直维持在较为恒定的增长速率，但在降雨停止约 50 min 后产生了一次小幅度的突降后，又开始缓慢增加。产生上述现象的原因为：① 边坡内部变形不均匀；② 边坡的坡肩位置产生了多条张拉裂隙；③ 在 NPR7 和 NPR8 锚索所在边坡范围内，岩土体产生了较大的变形，并不断向周围扩散；④ NPR6 锚索所在的区域属于边坡内部变形的临界位置，所以锚索力受扰动影响，呈波动状态。

在Ⅱ-2.1 降雨阶段，降雨初期，除了 NPR6 和 NPR8 锚索的锚索力产生了一次突增和突降，其他锚索力都保持短暂的不变，产生这种现象的原因并不是降雨造成的，而是边坡内部岩土体累计变形的结果。之后随着降雨的持续，除了 NPR6 和 NPR8 锚索之外，其余锚索的锚索力都经历了从稳定到缓慢增加再到快速增加 3 个过程。对于 NPR8 锚索的锚索力而言，在降雨约 5 min 后产生了一次突降，之后开始缓慢上升；在降雨约 15 min 后，锚索力产生了明显的突增，之后在保持锚索力短暂的不变后，锚索力开始迅速增加。对于 NPR6 锚索而言，自Ⅱ-2.1 降雨开始后，锚索力呈减小的趋势，在降雨持续约 10 min 后，锚索力产生了一次突降，之后在保持锚索力短暂的不变后，锚索力又开始迅速增加。通过分析可知，产生这种现象的原因主要为：① 在 NPR1～NPR5 锚索所控制的区域，边坡的稳定性较好，锚索力的增加主要受降雨影响；② 在 NPR6～NPR8 锚索所控制的边坡区域，岩土体内部产生了一定的变形，有滑动的产生和扩展。通过分析这一阶段的锚索力的变化可以得出，边坡的变形和破坏是一个从局部到整体的过程，而且所有锚索都对边坡的稳定性起到了一定的作用，但是在降雨过程中，坡表形成了大量的泥流和冲沟，这是普通锚索支护下没有产生的现象，考虑坡表大量的泥流和冲沟可能会对锚索的加固产生影响，所以暂停了降雨。在整个Ⅱ-2.1 静置阶段的 11 min 内，所有 NPR 锚索的锚索力都缓慢减小。

在Ⅱ-2.2 降雨阶段，降雨初期，除了 NPR6 和 NPR7 锚索的锚索力仍有所降低外，其他锚索的锚索力都维持不变，在降雨持续约 10 min 后，所有锚索的锚索力都迅速增加，且增加的幅度很大。锚索力这种稳定的增长趋势在持续了 3 min 后开始产生波动，但整体仍然呈上升趋势。通过对实验的观察可以得出，产生这种现象的原因为：① 降雨已经使边坡的下滑力明显增加，同时抗滑力出现显著降低，所以锚索的受力显著增加；② 随着降雨的持续，边坡内部变形不断扩展，这些扩展导致锚索力产生波动；③ 随着降雨入渗速度不断降低，降雨引起的坡表径流不断增加，径流引起坡表土颗粒流失和坡表冲沟形成，使得锚头附近的土体不断流失，引起了锚索力控制能力波动。在此，考虑坡表泥流和冲沟可能造成锚索失效，所以停止降雨。

在Ⅱ-2.2 静置阶段，降雨停止后，所有锚索的锚索力均产生了一次明显的突增，但增加的值并不大，之后锚索力开始减小，且减小过程经历了从最初快速的减小到中后期缓慢的减小。通过分析可得，最初的突增仍然是降雨引起边坡内部变形扩展的延续，说明此时边坡已经产生了明显的变形。在锚索力减小的过程中，NPR6 锚索产生了一次明显的突降，说明该区域的边坡内部产生了局部的小滑动。在停止降雨约 50 min 后，所有锚索力都产生了一次明显的突增。锚索力在短暂的不变后再次产生显著的突增，之后除了 NPR8 锚索外，其他锚索的锚索力都开始快速下降，说明此时边坡体内部的较大区域都已经产生了滑动，但是边坡表面并未产生显著的滑动。

在Ⅱ-2.3 降雨阶段，降雨初期，锚索力保持着刚才下降的趋势持续下降，在持续约 5 min 后，锚索力开始缓慢上升，但是由于前期降雨导致边坡表面土体软化和流失严重，锚索力上升非常缓慢，而且由于坡表土体的含水量较大，降雨引起的坡表土体流失仍然很严重，降雨已经对坡表造成了严重的冲刷，对边坡的体积和锚索的监测质量都产生了较大的影响，因此在降雨 14 min 后停止降雨。在降雨停止约 5 min 后，所有锚索的锚索力都产生了不同程度的突增，随之发生突降，之后开始缓慢下降。这说明此时边坡已经产生滑动，但由于 NPR 锚索的吸能和大变形特征，边坡并未产生大变形破坏。

图 3-74 为第Ⅱ阶段降雨过程中上排 NPR 锚索的轴力演化规律。受模型尺寸影响，这一排 NPR 锚索的初始预紧力也不完全相同，所以在Ⅱ-1 降雨阶段，该排 NPR 锚索的锚索力随着降雨的开始和持续经历了一次大的调整，在锚索和边坡岩土体内力达到新的平衡后，

锚索力开始随着降雨而增加。与下排锚索不一样的是，该排锚索在应力调整后没有产生较大的波动，且变化规律较为一致。在Ⅱ-1 静置阶段，所有 NPR 锚索的锚索力随着静置时间的持续而经历了快速降低和缓慢降低 2 个阶段。

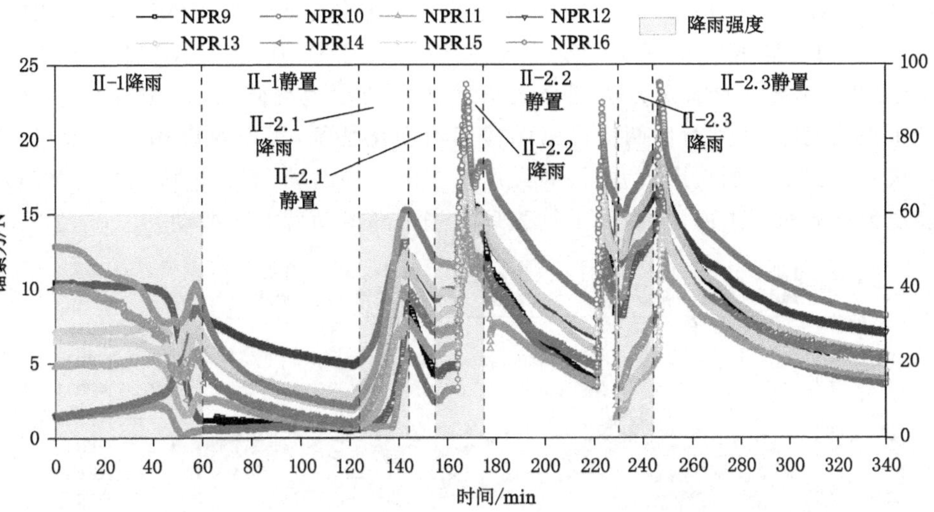

图 3-74 上排 NPR 锚索轴力演化规律

在Ⅱ-2.1 降雨阶段，降雨初期，除了 NPR10 锚索的锚索力不变外，其他 NPR 锚索的锚索力都开始不断增加，而且锚索力增加的速率也在不断变大，之后，锚索力都保持一个较大的近似恒定的速率快速增加，在降雨持续约 15 min 后，除了 NPR9 和 NPR16 锚索外，其余 NPR 锚索都产生了锚索力的突降和波动，说明除了边坡两侧外，中间区域的边坡内部开始产生小的变形。在Ⅱ-2.1 静置阶段，所有 NPR 锚索的锚索力都开始以近似恒定的速率下降。

在Ⅱ-2.2 降雨阶段，降雨初期，所有锚索的锚索力在持续了短暂的稳定后，除了 NPR16 锚索的锚索力有缓慢降低外，其他锚索的锚索力都有缓慢增加，但增加的幅度不大，且锚索力在经历短暂增加后再次保持不变。在降雨持续约 10 min 后，所有 NPR 锚索的锚索力均以近直线式急剧增加，且锚索力增加幅度较大，随后又开始下降，之后开始呈波动式上升，该阶段锚索力的快速增加说明边坡中上部产生了一次较大的变形和滑动。

在Ⅱ-2.2 静置阶段，所有 NPR 锚索都以近似恒定的速率减小，只有 NPR11 锚索在静置初期产生了一次明显突降，说明该锚索控制的边坡区域内部产生了局部的小滑动。在降雨停止约 45 min 后，所有 NPR 锚索的锚索力再次以近直线式急剧增加，且锚索力增加幅度较大，之后锚索力再次降低。锚索力的再次突变说明边坡中上部内部产生了第二次明显的滑动。

在Ⅱ-2.3 降雨阶段，降雨初期，NPR11、NPR14 和 NPR15 锚索的锚索力产生了显著的突降，且突降值较大。这说明在边坡产生整体性滑动后，又产生了局部的小范围滑动。之后所有 NPR 锚索的锚索力都随着降雨开始快速增加。

在Ⅱ-2.3 静置阶段，所有 NPR 锚索的锚索力在短暂保持不变后，产生第三次近直线式突增，之后锚索力开始大幅度降低。第三次的突增说明边坡产生了第三次大范围的滑动。

图 3-75 为两排 NPR 锚索的锚索力在第Ⅱ阶段降雨期间的对比图。图中 A、B、C 和 D 4 个线框分别表示 4 个关键时段。通过分析可得，4 个标注的时段都是锚索力显著增加的时段，可以看出：① NPR9～NPR16 锚索的锚索力开始上升趋势的时间点明显早于 NPR1～NPR8 锚索；② NPR9～NPR16 锚索的锚索力增加的速率均明显大于 NPR1～NPR8 锚索；③ NPR9～NPR16 锚索的锚索力增加后达到的最大值明显大于 NPR1～NPR8 锚索；④ NPR9～NPR16 锚索的锚索力达到最大值后往往会发生突降，这个突降值也显著大于 NPR1～NPR8 锚索。通过对比两排锚索的锚索力变化特征，可以判断施加降雨后，边坡体内部经历从局部到整体的变形过程，同时经历了多次小的滑动，而且边坡的变形和滑动从空间上均表现为自上而下扩展，从时间上均表现为先上部滑动后下部滑动。

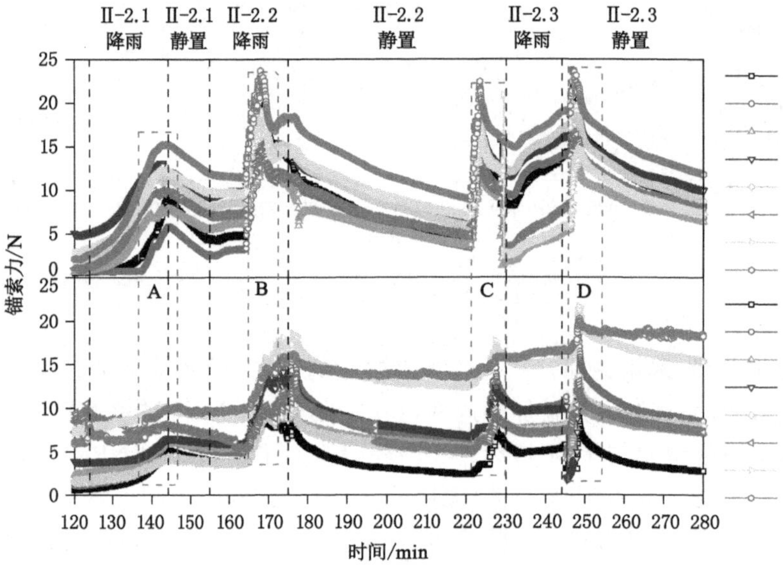

图 3-75　两排 NPR 锚索受力特征对比

通过分析 NPR 锚索的受力情况可以判断，边坡内部已经产生了从局部到整体的滑动，但是从边坡的实际情况可以看出，边坡虽然产生了小的滑动，但是并未发生大变形失稳破坏，只是在边坡上缘产生了两处小的错台。这说明 NPR 锚索在同样的条件下，对边坡起到了很好的控制效果，虽然边坡内部产生了多次小的滑动，在 NPR 锚索的锚索力上有所体现，但是 NPR 锚索很快便将滑动产生的能量吸收，凸显了 NPR 锚索显著的吸能效果。其次，边坡经历了多次小的滑动后，最终处于稳定状态，也体现了 NPR 锚索允许大变形的作用效果。

3.7.4　土压力监测分析

图 3-76 为第Ⅰ阶段开挖和降雨过程中边坡体内土压力的变化曲线。

图 3-76(a)和(b)分别表示模型自然边坡的坡肩附近 2 个垂直方向上 4 条土压力监测曲线。通过对比发现，在降雨约 15 min 后，SP1 和 SP3 传感器开始对降雨产生响应，且两者的整体变化趋势相似，均为先以恒定的速率增加，在Ⅰ-1 降雨持续约 40 min 后，土压力的增加速率减缓，在Ⅰ-1 静置阶段，土压力值均有所降低，在Ⅰ-2 降雨开始后，2 条曲线分别经历了先慢后快再慢的增长过程。其中，SP3 传感器监测曲线在Ⅰ-1 和Ⅰ-2 降雨过程中均产生了

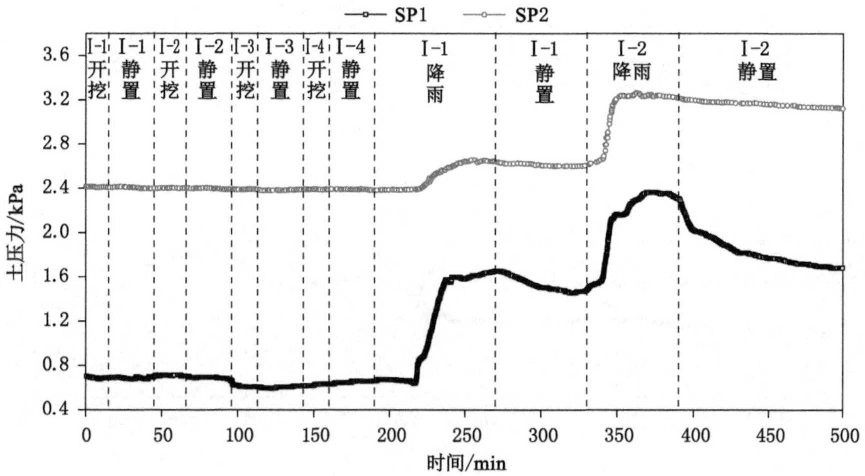

(a)

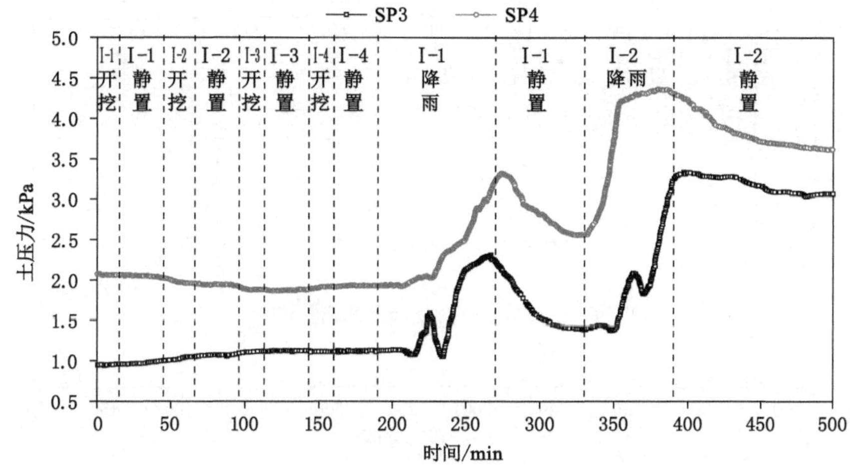

(b)

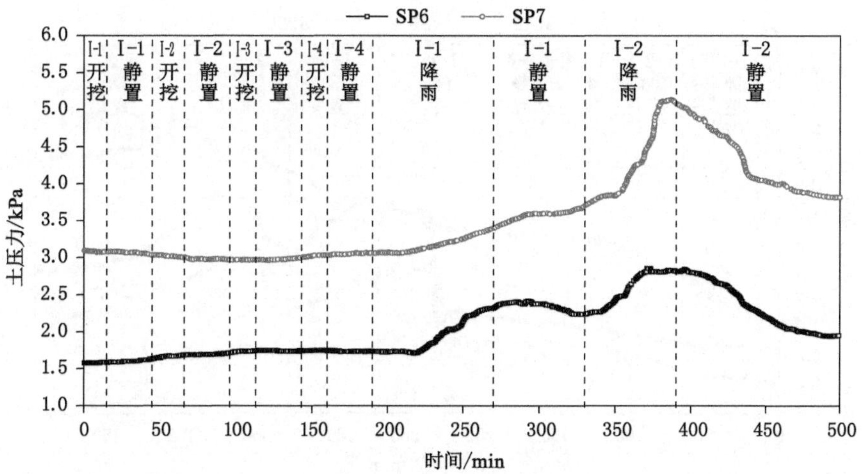

(c)

图 3-76　第Ⅰ阶段降雨和开挖过程土压力变化曲线

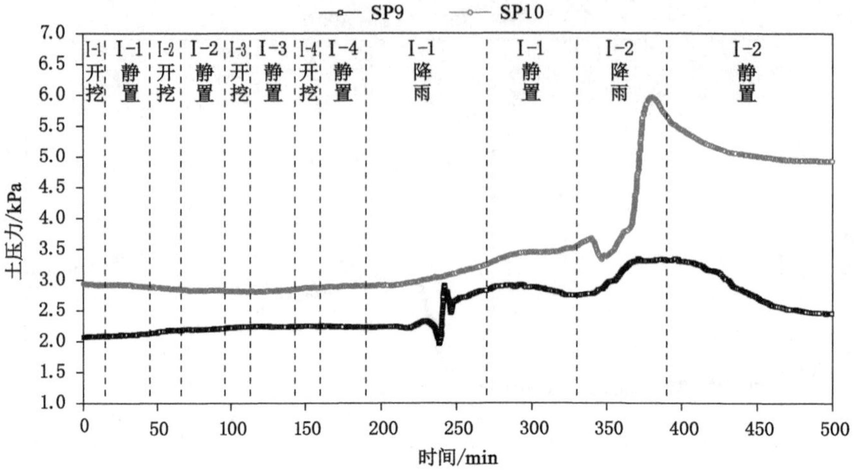
SP9
SP10
I-1 开挖
I-1 静置
I-2 开挖
I-2 静置
I-3 开挖
I-3 静置
I-4 开挖
I-4 静置
I-1 降雨
I-1 静置
I-2 降雨
I-2 静置
土压力/kPa
时间/min

(d)

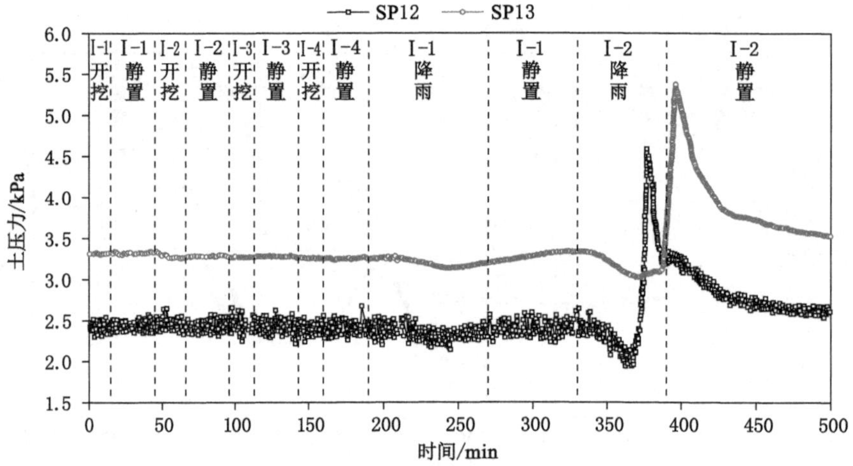
SP12
SP13
I-1 开挖
I-1 静置
I-2 开挖
I-2 静置
I-3 开挖
I-3 静置
I-4 开挖
I-4 静置
I-1 降雨
I-1 静置
I-2 降雨
I-2 静置
土压力/kPa
时间/min

(e)

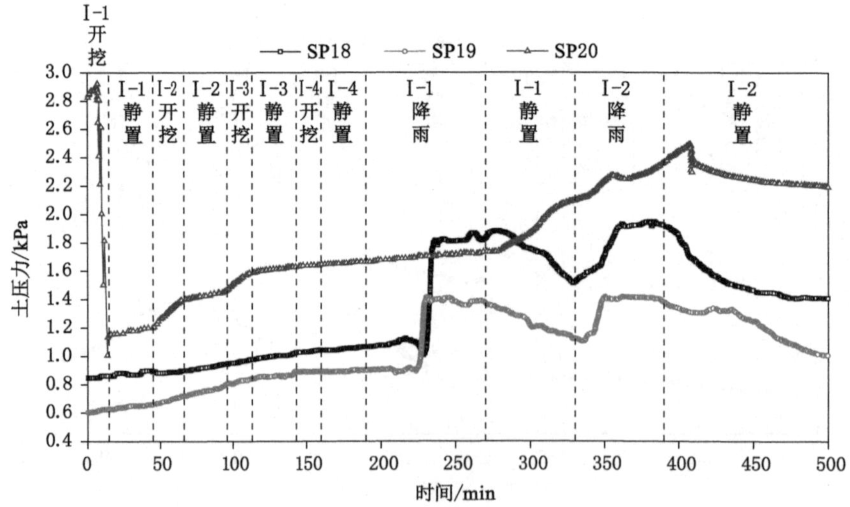
I-1 开挖
SP18
SP19
SP20
I-1 静置
I-2 开挖
I-2 静置
I-3 开挖
I-3 静置
I-4 开挖
I-4 静置
I-1 降雨
I-1 静置
I-2 降雨
I-2 静置
土压力/kPa
时间/min

(f)

图 3-76(续)

一次波动，且在Ⅰ-2 降雨结束后土压力曲线仍持续增加一段时间后才降低。分析原因如下：① 造成第一次波动的原因为初始降雨造成边坡土体重度产生变化，并随着降雨产生变形，坡肩处产生了多条张拉裂隙，在变形扩展至传感器附近时，土体与传感器的接触面产生晃动，造成监测数据出现异常；② 造成第二次波动的原因为张拉裂隙的扩展，使传感器上的土体产生变形，造成监测数据异常，在边坡和传感器重新达到平衡后，监测数据恢复正常；③ SP3 传感器曲线在Ⅰ-2 降雨结束后仍保持一段时间的增长，原因是裂隙扩展导致传感器附近边坡内的水分快速流失，而降雨结束后，上部边坡体内水分向下渗流，对该处边坡土体的水分进行了一定的补充。

SP2 传感器与 SP1 传感器位于不同岩性的地层中，SP4 传感器位于 2 个不同地层的分界处。可以看出，在Ⅰ-1 降雨和静置过程中，SP2 传感器对降雨的响应能力明显弱于 SP4 传感器，只产生了小幅度的增加后一直保持稳定，受到上部边坡土体压力的影响较小，而 SP4 传感器监测到的土压力则会随着上部土体的变化而产生明显的变化。在Ⅰ-2 降雨过程中，SP2 和 SP4 传感器均对降雨产生了明显的响应，以近垂直向增加至最大值，后 SP1 传感器保持相对稳定，SP4 传感器开始缓慢下降。通过对比可以发现，SP2 传感器所处埋深大于 SP4 传感器，但在整个降雨过程中的土压力增量明显小于 SP4 传感器，说明 SP2 传感器所在的地层结构性较好，可以承担部分边坡因降雨而增加的土压力，而且在Ⅰ-2 降雨时，雨水已经入渗至 SP2 传感器所在地层。同时对比 SP3 和 SP4 传感器曲线，可以发现土压力的波动并未影响 SP4 传感器，所以在坡肩处产生的张拉裂隙群垂直向下的扩展并未达到 SP4 传感器所在位置。

图 3-76(c)、(d)和(e)分别是边坡中部的传感器监测到的土压力变化曲线。通过对比可以发现，随着传感器的埋深越大，对降雨的响应时间越晚，SP6 和 SP7 传感器的响应时间最早，而 SP12 和 SP13 传感器的响应时间最晚，而且位于上部的传感器响应时间明显早于下部传感器。土压力监测曲线与 SP1 传感器监测曲线相似，最初的土压力变化较小，在雨水入渗至传感器附近后快速响应，而且在静置过程中，土压力的下降过程均不明显。其中，SP9 和 SP10 传感器分别在Ⅰ-1 和Ⅰ-2 降雨过程产生 1 次突变，分析认为产生 2 次突变的原因为传感器与边坡体接触面发生调整造成的。

图 3-76(f)为边坡下部坡表附近的 SP18 和 SP19 传感器以及第一级开挖台阶底部附近的 SP20 传感器的土压力监测曲线。SP18 和 SP19 传感器位于自然边坡的坡表附近，且前者埋深略大于后者，故 SP19 传感器对降雨的响应时间略早于 SP18 传感器，而降雨后的土压力增值略小于 SP18 传感器，由于两者所处边坡的位置相近，所以整个土压力变化曲线几乎一致。SP20 传感器受最初边坡开挖的影响，土压力突降，虽然其埋深与前两者相近，但对降雨的响应晚于其他 2 个传感器，且整个过程中没有明显的土压力降低阶段。在Ⅰ-2 降雨结束后该处土压力仍有所增加，是因为上部边坡体内水分不断向下入渗造成的，之后土压力曲线产生突变，土压力开始缓慢降低。通过观察，造成这种现象是因为该处边坡产生了多条小的张拉裂隙，影响了土压力值，并加速了坡体内水分的流失。

图 3-77 为第Ⅱ阶段降雨过程中边坡体内土压力的变化曲线。

图 3-77(a)和(b)分别表示开挖边坡的坡肩附近 2 个垂直方向上的 4 条土压力监测曲线。通过对比发现，除了 SP2 传感器位于不同岩性的地层中，表现出不同的土压力变化曲线外，其余 3 个传感器对降雨产生了相似响应规律。SP2 传感器对降雨的响应时间较晚，且

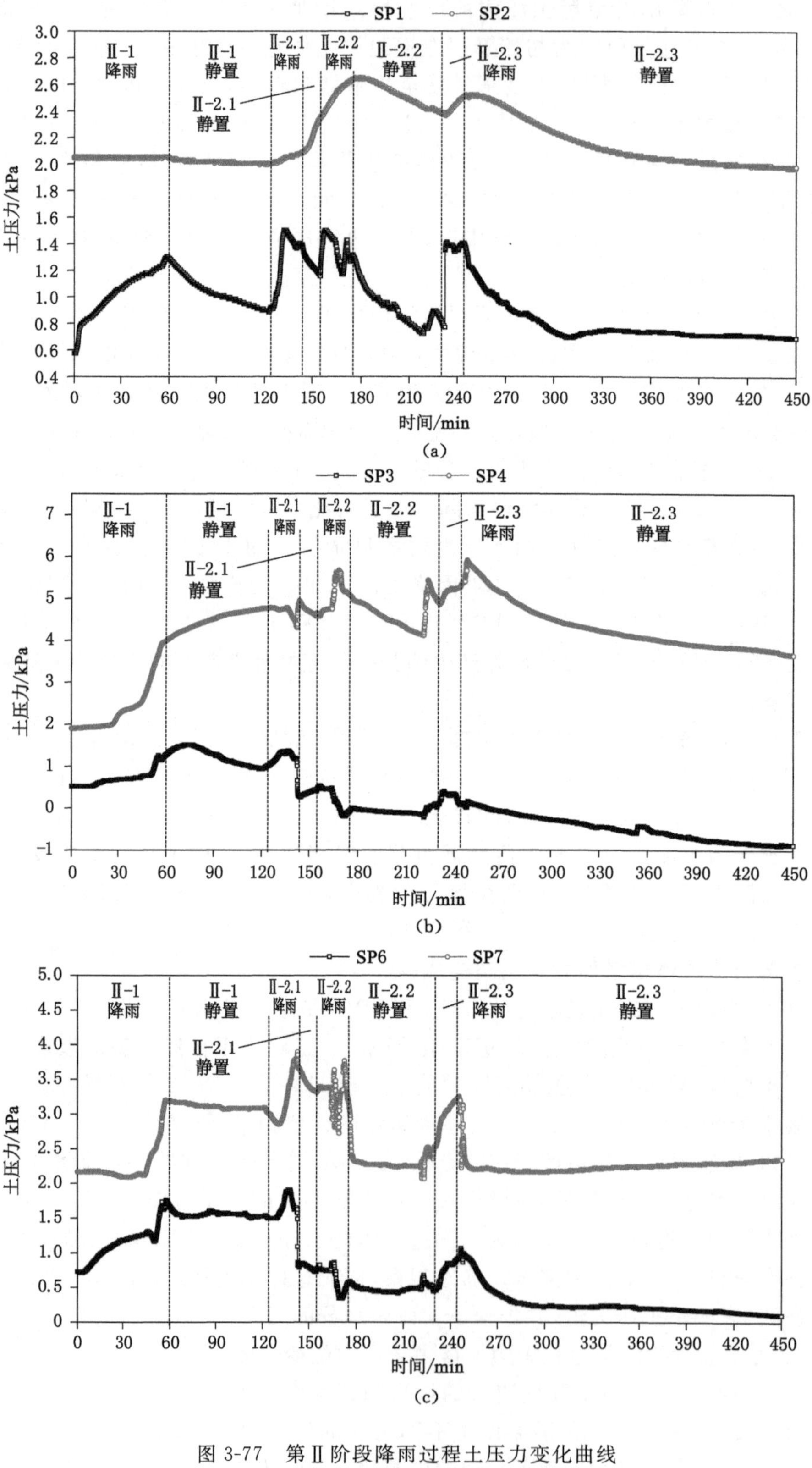

图 3-77　第Ⅱ阶段降雨过程土压力变化曲线

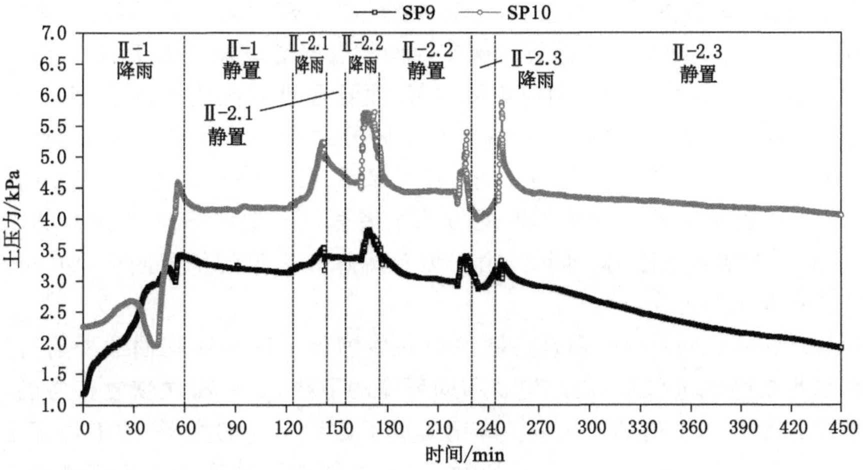
SP9
SP10
Ⅱ-1 降雨
Ⅱ-1 静置
Ⅱ-2.1 降雨
Ⅱ-2.1 静置
Ⅱ-2.2 降雨
Ⅱ-2.2 静置
Ⅱ-2.3 降雨
Ⅱ-2.3 静置
土压力/kPa
时间/min

(d)

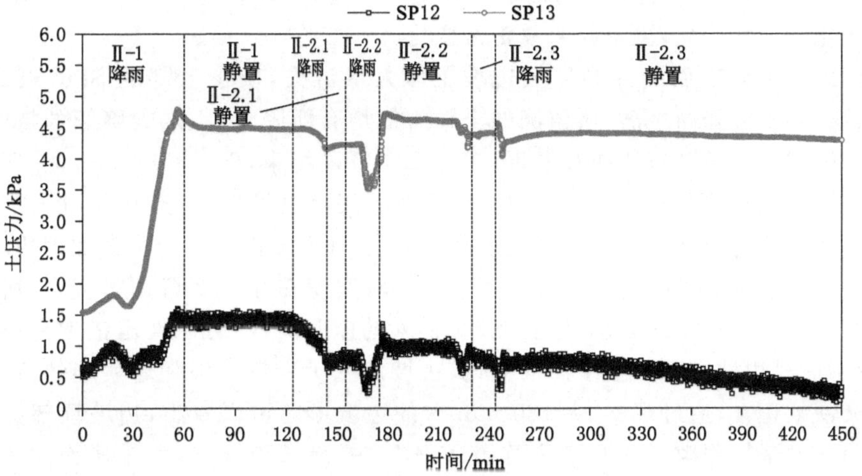
SP12
SP13
Ⅱ-1 降雨
Ⅱ-1 静置
Ⅱ-2.1 降雨
Ⅱ-2.1 静置
Ⅱ-2.2 降雨
Ⅱ-2.2 静置
Ⅱ-2.3 降雨
Ⅱ-2.3 静置
土压力/kPa
时间/min

(e)

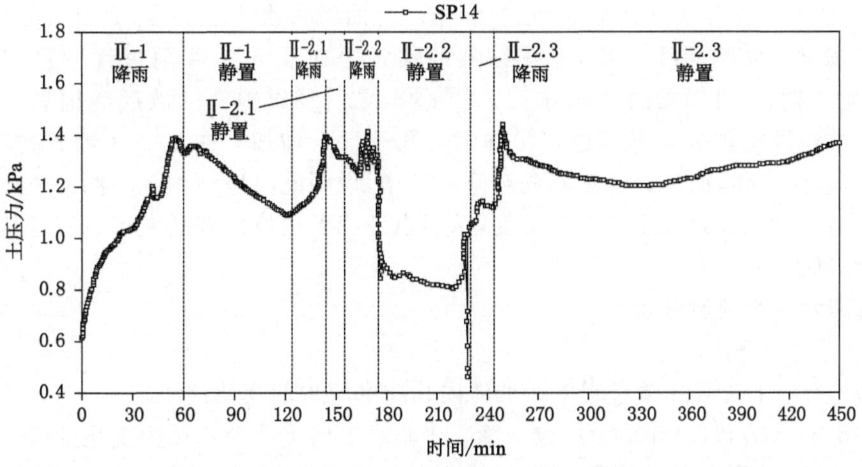
SP14
Ⅱ-1 降雨
Ⅱ-1 静置
Ⅱ-2.1 降雨
Ⅱ-2.1 静置
Ⅱ-2.2 降雨
Ⅱ-2.2 静置
Ⅱ-2.3 降雨
Ⅱ-2.3 静置
土压力/kPa
时间/min

(f)

图 3-77(续)

随着土压力的增加，只有静置时间较长时其才会产生小幅度的降低，而且雨水一旦入渗至SP2传感器的附近，再次降雨后传感器的响应时间就会显著缩短。由于SP1、SP3和SP4传感器均在同一地层中，其对降雨的响应规律相似，而且通过对比曲线发现，由于SP1和SP3传感器在开挖后距离坡表距离较近，所以在Ⅱ-1降雨过程中产生的土压力变化值较小，明显小于SP4传感器。在Ⅱ-2降雨过程中，边坡顶部平台因沉降而产生了明显的缓坡，同时边坡因降雨而产生的坡表冲刷现象不断向坡顶扩展蔓延。造成SP3传感器的土压力开始逐渐降低，甚至低于初始土压力。同时，由于坡顶沉降和裂隙的扩展闭合，SP4传感器土压力曲线产生了多次大的突变。

图3-77(c)、(d)、(e)和(f)分别是边坡中部的传感器土压力变化曲线。通过对比发现，所有的曲线在Ⅱ-1降雨过程中，均产生了不同程度的下降，之后再次恢复正常的增长趋势，这种现象是多方面共同作用的结果：① 降雨造成了边坡土体的变形，边坡内部土体开始应力重分布；② 预应力锚索在边坡产生变形后，锚索力随着边坡变形而重新调整；③ 边坡表面的冲刷对边坡土压力以及锚索的锚墩都产生了一定的影响；④ 三者协同作用，使土压力值从稳定变化到异常变化，再重新恢复正常变化。

由于降雨对边坡表面的冲刷造成边坡土体大量流失，位于上部的SP6、SP9、SP12和SP14传感器，在Ⅱ-2降雨之后，所监测的土压力值均有所降低，且随着降雨的持续，土压力值降低的程度越大。通过对比曲线发现，在Ⅱ-2.1降雨结束，即$t=144$ min时，所有的监测曲线均产生了不同程度的突变，其中SP6传感器的突降值最大，达到0.8 kPa，产生这种现象的原因是此时的边坡产生了小幅度的沉降。除了SP6传感器位于锚索加固边坡的上部，其他传感器均位于锚索加固边坡中部或下方。同时发现在Ⅱ-2.2降雨过程中，所有的土压力曲线均产生了不同程度的波动，结合NPR锚索的监测曲线，可以看出锚索力产生了明显的增加，说明此时边坡内部产生了力的变化，边坡产生了变形。但随着实验的持续，土压力曲线变化又恢复正常，通过观察$t=180$ min时的边坡形态可以看出，边坡顶部又产生了部分沉降和明显的张拉裂隙。在Ⅱ-2.2静置过程中，在$t=220$ min时，土压力曲线又产生多次波动，结合NPR锚索力监测曲线，此时的锚索力也产生了多次突增，说明此时边坡整体又一次发生变形。在Ⅱ-2.3静置过程初期，土压力曲线再次产生突变，之后开始缓慢下降，结合NPR锚索力监测曲线可得，上排锚索的锚索力在Ⅱ-2.3降雨过程中稳定增长。在Ⅱ-2.3静置初期，上排锚索的锚索力又产生突增，之后经过短暂的波动后锚索力开始缓慢下降，而下排锚索在Ⅱ-2.3降雨过程中锚索力几乎没有增加。在Ⅱ-2.3静置初期，部分锚索的锚索力直接突增，而部分锚索则先突降后突增，说明此时边坡内部不同部位产生了不同的变形，从而引起边坡内部土压力的突变，从而也证明了边坡内部的变形过程是从局部到整体的渐进性过程。

3.7.5 孔隙水压力监测分析

(1) 第Ⅰ阶段降雨

图3-78为第Ⅰ阶段降雨过程中边坡体内孔隙水压力的变化曲线。

图3-78(a)、(b)和(c)分别为边坡上缘3个垂直方向上孔隙水压力变化曲线。通过对比分析发现，3个位于顶部的传感器对降雨的响应时间较早，但因其本身埋深不同，产生响应的时间差别很大，PP3、PP6和PP9传感器的响应时间分别为15 min、34 min和55 min。而且通过曲线可知，降雨入渗使孔隙水压力从负值增加到0 kPa，且都会保持一段时间，之后

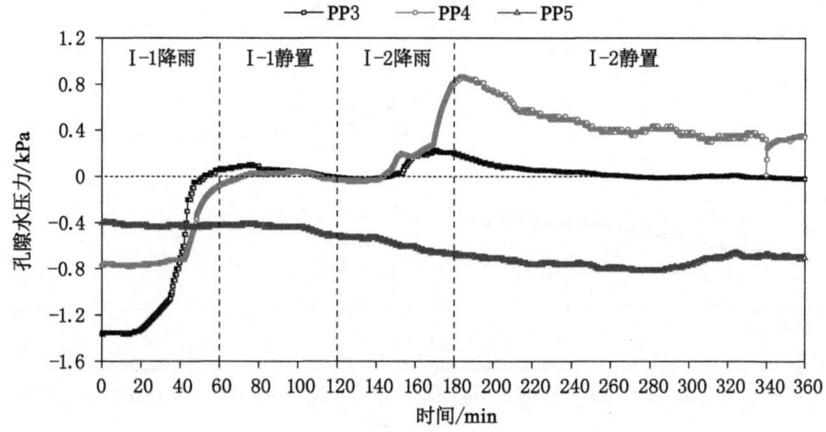

(a)

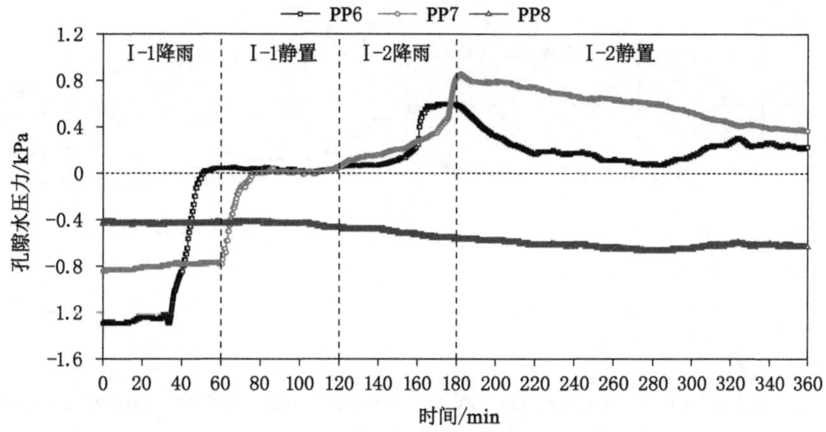

(b)

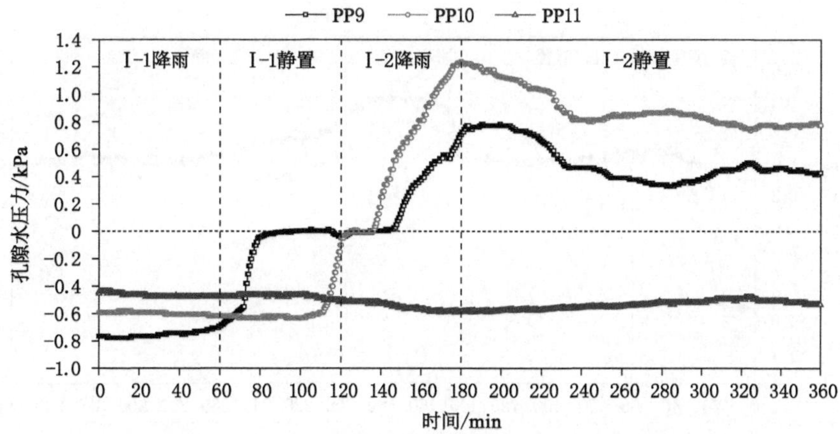

(c)

图 3-78 第Ⅰ阶段降雨过程孔隙水压力变化曲线

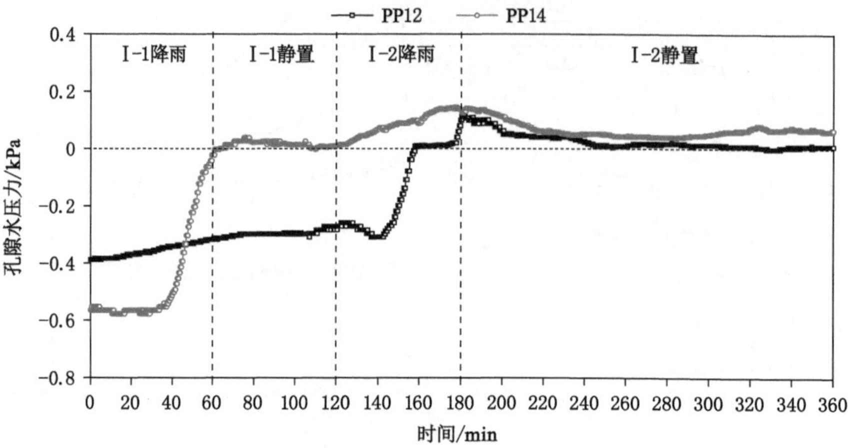
PP12
PP14
Ⅰ-1降雨
Ⅰ-1静置
Ⅰ-2降雨
Ⅰ-2静置
孔隙水压力/kPa
时间/min

(d)

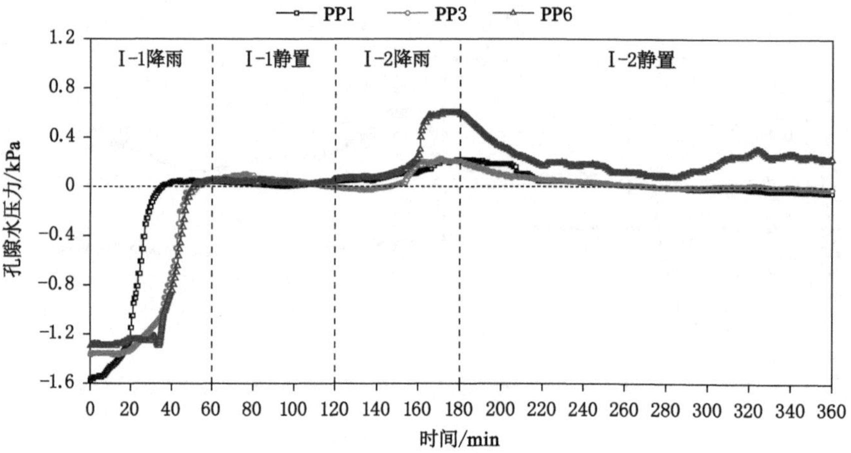
PP1
PP3
PP6
Ⅰ-1降雨
Ⅰ-1静置
Ⅰ-2降雨
Ⅰ-2静置
孔隙水压力/kPa
时间/min

(e)

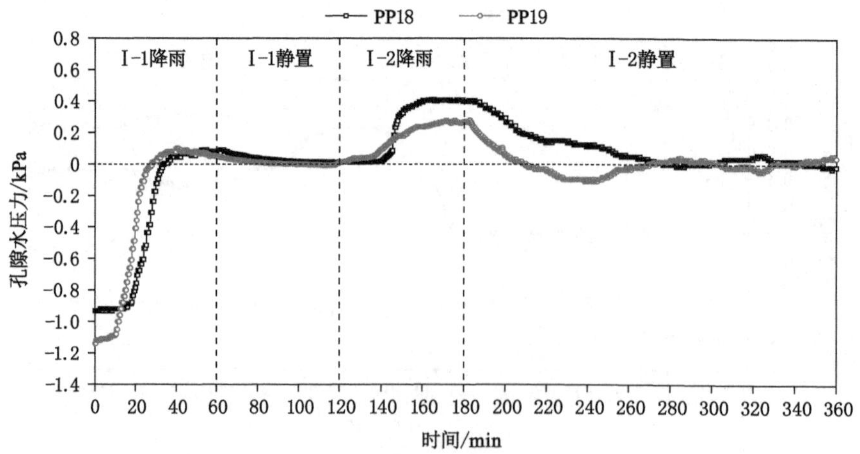
PP18
PP19
Ⅰ-1降雨
Ⅰ-1静置
Ⅰ-2降雨
Ⅰ-2静置
孔隙水压力/kPa
时间/min

(f)

图 3-78(续)

在静置阶段，孔隙水压力保持一段时间稳定后缓慢降低。在Ⅰ-2降雨阶段，随着降雨的入渗以及边坡体内水分的渗透，孔隙水压力开始快速增加至正值，并在降雨结束时达到最大孔隙水压力值，之后随着静置时间的持续而缓慢降低。

图3-78(d)为自然边坡下缘边坡体内2个监测点的孔隙水压力变化曲线。由图可知，由于2个点的埋深较大，对降雨的响应时间均较晚，且均在Ⅰ-2降雨阶段孔隙水压力才开始快速增加。但由于降雨时间有限，所以两处只产生了较小的孔隙水压力后才开始缓慢降低。

图3-78(e)和(f)分别表示距离边坡表面较近的2组孔隙水压力变化曲线。2组曲线的变化趋势非常一致，雨水均在Ⅰ-1降雨阶段渗透至传感器所在位置，并在Ⅰ-2降雨阶段达到孔隙水压力正值。

(2) 第Ⅱ阶段降雨

图3-79为第Ⅱ阶段降雨过程中边坡体内孔隙水压力的变化曲线。

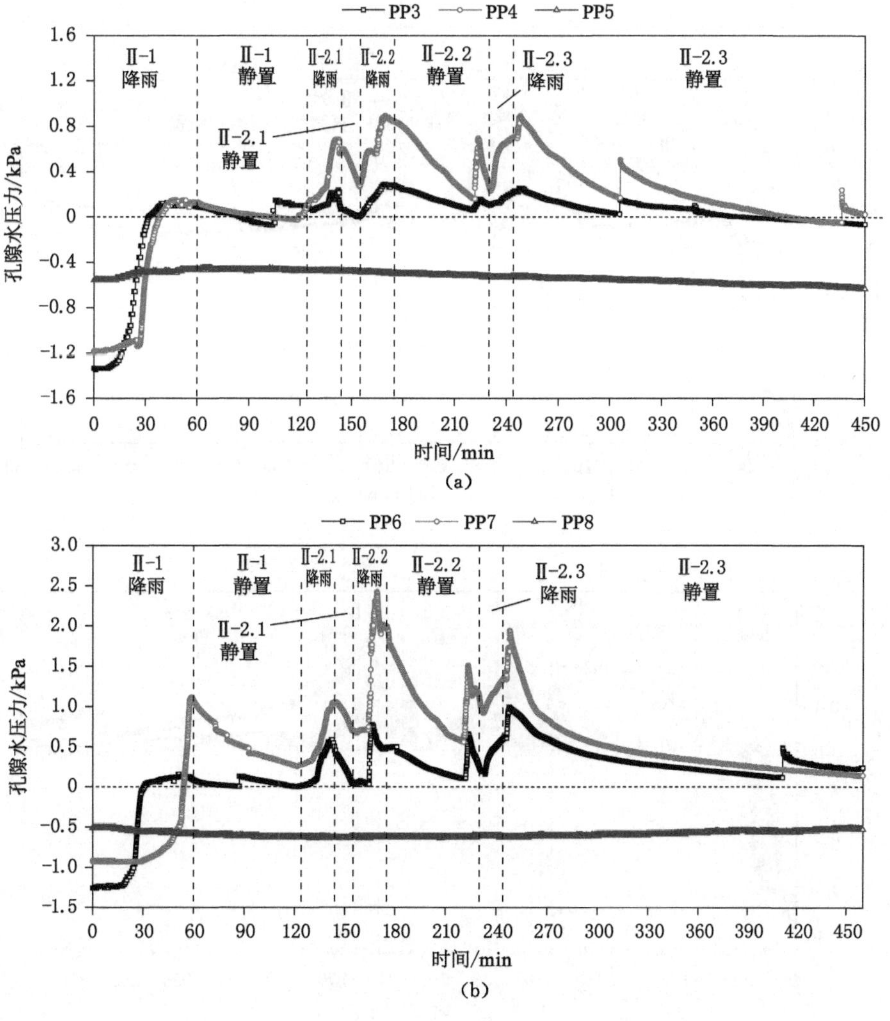

图3-79　第Ⅱ阶段降雨过程孔隙水压力变化曲线

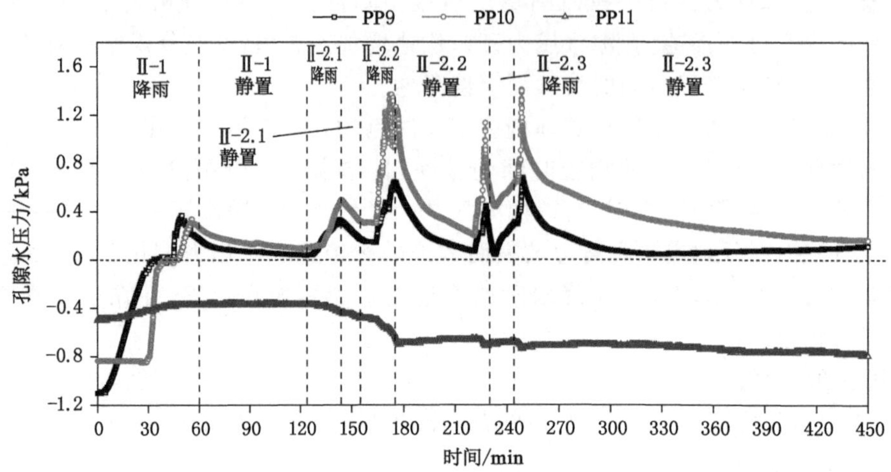
PP9
PP10
PP11
Ⅱ-1 降雨
Ⅱ-1 静置
Ⅱ-2.1 降雨
Ⅱ-2.1 静置
Ⅱ-2.2 降雨
Ⅱ-2.2 静置
Ⅱ-2.3 降雨
Ⅱ-2.3 静置
孔隙水压力/kPa
时间/min
1.6
1.2
0.8
0.4
0
-0.4
-0.8
-1.2
0 30 60 90 120 150 180 210 240 270 300 330 360 390 420 450

(c)

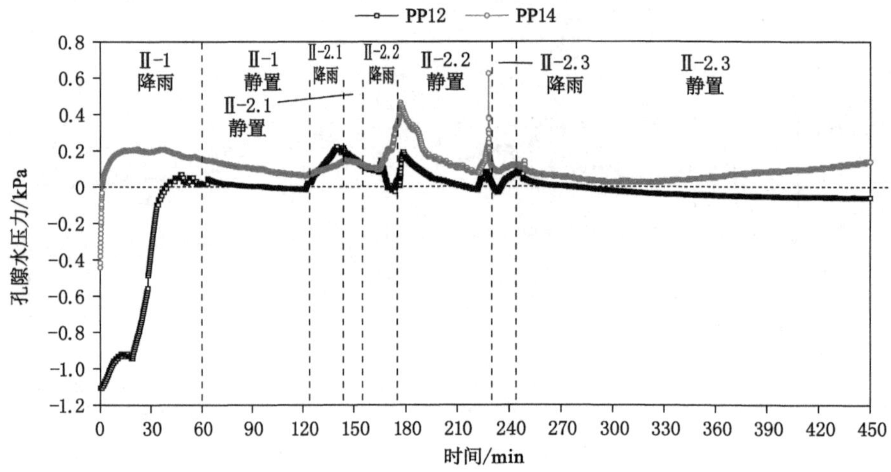
PP12
PP14
Ⅱ-1 降雨
Ⅱ-1 静置
Ⅱ-2.1 降雨
Ⅱ-2.1 静置
Ⅱ-2.2 降雨
Ⅱ-2.2 静置
Ⅱ-2.3 降雨
Ⅱ-2.3 静置
孔隙水压力/kPa
时间/min
0.8
0.6
0.4
0.2
0
-0.2
-0.4
-0.6
-0.8
-1.0
-1.2
0 30 60 90 120 150 180 210 240 270 300 330 360 390 420 450

(d)

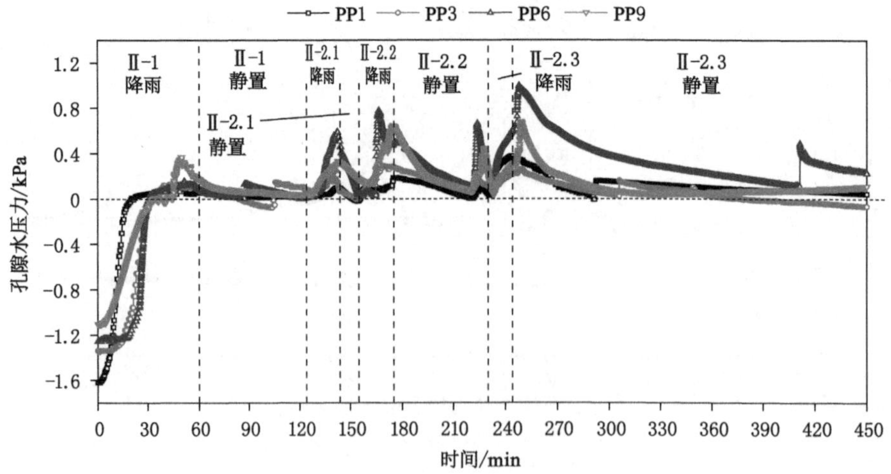
PP1
PP3
PP6
PP9
Ⅱ-1 降雨
Ⅱ-1 静置
Ⅱ-2.1 降雨
Ⅱ-2.1 静置
Ⅱ-2.2 降雨
Ⅱ-2.2 静置
Ⅱ-2.3 降雨
Ⅱ-2.3 静置
孔隙水压力/kPa
时间/min
1.2
0.8
0.4
0
-0.4
-0.8
-1.2
-1.6
0 30 60 90 120 150 180 210 240 270 300 330 360 390 420 450

(e)

图 3-79(续)

图 3-79(a)、(b)和(c)分别为边坡上缘 3 个垂直方向上孔隙水压力变化曲线。由图可得,所有孔隙水压力的监测曲线整体变化规律大致相似,只有局部时间点有所差异。在Ⅱ-1降雨阶段,PP9 和 PP10 传感器孔隙水压力曲线产生突增,原因应该是降雨使坡体产生变形,而锚索的存在使边坡最初的变形产生了局部的差异,尤其是 PP9 和 PP10 传感器位于 2 排锚索的中间,所以最初边坡的变形造成了这两点的孔隙水压力突增。在Ⅱ-1 静置阶段,PP6 和 PP3 传感器孔隙水压力依次产生了明显突增,而 PP9 和 PP10 传感器在两者之间几乎同时产生小的波动,造成这种现象的原因应该是边坡内部裂隙的扩展。裂隙首先对 PP6 传感器产生影响,其次导致坡肩处产生的多条张拉裂隙不断扩展,对 PP3 传感器产生了影响。在Ⅱ-2.2 降雨阶段,PP4、PP7 和 PP10 传感器孔隙水压力产生了突变和波动,这 3 个传感器均位于不同地层的交界面附近,结合锚索力突增的现象可知,边坡此时产生了变形,而且变形的位置正好位于 2 个地层的交界面附近,所以造成孔隙水压力产生了突变和波动。在Ⅱ-2.2 静置阶段的 $t=215$ min 时,以及在Ⅱ-2.3 静置阶段的 $t=245$ min 时,PP3、PP4、PP6、PP7、PP9 和 PP10 传感器孔隙水压力均产生突增;再次结合锚索力曲线可知,此时锚索力产生了突增,所以边坡的再次整体小变形造成了孔隙水压力的突增。另外,在Ⅱ-2.3 静置阶段,部分孔隙水压力仍有突变的情况,但此时的突变只是边坡内部局部变形导致的,并未对边坡整体产生较大影响。

图 3-79(d)和(e)分别表示距离边坡表面较近的两组孔隙水压力变化曲线。通过对比发现,PP12 和 PP14 传感器位于边坡下部,孔隙水压力曲线只在Ⅱ-2.2 降雨结束时和 Ⅱ-2.2 静置结束时产生 2 次突变,且产生的时间均晚于边坡上部的传感器,由此判断,边坡的这 2 次整体小变形是从边坡上缘开始的,变形逐渐向下扩展至边坡下缘。另外,位于边坡上部的 PP1、PP3、PP6 和 PP9 传感器的突变时间也是对边坡的这一变形演化规律的印证。

由此可得,孔隙水压力监测曲线不仅反映了边坡体内部水压力的变化特征,而且能够间接地反映边坡的变形特点。根据孔隙水压力曲线的变化规律可以得到边坡土体有效应力的变化过程。

3.7.6　基质吸力监测分析

图 3-80 为第Ⅰ阶段降雨过程中边坡体内基质吸力的变化曲线。

图 3-80(a)为坡肩处垂直方向上 3 个基质吸力监测点的变化曲线。由图可得,S1 和 S2 传感器的基质吸力初始值分别为 16.7 kPa 和 17.6 kPa;S1 传感器在降雨 11 min 后开始响应,随着降雨的持续,基质吸力产生突降,降至传感器测量的最低值 10 kPa 左右;S2 传感器在降雨 10 min 时开始响应并产生突降,基质吸力降至 11 kPa,之后随着雨水入渗,开始以近似恒定速率降至最低值。

图 3-80(b)为边坡中部 4 个基质吸力监测点的变化曲线。通过曲线可得,S4 和 S5 传感器的基质吸力初始值分别为 15.9 kPa 和 12.4 kPa,在Ⅰ-1 降雨持续 53 min 后,2 个传感器同时产生了小幅度的下降,之后保持相对的稳定,在Ⅰ-2 降雨持续 13 min 后,2 个监测点的基质吸力同时开始降低,且降低的速率恒定,在Ⅰ-2 降雨约 56 min 时,S4 传感器监测曲线产生了一次突降,后开始缓慢下降,直至基质吸力最低值。

图 3-80(c)为边坡下部 3 个基质吸力监测点的变化曲线。通过曲线可得,S10 传感器在降雨约 20 min 后率先对雨水产生响应,且基质吸力值以相对恒定的速率降低,在静置阶段产生了一次突降并降到最低值;S8 和 S9 传感器对雨水的响应时间均为降雨后约 50 min,之

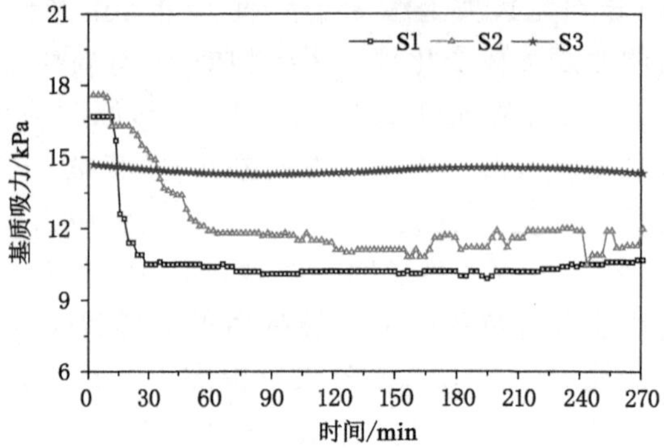

(a)

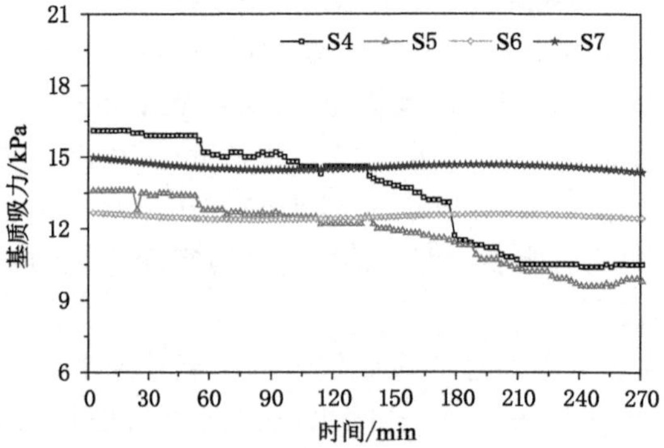

(b)

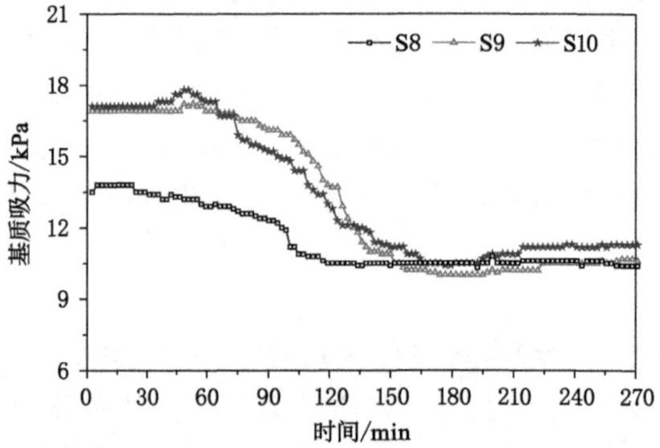

(c)

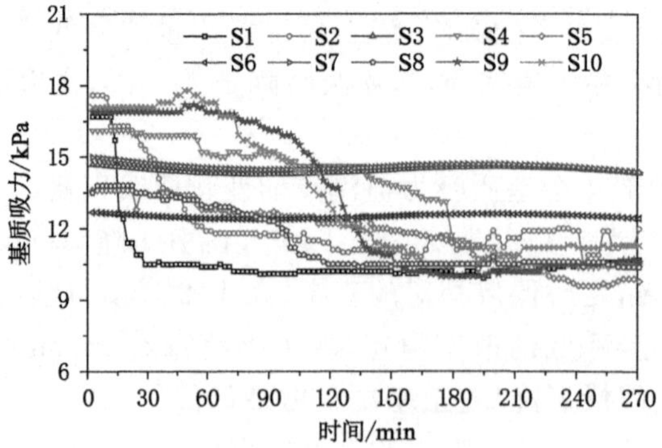

(d)

图 3-80　基质吸力变化曲线

后 2 条曲线均以恒定的速率降到了基质吸力最低值。

3.7.7　含水率监测分析

图 3-81 表示第Ⅰ阶段降雨过程中不同研究区域的体积含水率变化曲线。

图 3-81(a)表示坡肩处垂直方向的 3 个监测点含水率变化曲线。由于位于中风化层及以下岩层中的含水率传感器受降雨影响较小，含水率几乎不产生变化，这里不再对其进行描述。通过曲线可以看出，HS1 和 HS2 传感器的初始含水率分别为 11.58%和 10.58%。在降雨 9 min 后，HS1 传感器产生响应，在经历了先缓慢后快速再变缓 3 个阶段的增加后达到最大值 26.81%，并开始保持相对的稳定；在降雨 34 min 后，HS2 传感器产生响应，同样经历 3 个阶段的增长模式，在Ⅰ-1 降雨结束时达到了 21.12%，在Ⅰ-1 静置阶段，即 $t=73$ min 时达到最大值 22.33%。在Ⅰ-1 静置阶段，由于雨水不断向下入渗，HS1 传感器含水率开始缓慢下降，在Ⅰ-1 静置阶段结束时，含水率降低至 23.93%，而由于雨水的不断渗入 HS2 传感器含水率保持相对的稳定。在Ⅰ-2 降雨开始后，HS1 和 HS2 传感器对降雨的响应时间分别为 6 min 和 14 min，HS2 传感器含水率的增长速率明显大于 HS1 传感器，在持续增长 18 min 后，HS2 传感器含水率达到了最大值 31.59%，之后一直保持相对的稳定状态，而 HS1 传感器含水率经历 2 个阶段恒速增加后在降雨结束时达到了最大值 32.49%，之后随着降雨的结束开始缓慢降低。

图 3-81(b)表示边坡中上部垂直方向的 4 个监测点的含水率变化曲线。其中，HS5 和 HS6 传感器位于滑体中，且处于同一高度；HS7 和 HS8 传感器位于稳定的基岩中，且处于同一高度。通过观察可得，HS5 和 HS6 传感器含水率在Ⅰ-1 降雨期间均未产生变化。在Ⅰ-1 静置期间，HS6 传感器首先对雨水产生响应，并保持稳定的增长。在Ⅰ-2 降雨持续 30 min后，HS5 传感器开始对降雨产生响应，在经历了 3 个阶段增长后，在Ⅰ-2 静置阶段达到了最大值 27.76%，HS6 传感器含水率的增长速率在 HS5 传感器含水率快速增长阶段也产生了变化，速率明显变大，并率先达到最大值 27.3%，之后 2 个监测点的含水率都保持了较长时间的稳定状态。

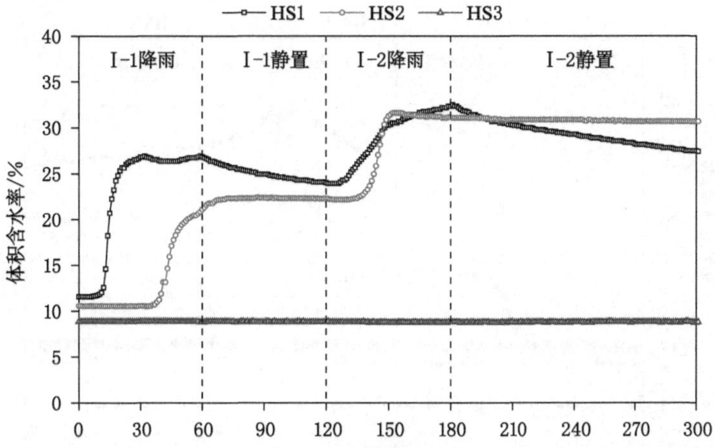

(a)

图 3-81　第Ⅰ阶段降雨体积含水率变化曲线

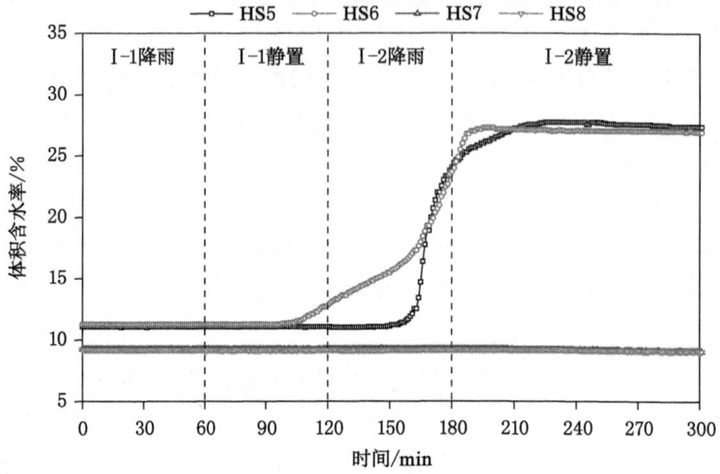
HS5
HS6
HS7
HS8
I-1降雨
I-1静置
I-2降雨
I-2静置
体积含水率/%
时间/min
35
30
25
20
15
10
5
0
30
60
90
120
150
180
210
240
270
300

(b)

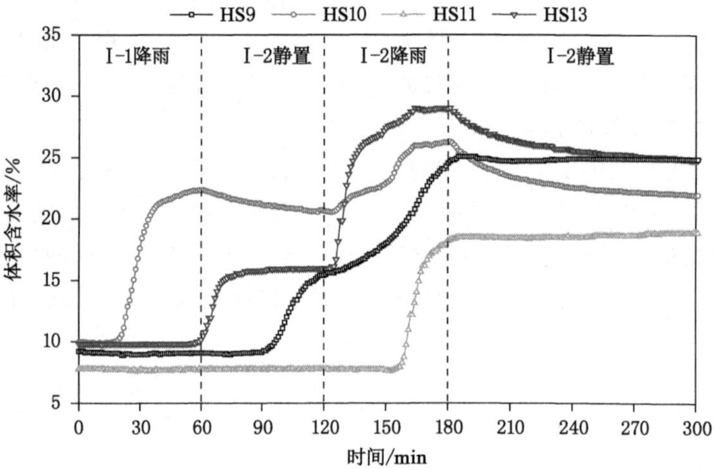
HS9
HS10
HS11
HS13
I-1降雨
I-2静置
I-2降雨
I-2静置
体积含水率/%
时间/min
35
30
25
20
15
10
5
0
30
60
90
120
150
180
210
240
270
300

(c)

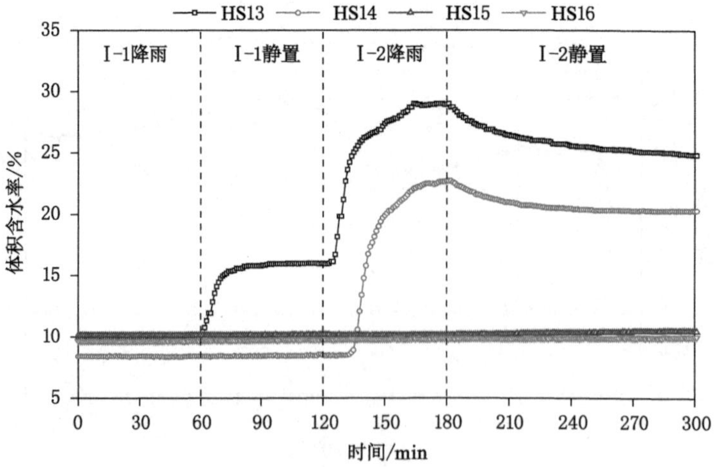
HS13
HS14
HS15
HS16
I-1降雨
I-1静置
I-2降雨
I-2静置
体积含水率/%
时间/min
35
30
25
20
15
10
5
0
30
60
90
120
150
180
210
240
270
300

(d)

图 3-81(续)

图 3-81(c)表示边坡中下部垂直方向的 4 个监测点的含水率变化曲线。由图可知，HS10 和 HS13 传感器在Ⅰ-1 降雨过程中的 $t=17$ min 和 $t=56$ min 时分别对降雨产生响应，HS9 传感器在Ⅰ-1 静置阶段的 $t=89$ min 时对雨水产生响应，HS11 传感器在Ⅰ-2 降雨过程中的 $t=150$ min 时对降雨产生响应。通过对比可以得出，随着传感器所处的位置不同，含水率曲线有明显的差异，HS10 传感器曲线在Ⅰ-1 降雨结束达到最大值后开始缓慢降低，在Ⅰ-2 降雨开始后再次增加至最大值 25.96%，并保持相对稳定，在降雨结束后开始降低；HS13 传感器含水率曲线在初次增加至最大值后保持稳定，并在Ⅰ-2 降雨开始后再次增加至最大值 28.93%，之后随着降雨结束后开始降低；HS9 传感器含水率曲线则一直处于增长状态，并先后经历 2 次快速增加，在Ⅰ-2 降雨结束后达到最大值 25.25%，并保持一段时间的稳定；HS11 传感器含水率曲线在Ⅰ-2 降雨结束时只经历 1 次增长过程，含水率达到最大值 18.43%，并保持一段时间的相对稳定状态。

通过对比图 3-81(c)和图 3-81(d)可知，HS14 传感器的含水率曲线与 HS11 传感器的含水率曲线相似，均只在Ⅰ-2 降雨过程中产生一次增长，并在降雨结束时达到 22.7%，之后随着降雨的结束开始缓慢下降。

图 3-82 表示在第Ⅱ阶段降雨过程中不同研究区域的体积含水率变化曲线。

图 3-82(a)表示边坡在第Ⅱ阶段降雨后边坡上缘垂直方向的 3 个监测点的含水率变化曲线。通过对比发现，HS1 和 HS2 传感器分别在降雨开始后的 6 min 和 28 min 开始产生响应。由于 HS1 传感器距离边坡较近，所以在降雨初期受雨水的影响较大，在Ⅱ-1 降雨结束时，HS1 传感器含水率达到最大值 33.48%。降雨结束后，含水率开始缓慢下降，在降雨结束后 7 min，曲线产生了小幅度的突降，之后含水率开始快速下降，产生这种现象的原因为坡肩处产生了张拉裂隙，加速了坡体内水分的流失，导致含水率快速下降。在Ⅱ-2.1 降雨过程中，HS1 传感器含水率再次增加至 33.07%，之后含水率在实验过程中保持着相对的稳定，只产生小幅度的波动。而 HS2 传感器含水率在Ⅱ-1 降雨过程中增加至最大值 30.34%后，则一直保持相对的稳定，只有在降雨时会产生小幅度的浮动。由图可得，在 $t=311$ min 时，HS1 传感器含水率产生了一次较大幅度的突降；在 $t=369$ min 和 $t=389$ min 时，HS2 传感器分别产生了一次小的突降。产生这种突降的原因是坡体张拉裂隙的产生和扩展，加速了坡体内水分的流失。

图 3-82(b)表示边坡中上部 4 个监测点的含水率变化曲线。由图可得，HS5 和 HS6 传感器几乎同时对降雨产生响应，而且均在Ⅱ-1 降雨结束前达到了含水率的最大值 31.59% 和 33.3%。短暂保持稳定之后，在降雨结束后均产生了小幅度的下降，含水率分别达到 31.02% 和 32.49%，之后 2 条曲线均保持了相对的稳定，只是在降雨过程中会产生小幅度的波动。

图 3-82(c)表示边坡表层 6 个监测点的含水率变化曲线。通过曲线可以发现，HS4、HS9 和 HS11 传感器的含水率变化曲线与其他曲线的变化规律相似，均在Ⅱ-1 降雨过程中达到最大值，之后产生小幅度的降低，后保持相对稳定的状态。

通过对第Ⅱ阶段降雨过程中不同研究区域的含水率变化曲线进行分析发现，降雨造成坡体内含水率突增，但是由于 NPR 锚索能适应边坡产生变形，并吸收边坡因变形而产生的能量，所以边坡并未产生大幅度的变形，而是造成边坡表面因土体饱和而产生冲沟和泥流。

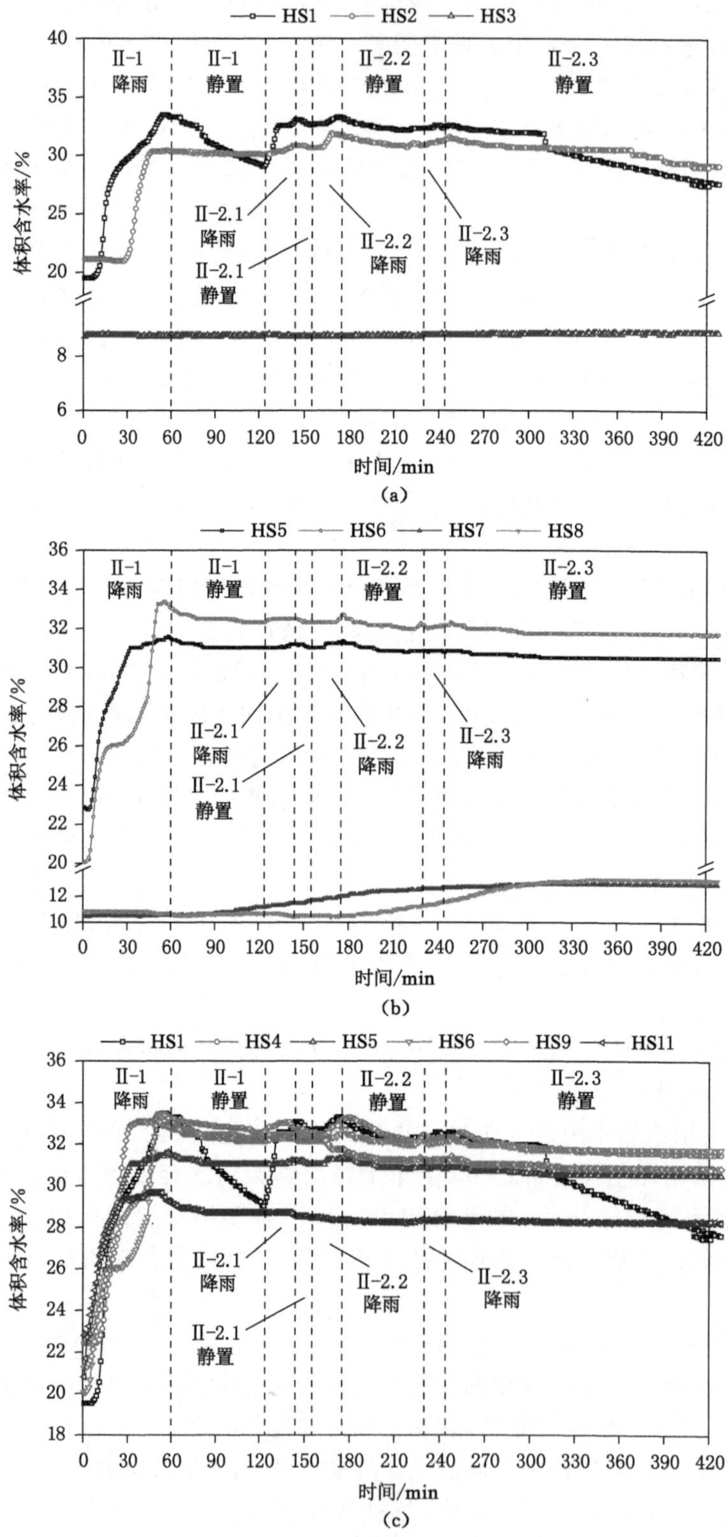

图 3-82　第Ⅱ阶段降雨体积含水率变化曲线

3.8　模型实验边坡破坏模式

根据不同模型实验过程中的边坡变形破坏特征，将边坡的破坏模式进行统计。无支护条件下的边坡变形破坏模式统计结果如表 3-20 所示。PR+NPR 锚索支护条件下的边坡变形破坏模式统计结果如表 3-21 所示。NPR 锚索支护条件下的边坡变形模式统计结果如表 3-22 所示。

表 3-20　无支护条件下边坡的变形破坏模式

阶段	破坏模式	成因分析	破坏特征	典型图片	示意图
第Ⅰ阶段降雨过程	坡面张拉裂隙	雨滴冲击和雨水入渗引起边坡表面不均匀沉降	在降雨初期产生，后期会闭合	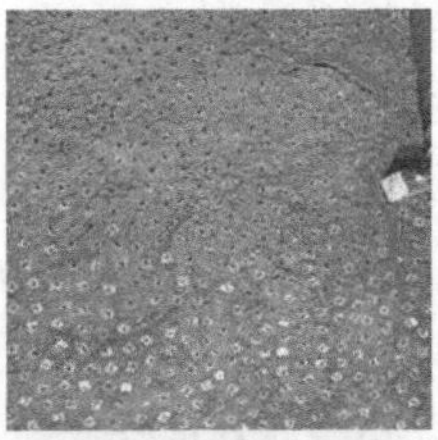	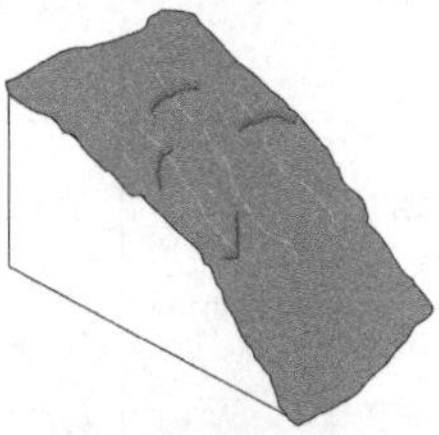
	坡顶平台张拉裂隙	在静置过程中雨水入渗引起坡顶平台产生干缩裂隙，边坡变形加速裂隙扩展	主要在降雨后的静置过程中产生，降雨过程中会因泥土填充而闭合		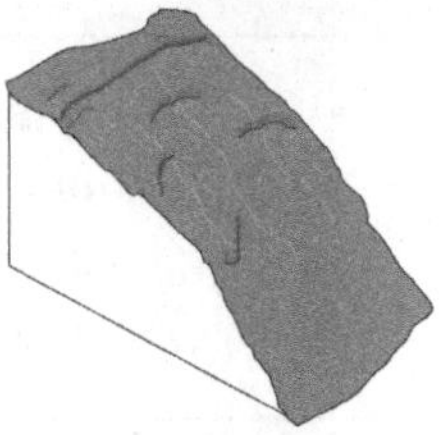
	开挖边坡局部滑塌	开挖卸荷造成边坡回弹变形，雨水入渗形成局部饱和状态	因坡度较大，局部滑塌区域会随着降雨快速扩展至整个开挖边坡	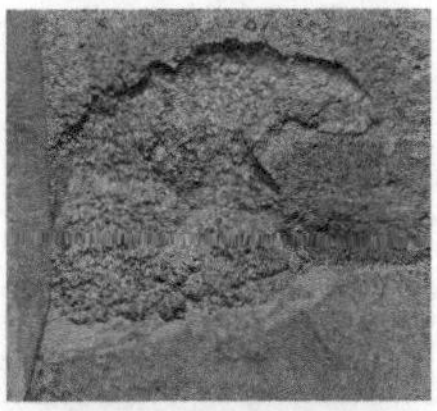	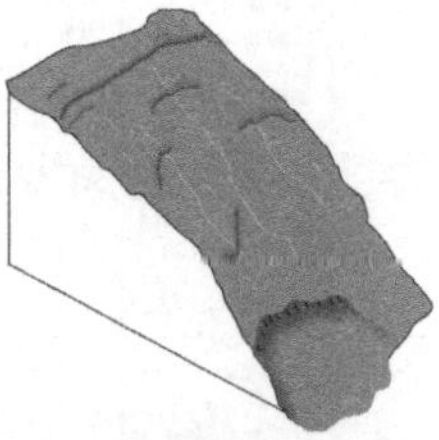
第Ⅱ阶段降雨过程	开挖边坡局部滑塌	开挖卸荷造成边坡回弹变形，雨水入渗形成局部饱和状态	因坡度较缓，滑塌区范围较小		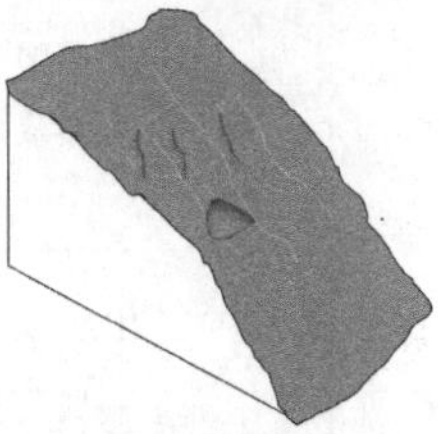
	解体破坏	开挖提供滑动空间，降雨增加滑体的重度，增加孔隙水压力，降低抗剪强度，滑体整体下滑力大于抗滑力	突发性，无征兆，远程，高速，滑坡体成泥状		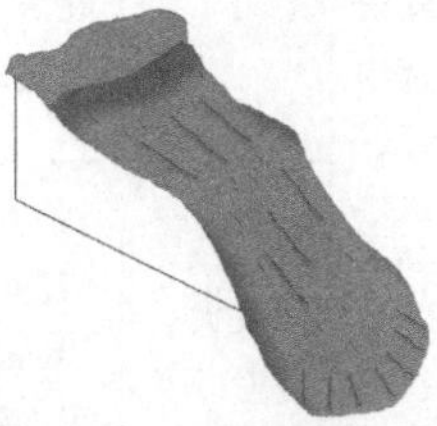

表 3-21　PR+NPR 锚索支护条件下的边坡变形破坏模式

阶段	破坏模式	成因分析	破坏特征	典型图片	示意图
第Ⅰ阶段降雨过程	坡表冲蚀	降雨冲刷和入渗导致坡体形成局部饱和状态	边坡坡度较小，主要发生在边坡浅表层		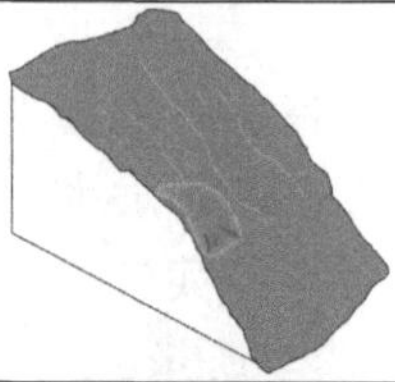
	开挖边坡局部滑塌	开挖卸荷造成边坡回弹变形，雨水入渗形成局部饱和状态	因坡度较大，局部滑塌区域会随着降雨快速扩展至整个开挖边坡		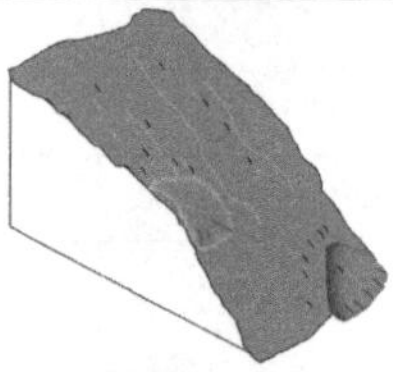
	滑塌扩展	滑塌破坏面为扩展提供了空间，降雨入渗降低破坏区的抗剪强度	主要位于开挖边坡区域，扩展速度快	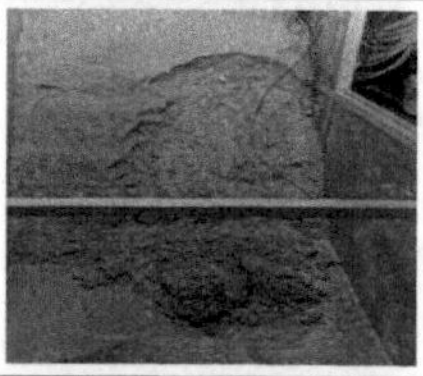	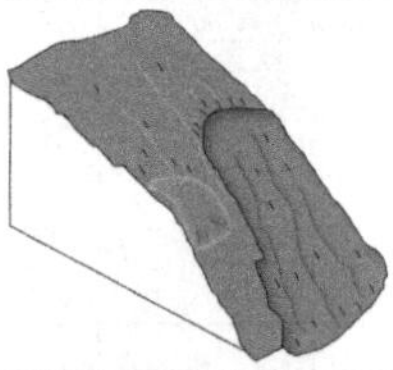
	冲蚀沟	降雨导致边坡局部饱和，呈流动态，降雨加速流动形成冲沟	冲蚀沟的长度、深度和宽度与降雨时间成正比		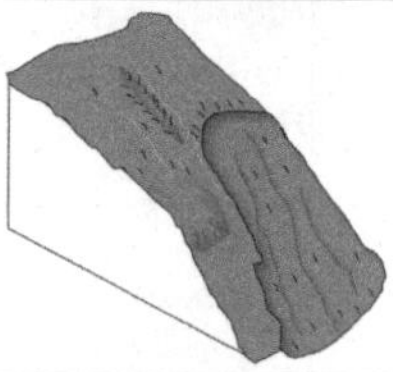
	坡顶平台张拉裂隙	静置过程中坡顶平台因雨水入渗产生干缩裂隙，边坡变形加速裂隙扩展	在降雨后的静置过程中产生，后期降雨汇入边坡内部的主要通道		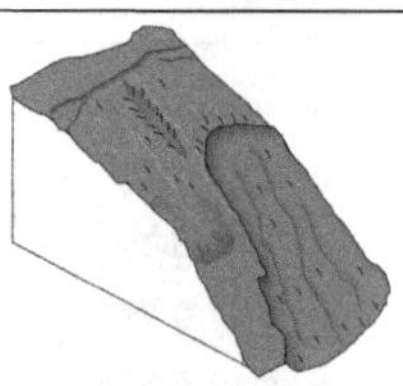
第Ⅱ阶段降雨过程	开挖边坡局部滑塌	开挖卸荷造成边坡回弹变形，雨水入渗形成局部饱和状态	因坡度较缓，滑塌区范围较小		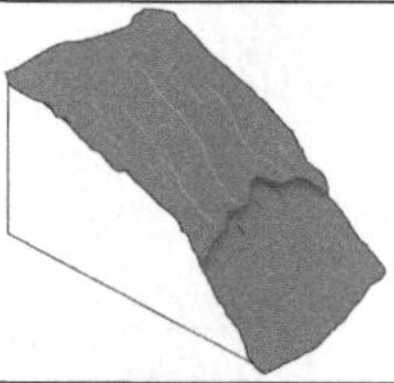
	冲蚀沟	坡表局部滑塌的扩展受到锚索的抑制，在坡表径流作用下形成	集中于加固薄弱区，冲沟深度较大		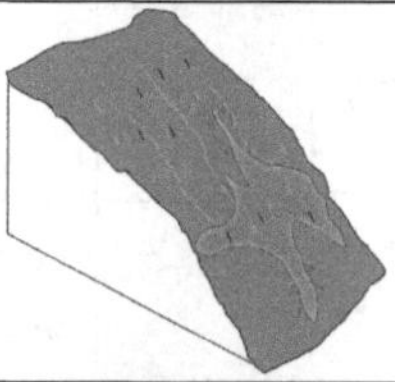
	滑坡大变形	边坡下滑力增大，PR 锚索失效，边坡大变形	边坡大变形后再次达到稳定状态，NPR 锚索起主要支护作用		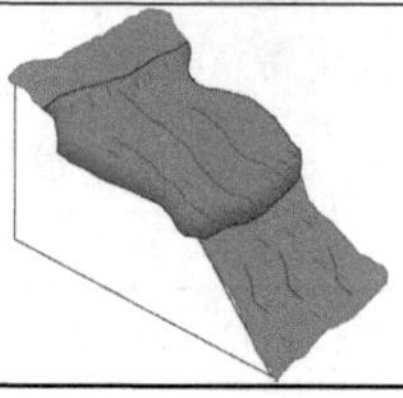

表 3-22　NPR 锚索支护条件下的边坡变形模式

阶段	破坏模式	成因分析	破坏特征	典型图片	示意图
第Ⅰ阶段降雨过程	坡顶平台张拉裂隙	静置过程中坡顶平台因雨水入渗产生干缩裂隙，边坡变形加速裂隙扩展	在降雨后的静置过程中产生，后期降雨汇入边坡内部的主要通道		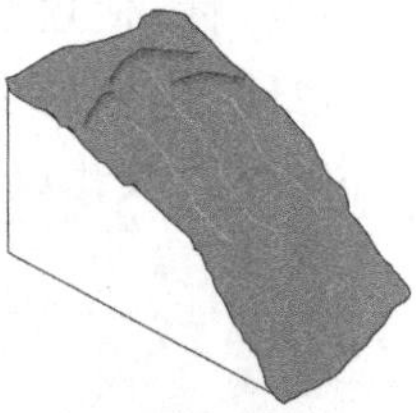
	剪张裂隙	随着降雨的入渗，边坡整体向下变形增大，坡体产生剪切张拉作用	主要位于自然边坡下缘，呈羽状分布	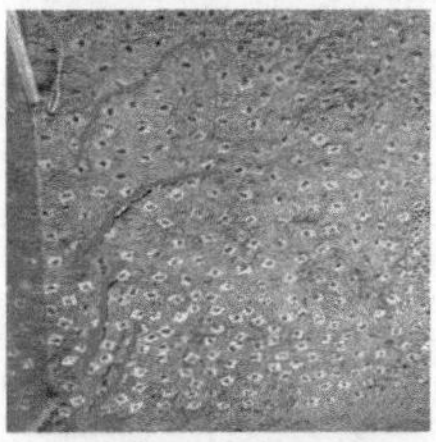	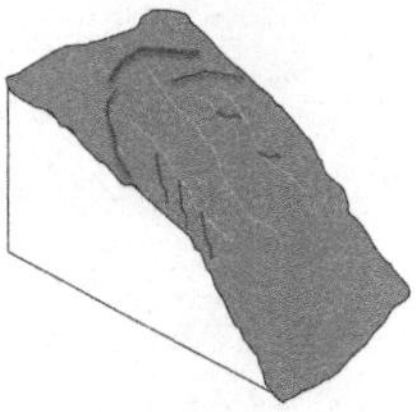
第Ⅱ阶段降雨过程	坡表冲蚀	NPR 锚索对边坡的整体变形起到控制作用，边坡浅层坡体呈饱和态，随雨水产生流动	主要位于边坡前表层，冲蚀范围随降雨时间不断扩大	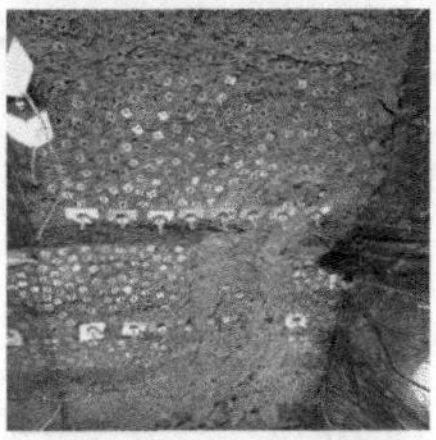	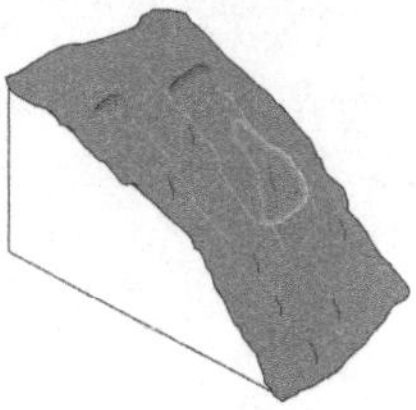
	沉降小变形	随着降雨的持续，边坡的下滑力不断增加，达到 NPR 锚索的恒阻力，产生小幅度变形	整体变形幅度小，主要体现在边坡的上部，变形在坡顶平台形成缓坡	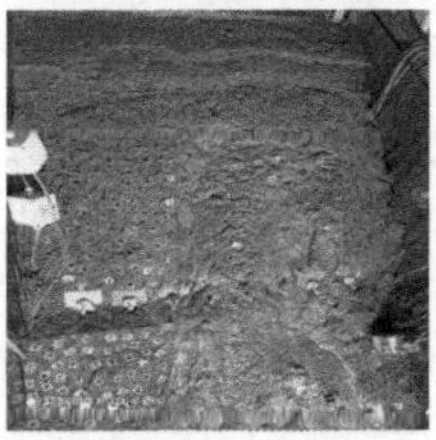	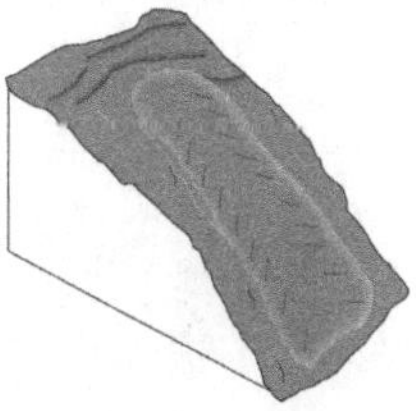

通过对比得出，对于第Ⅰ阶段降雨过程，模型实验的边坡变形破坏模式相似，主要包括 3 类：第一类是降雨引起开挖边坡的局部滑塌，且随着降雨持续，滑塌范围不断扩大；第二类是降雨引起自然边坡顶部平台和坡面的张拉裂隙；第三类是边坡整体变形引起自然边坡下缘产生羽状的剪张裂隙。对于第Ⅱ阶段降雨过程，模型实验的边坡变形破坏模式存在明显差异。对于无支护条件下的模型实验，边坡只产生了局部小范围的浅层滑塌，之后边坡发生解体滑坡破坏，表现出突发性、无征兆性、远程和高速的特点。对于 PR＋NPR 锚索支护条件下的模型实验，边坡首先产生局部的浅层滑塌，之后由于锚索的加固作用，滑塌扩展受到抑制，形成冲蚀沟，最后由于 PR 锚索失效，边坡发生大变形，并再次达到稳定状态。对于 NPR 锚索支护条件下的模型实验，边坡首先产生坡表冲刷，且冲刷范围不断扩大，之后边坡产生整体的小幅度滑动，且主要表现在边坡后缘，最后边坡持续保持稳定状态。

综上可得，PR 锚索能够对边坡起到一定的控制作用，避免边坡产生无支护状态下的突发性破坏，使边坡的整体滑动模式变为局部滑塌和坡表冲蚀模式。由于 PR 锚索为小变形材料，无法适应边坡的大变形，所以在滑体下滑力超过 PR 锚索所能承受的极限力时，PR 锚索失效，边坡变为滑坡大变形模式，但是由于 NPR 锚索的存在，NPR 锚索具有恒阻大变形和吸能特性，使边坡再次达到稳定状态。采用 NPR 锚索支护时，只有边坡后缘产生了小幅度的沉降，边坡的变形主要表现为坡表冲刷严重，说明 NPR 锚索能够很好地适应边坡的变形并吸收边坡释放的能量，从而起到控制边坡的效果。

4 边坡失稳及 NPR 锚索控制对策数值模拟研究

为了更加深入系统地研究 NPR 锚索对强风化岩质边坡的控制优势，采用有限差分数值模拟软件，对暴雨饱和状态下 NPR 锚索和 PR 锚索作用下边坡变形特征以及锚索的轴力和变形特征进行研究，同时对不同 NPR 锚索的数量、锚固角度、预紧力大小、锚固长度作用下边坡变形特征以及锚索的轴力和变形特征进行研究，获取不同锚索作用下边坡的变形特征，掌握不同布设参数对边坡变形和锚索控制效果的影响，验证 NPR 锚索能够适应边坡大变形的特征，确定适用于熊家山采石场边坡较佳的 NPR 锚索布设参数。

4.1 数值模型构建

根据地质调查和物理模型实验的结果，本书所研究的边坡主要由第四系残坡积土、全风化层、强风化、中风化层和稳定基岩构成，而滑坡体由强风化层及以上的岩土体构成。根据滑坡地质结构特性，为了体现滑坡体的变化特征，同时满足研究需要，对边坡模型进行合理的概化，将滑动面以上的地层概化为一种材质。

本书中使用的三维数值模拟和分析软件为 Itasca 公司在快速拉格朗日算法基础上研发的 $FLAC^{3D}$。该软件包含了大量的适用于各种工程分析需求的本构模型，这些模型可以很好地模拟材料的开挖、软化和塑性大变形，其中，用于边坡的稳定性分析最常用的本构模型为 Mohr-Coulomb 模型。

三维地质模型主要的建模过程如下：① 通过 AutoCAD 导出边坡三维地形线数据，以 DXF 文件保存；② 将该文件导入 MIDAS 软件中，利用导入的地形线数据生成与实际地形相近的地形面；③ 基于现场地质勘查结果，通过插值方法构建不同地层分界面；④ 将设计的开挖线导入 MIDAS 软件中，并生成开挖面；⑤ 不同的分界面将边坡切割形成不同的区域；⑥ 在 MIDAS 软件中以六面体和四面体混合的网格形式对模型进行网格划分；⑦ 将建好的模型导入 $FLAC^{3D}$软件中进行计算。边坡的开挖轮廓、台阶高度和平台宽度根据现场开挖设计图确定，三维模型南北方向长度为 400 m，东西方向长度为 450 m，边坡模型高度为 266 m。

图 4-1 为熊家山采石场边坡的三维数值计算模型，整个边坡模型共包括 176 983 个节点和 347 515 个单元。通过边界约束条件对侧面和底面进行位移约束：侧面为法向约束，底面为三向约束。边坡计算过程中，Z 正方向表示垂直向上的方向，X 正方向表示开挖面向内的方向，Y 方向表示开挖面的走向方向。

本次计算包含了两种状态：天然状态和暴雨饱和状态。不同状态下地层材料力学参数如表 4-1 所示。根据计算的模型变形破坏特点，本次数值模拟使用弹塑性 Mohr-Coulomb 屈服破坏准则。

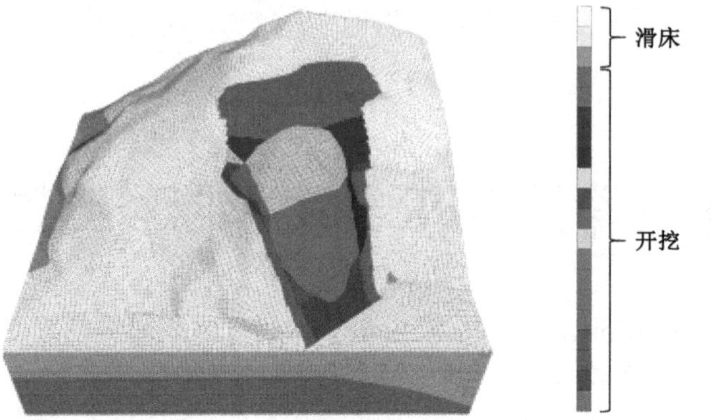

(a) 边坡模型

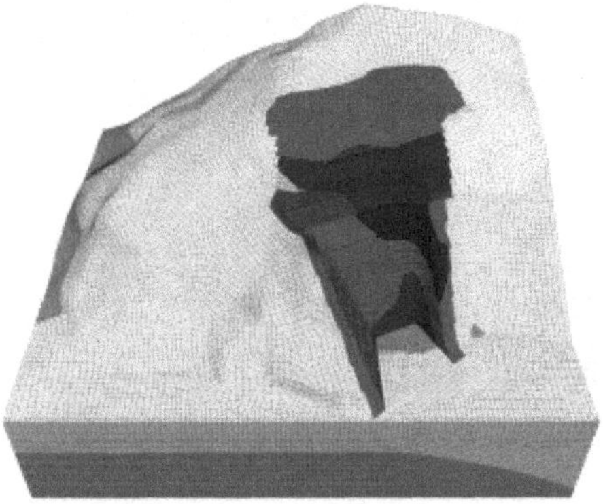

(b) 初次开挖

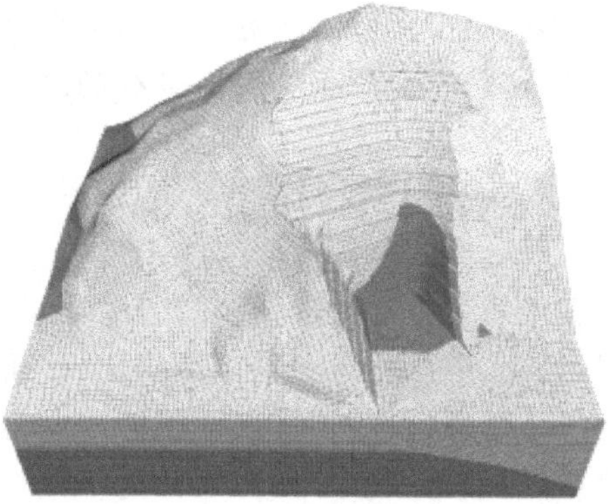

(c) 二次开挖

图 4-1 边坡三维数值计算模型

表 4-1 不同地层材料力学参数

材料类型	重度/(kN/m³)		单轴抗压强度/MPa		黏聚力/kPa		摩擦角/(°)		泊松比	弹性模量/GPa
	天然	饱和	天然	饱和	天然	饱和	天然	饱和		
滑体	21.3	22.6	1.1	0.8	5.4	2.5	33.1	26.5	0.35	2.2
滑床	24.9	25.4	80.7	60.3	493.4	451.3	35.6	33.8	0.29	25.5
基岩	26.2	26.4	109.1	103.9	3 126.9	3 045.5	36.8	35.4	0.27	35.4

4.2 降雨和开挖作用下边坡稳态分析

在非降雨条件下，按照设计的开挖轮廓对边坡进行开挖，边坡的变形演化过程如图 4-2 所示。根据设计的总体开挖规模，将边坡开挖过程简化为四步开挖，形成八级台阶。由图可得，边坡的变形主要分布在开挖边坡上缘，由第一步开挖所导致。由图 4-2(a)和(b)可知，第一步开挖区域位于强风化地层，边坡岩土体呈碎裂状，受开挖扰动与卸荷影响，开挖区产生了较大的变形，主要分布于开挖台阶上缘和开挖平台，变形量分别达到 30 cm 和 8 cm，其

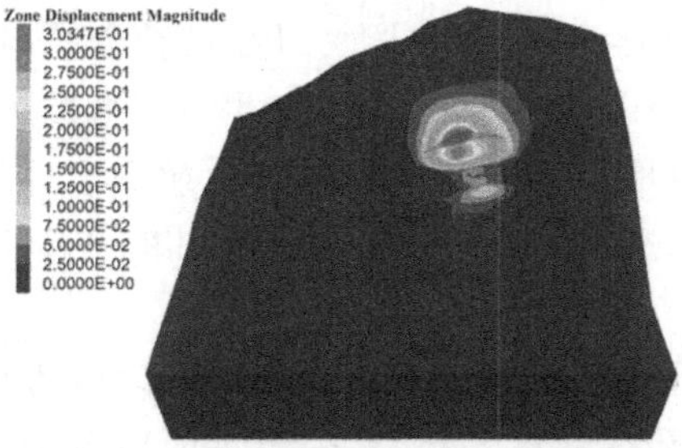

(a) 第一步开挖整体变形

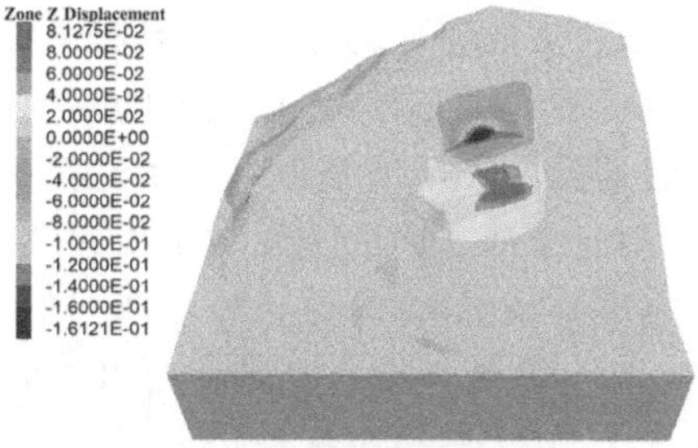

(b) 第一步开挖垂向变形

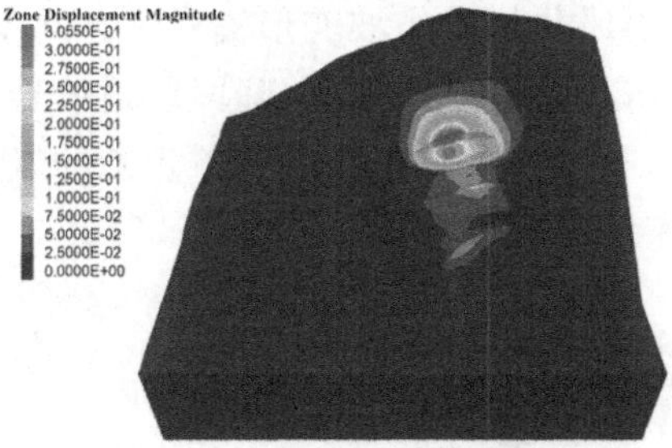

(c) 第二步开挖整体变形

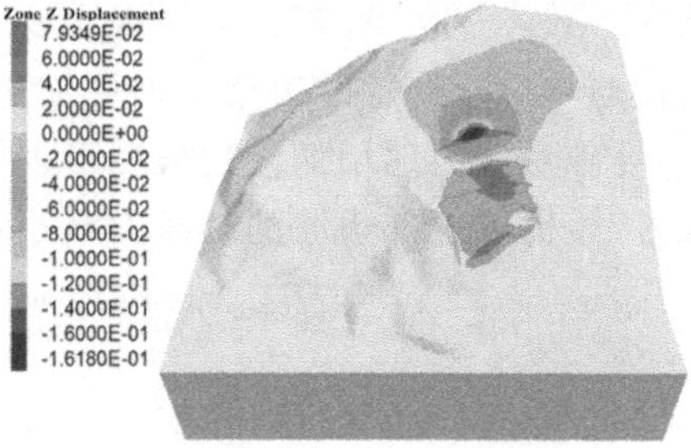

(d) 第二步开挖垂向变形

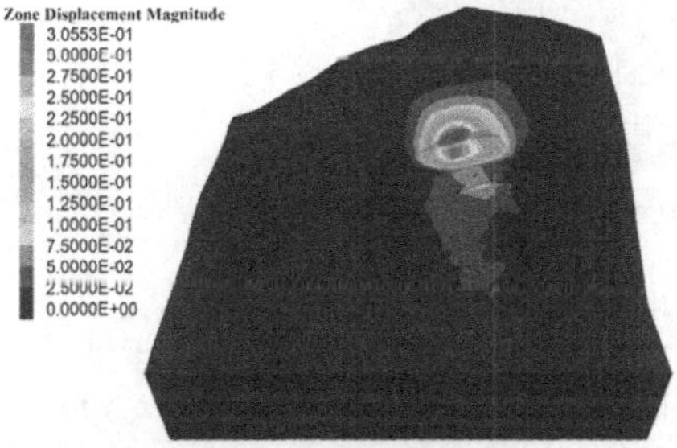

(e) 第三步开挖整体变形

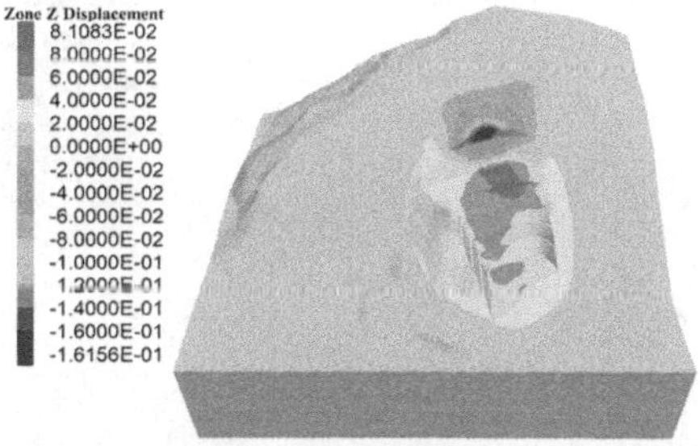

(f) 第三步开挖垂向变形

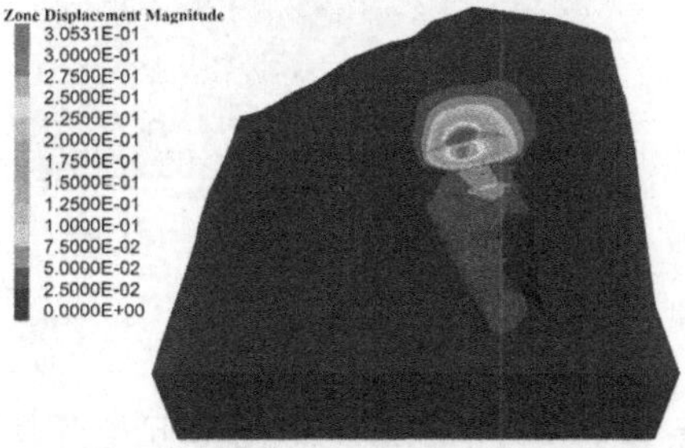

(g) 第四步开挖整体变形

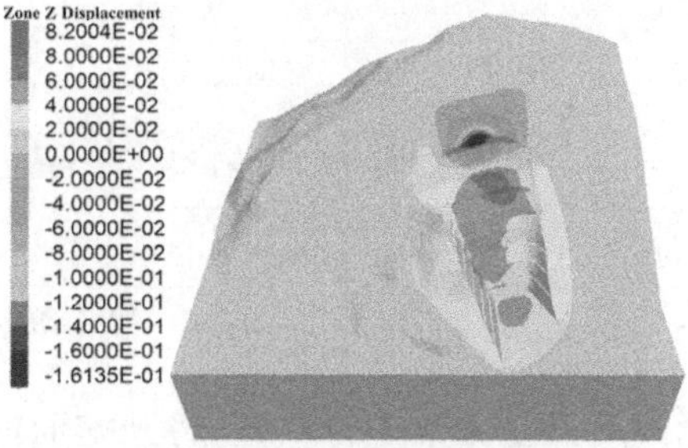

(h) 第四步开挖垂向变形

图 4-2 第 I 阶段开挖变形演化过程

中，开挖台阶上缘产生垂向向下的变形量，可达到 16 cm。通过对比图像可知，之后的三步开挖，由于边坡的岩性较好，并未引起边坡更大的整体变形，但是因为开挖卸荷影响，边坡表层岩土体的应力重新分布，在边坡的开挖面及开挖平台表层的岩土体产生了变形回弹，最大的变形量达到 8 cm。由此可得，边坡第一步开挖时所产生的变形是边坡后期变形持续增加的前提，同时变形产生的陡坎和张拉裂隙为雨季雨水入渗提供了便利通道和有利条件，加之现场的爆破开挖影响，导致边坡后期变形不断增大。

图 4-3 为边坡开挖后因降雨而引起的边坡变形演化过程。由图可得，降雨后边坡的变形明显增大，且主要位于开挖边坡顶部，最大变形量达到 1.8 m，其中沿垂向向下的变形量将近 1 m，沿着 X 方向产生了约 15 cm 的变形。说明降雨后开挖边坡上部产生了较大的滑动，且变形不断向开挖边坡两侧扩展。该变形特征与物理模型实验的结果和边坡现场变形破坏特征一致，产生这种现象的原因主要是开挖为强风化岩质边坡变形提供了空间条件，开挖卸荷使原本风化严重的边坡变得更加松散，为雨水入渗提供了便利，降雨使边坡岩土体重度增加，孔隙水压力的增加使边坡变形加剧，且雨水不断入渗并在渗透系数较差的岩层分界面汇聚，产生的对上部边坡的抗滑力减小，从而导致边坡的大变形。

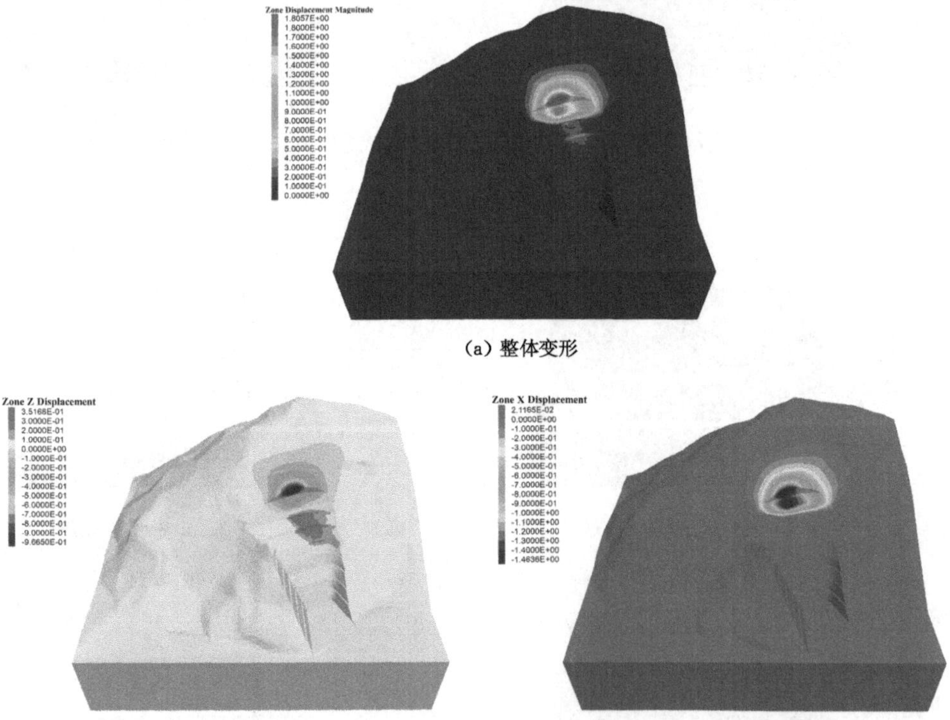

(a) 整体变形

(b) Z 方向变形

(c) X 方向变形

图 4-3　第Ⅰ阶段降雨边坡变形演化过程

通过对开挖方案进行调整，将开挖面向内推进 6.8 m，开挖过程简化为五步开挖，共十六级台阶，同时考虑降雨对边坡开挖完成后的边坡整体稳定的影响，通过数值模拟计算，得到如图 4-4 和图 4-5 所示的结果。

图 4-4 显示的为天然状态下，第Ⅱ阶段开挖对边坡变形的影响；图 4-5 显示的是暴雨饱

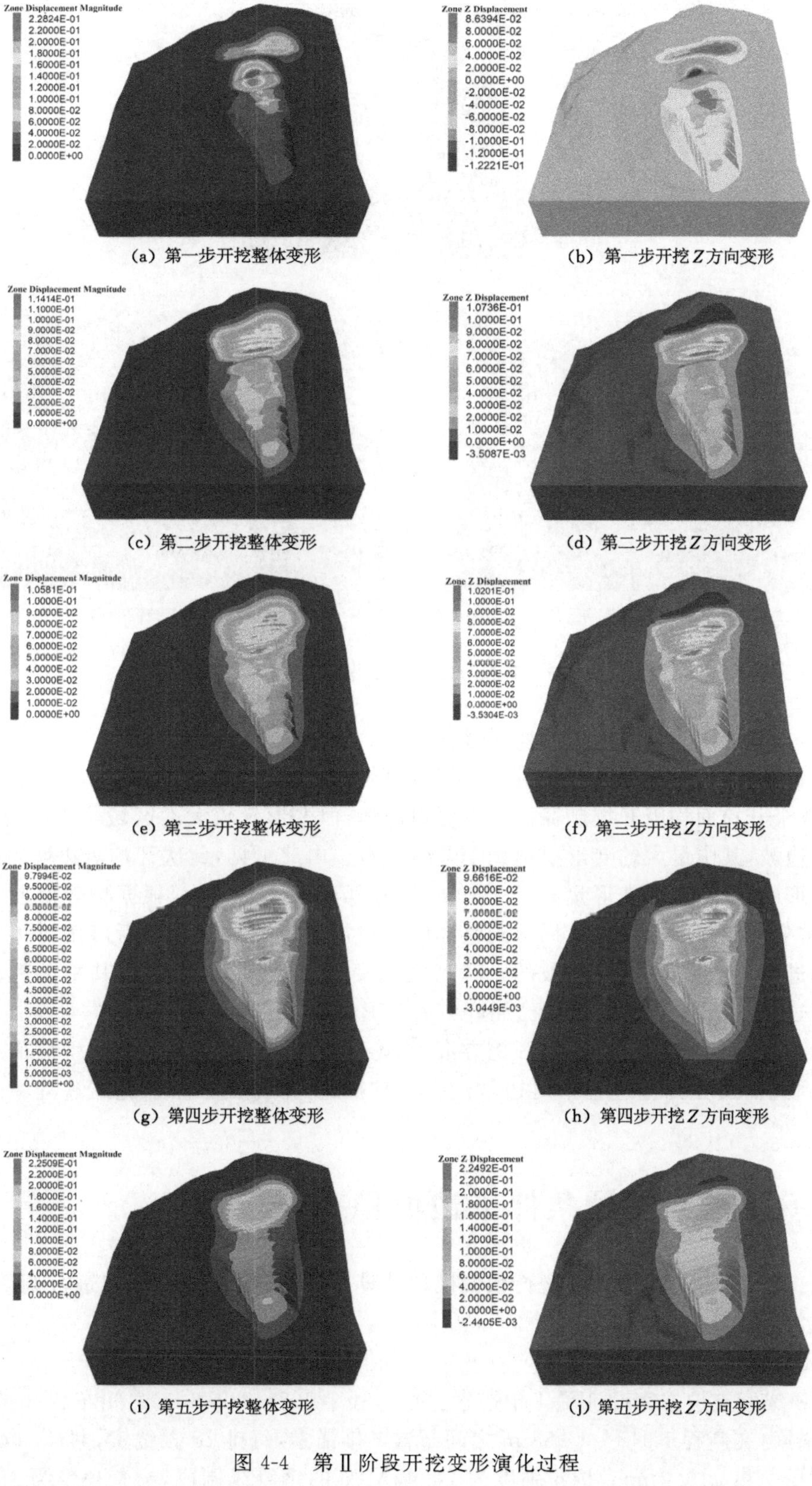

(a) 第一步开挖整体变形　(b) 第一步开挖 Z 方向变形

(c) 第二步开挖整体变形　(d) 第二步开挖 Z 方向变形

(e) 第三步开挖整体变形　(f) 第三步开挖 Z 方向变形

(g) 第四步开挖整体变形　(h) 第四步开挖 Z 方向变形

(i) 第五步开挖整体变形　(j) 第五步开挖 Z 方向变形

图 4-4　第Ⅱ阶段开挖变形演化过程

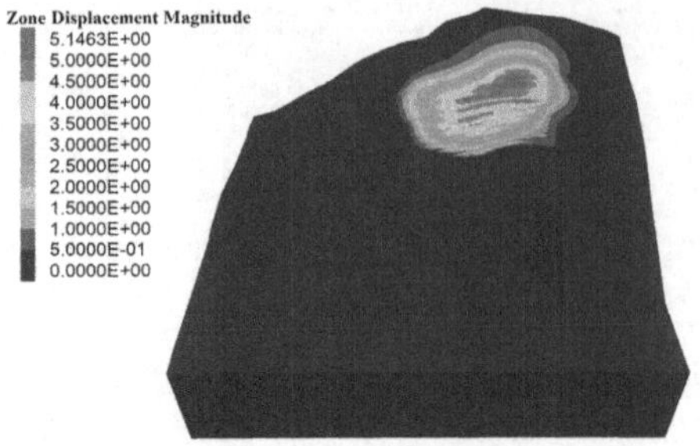

(a) 整体变形

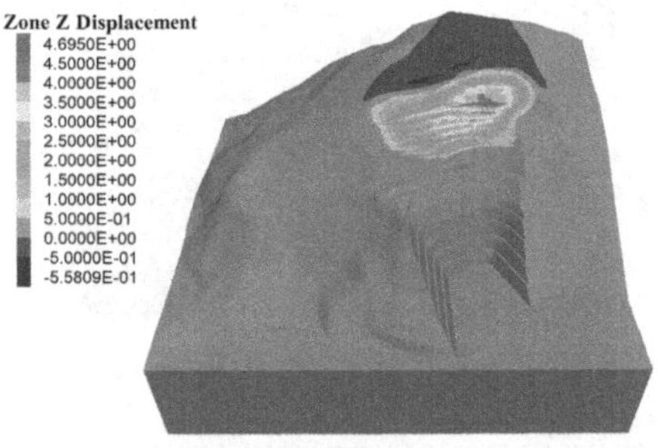

(b) *Z*方向变形

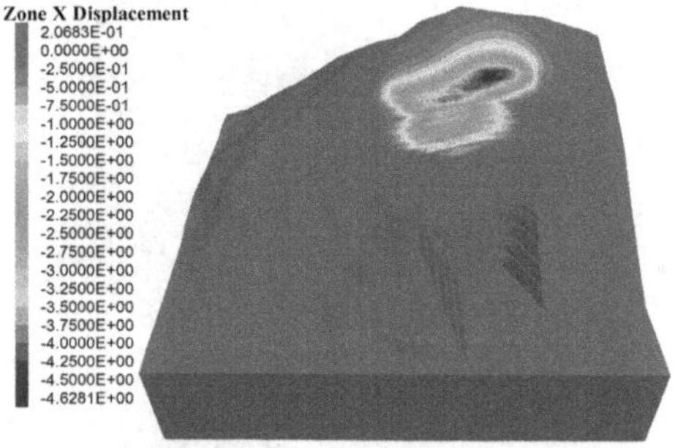

(c) *X*方向变形

图 4-5　第Ⅱ阶段降雨边坡变形演化过程

和状态下，第Ⅱ阶段开挖后边坡的变形过程。

通过对比发现，单纯考虑开挖时，变形区域仍然位于开挖边坡的上缘，且变形区范围明显变大，整个开挖面均因开挖卸荷而产生应力回弹，但变形量较大的区域位于高程 1 953 m 平台以上边坡，其中最大的变形量达到 10 cm 左右。由此可见，此次开挖对边坡的影响体现出整体变形的特点，虽然变形量只有 10 cm，但是其变形区域较大，根据物理模型实验过程可知，这种变形容易引起边坡从局部到整体的浅层滑动。通过对开挖后降雨对边坡的整体变形影响进行分析发现，开挖边坡的上缘产生的变形量达到 5 m 以上，其中沿边坡向下的变形量超过 4.5 m，说明此时边坡已经产生大变形失稳。

由此可得，对于调整后的边坡开挖方案，不论降雨与否，边坡都容易产生局部或整体的大变形，因此需要在开挖过程中对边坡进行支护措施，来保证边坡在施工过程中的整体稳定性。

4.3　不同锚索支护条件下边坡稳态分析

根据工程设计的支护方案，进行数值模拟计算，同时对现有支护方案进行调整，并进行数值模拟对比计算。

(1) PR 锚索支护

全 PR 锚索支护方案设计了 4 排锚索。在高程 1 968～1 973 m 之间布置 2 排锚索，每排 24 根锚索；在高程 1 948～1 953 m 之间布置 2 排锚索，每排 28 根锚索，共计 104 根锚索。每根锚索由 7 束 ϕ15.2 mm、抗拉强度为 1 860 MPa 的钢绞线制成，锚索长度为 35 m，锚固段长度为 10 m，锚索轴线与水平面夹角均为 35°，锚索水平间距为 4 m，锚索施加预紧力 1 000 kN，锚索允许的伸长率为 3.5%。模拟计算时，锚索在第三步开挖完成后统一安装，主要计算边坡开挖完成后，在暴雨饱和状态下，边坡的变形及锚索的受力变形特征。锚索单元的力学参数如表 4-2 所示。锚索的位置分布如图 4-6 所示。

表 4-2　PR 锚索单元力学参数

结构单元	弹性模量/GPa	屈服抗拉强度/kN	黏结刚度/(N/m^2)	黏结强度/(N/m)
锚索	210	1 200	2×10^9	4×10^5

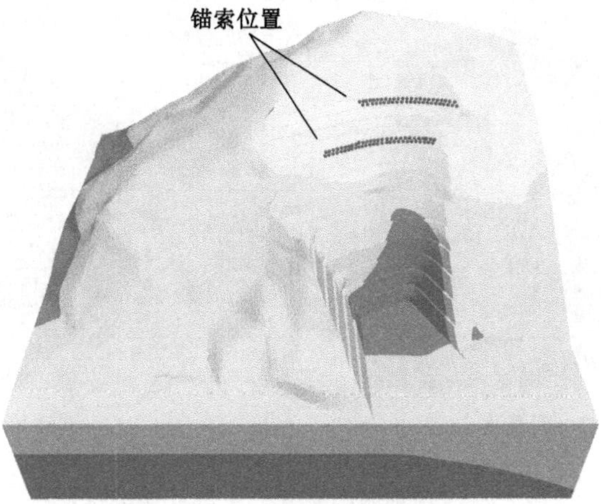

图 4-6　锚索位置分布图

图 4-7 为 PR 锚索支护后，暴雨饱和状态下边坡的变形特征。由图可得，相对无支护条件下的边坡变形特征，PR 锚索对边坡的变形起到了一定的控制作用，最大变形量由 5 m 减小至 2.4 m，尤其是锚索附近的变形明显降低，边坡整体的变形量也有所减小。但是边坡的变形仍然较大，最大变形量将近 2.4 m，而且在高程 1 918 m 平台产生了明显的隆起，这是边坡上部变形所致。

图 4-8 为 PR 锚索的受力和变形特征。由图可知，有超过一半的锚索达到了屈服强度，说明半数锚索已经产生塑性大变形，通过锚索的位移云图可知，高程在 1 968～1 973 m 之间超过半数的锚索以及高程在 1 948～1 953 m 之间的部分锚索，其锚杆自身的变形量超过了 1 m，锚头位置的变形量甚至超过了 1.5 m，已经远远超过锚索自身所允许的伸长量，说明锚索已经发生断裂，失去支护作用。

综上可知，PR 锚索虽然可以对边坡的变形起到一定的控制作用，但由于锚索自身变形量有限，已有的变形已经使大多数锚索破坏失效，无法继续提供支护效果，此时边坡已经产生滑坡，这与物理模型实验的结果一致。

(2) NPR 锚索支护

对于 NPR 锚索支护方案，锚索数量与分布位置与 PR 锚索一致。NPR 锚索的恒阻力为 850 kN，锚索受力达到恒阻力后允许的变形量为 2.2 m。NPR 锚索单元的力学参数如表 4-3 所示。

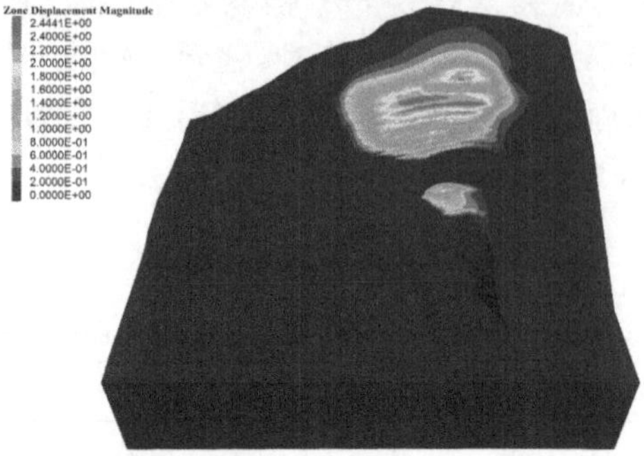

(a) 整体变形

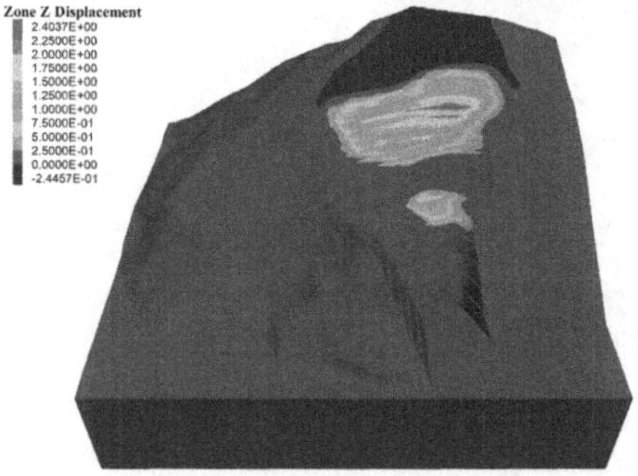

(b) Z方向变形

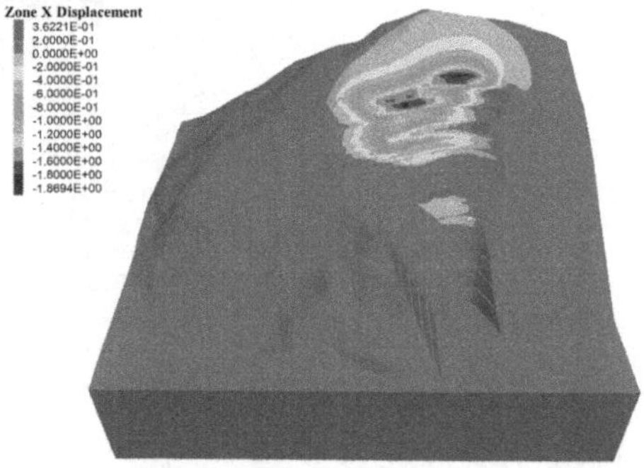

(c) X方向变形

图 4-7　PR 锚索支护条件下边坡变形特征

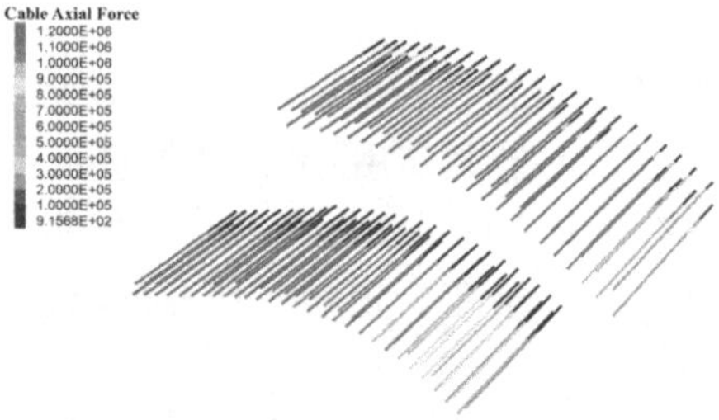

(a) 锚索轴力

(b) 锚索整体变形

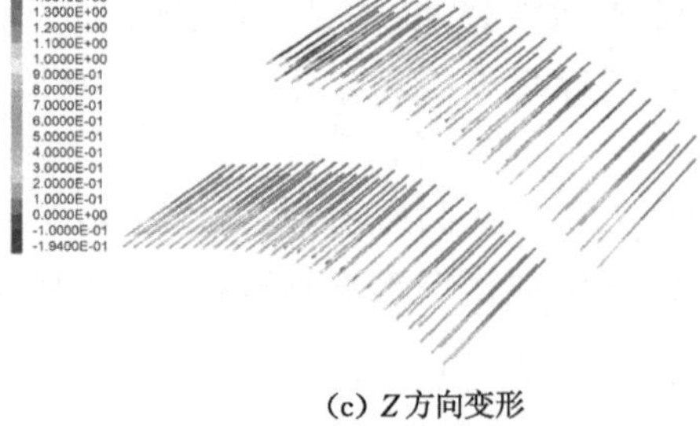

(c) Z方向变形

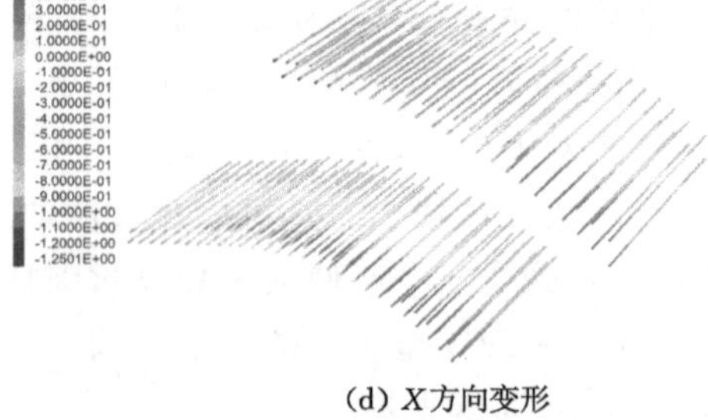

(d) X方向变形

图 4-8　PR 锚索受力与变形特征

表 4-3　NPR 锚索单元力学参数

结构单元	弹性模量/GPa	恒阻力/kN	黏结刚度/(N/m^2)	黏结强度/(N/m)
锚索	210	850	2×10^9	4×10^5

图 4-9 为 NPR 锚索支护条件下，受降雨作用影响，边坡产生的变形特征。由图可知，采用 NPR 锚索支护边坡，受降雨影响后，边坡产生的变形明显减少，最大变形量由 5 m 降至 1.4 m，边坡的整体变形也由无支护状态下的 3.5 m 降至 1 m，且边坡的变形区范围有所减少。同时由于边坡变形减少，高程 1 918 m 平台的隆起变形消失。

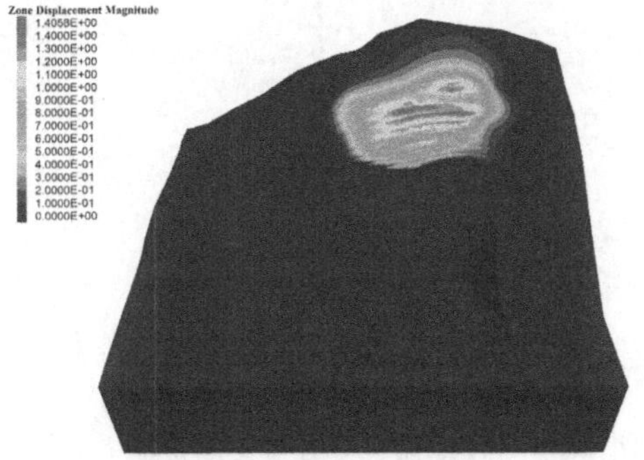

(a) 整体变形

(b) Z方向变形

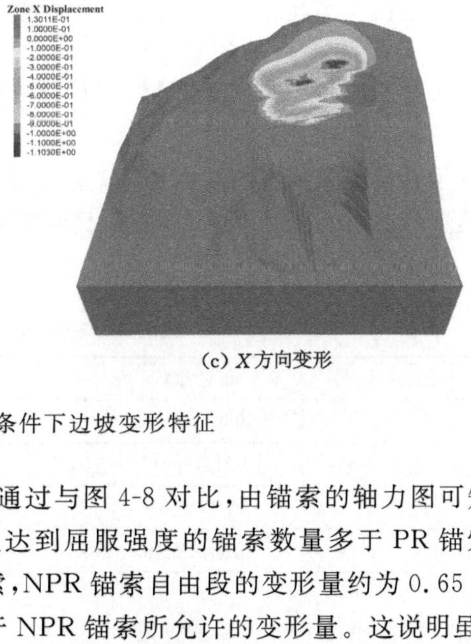

(c) X方向变形

图 4-9　NPR 锚索支护条件下边坡变形特征

图 4-10 为 NPR 锚索的受力和变形特征。通过与图 4-8 对比，由锚索的轴力图可知，绝大多数 NPR 锚索均已达到锚索的屈服强度，且达到屈服强度的锚索数量多于 PR 锚索，但是 NPR 锚索的整体变形量却明显小于 PR 锚索，NPR 锚索自由段的变形量约为 0.65 m，而锚头的变形量也不到 1 m，锚头的变形量远小于 NPR 锚索所允许的变形量。这说明虽然大多数 NPR 锚索都达到了屈服强度，但是 NPR 锚索在达到恒阻力后随着边坡而产生变形，且产生的变形量在允许范围内，边坡稳定后，边坡的最大变形量约为 1.4 m。

综上可知，相对于 PR 锚索的支护效果而言，NPR 锚索在边坡的变形过程中，体现出其具有随边坡大变形而不断的特征。同时，在 NPR 锚索高恒阻力、大变形的过程中，体现出了显著的吸能特性，即相对小的锚索变形量，使边坡的变形得到了很好的控制，而且 NPR 锚索的变形量并未达到其极限值，仍能发挥很好的控制作用。该结果与 NPR 锚索支护工

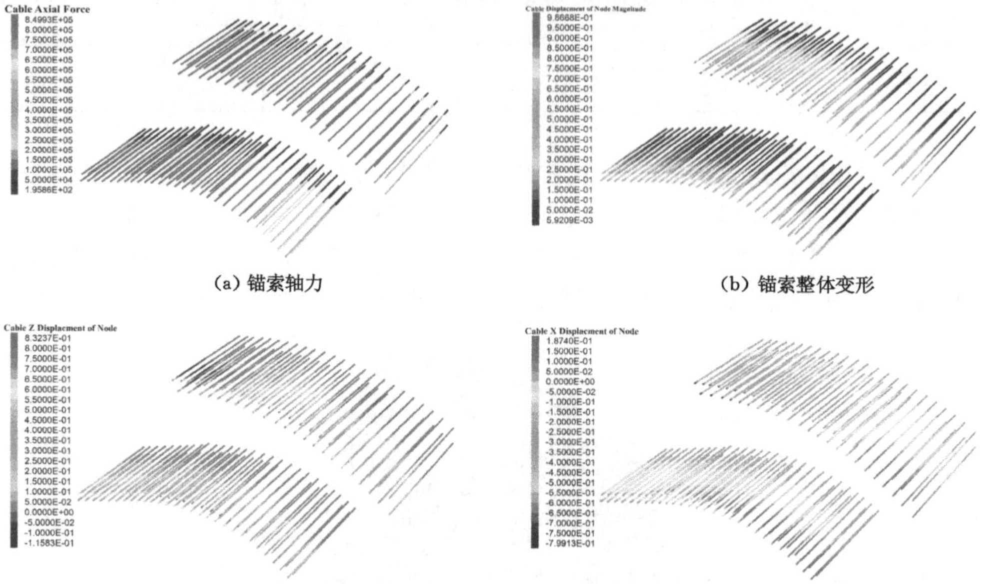

(a) 锚索轴力　(b) 锚索整体变形

(c) Z方向变形　(d) X方向变形

图 4-10　NPR 锚索受力与变形特征

况下的物理模型实验结果一致。

4.4　不同布设参数对 NPR 锚索的支护效果研究

为了系统地掌握不同的 NPR 锚索布设参数对边坡的控制效果，分别对不同锚索数量、锚固角度、预紧力和锚固长度进行了模拟计算。不同 NPR 锚索布设参数方案如表 4-4 所示。

表 4-4　不同 NPR 锚索布设参数方案

对比组	布设参数	方案数据		
Ⅰ	锚索数量/根	104	52	26
Ⅱ	锚固角度/(°)	35	25	15
Ⅲ	预紧力/kN	600	450	300
Ⅳ	锚固长度/m	20	15	10

(1) 对比组Ⅰ：不同锚索数量

为了研究 NPR 锚索对强风化岩质边坡大变形的控制优势，对 NPR 锚索数量进行缩减，并进行相同条件下的计算，计算结果如下：

① NPR 锚索数量由 104 根减少至 52 根

锚索的布置方案：在高程 1 968～1 973 m 之间布置一排锚索，共计 24 根；在高程 1 948～1 953 m 之间布置一排锚索，共计 28 根；其他参数保持不变。

图 4-11 为 52 根 NPR 锚索作用下的边坡变形特征。图 4-12 为 52 根 NPR 锚索作用下

边坡变形后的锚索轴力和变形特征。由图可知,当 NPR 锚索数量为 52 根时,边坡的整体变形量有所增加,最大变形量达到了 1.75 m,同时可以看出,上排 NPR 锚索全部达到了屈服强度,下排锚索中有 23 根锚索达到了屈服强度,这些 NPR 锚索均在边坡变形过程中达到恒阻力,并随着边坡的大变形而产生形变。上排 NPR 锚索中,半数以上的锚索锚头最大位移超过 1.5 m,其余锚索也均产生了 1 m 左右的变形量,下排锚索的变形量远小于上排锚索。这说明此时 NPR 锚索的变形在其允许的变形范围内。

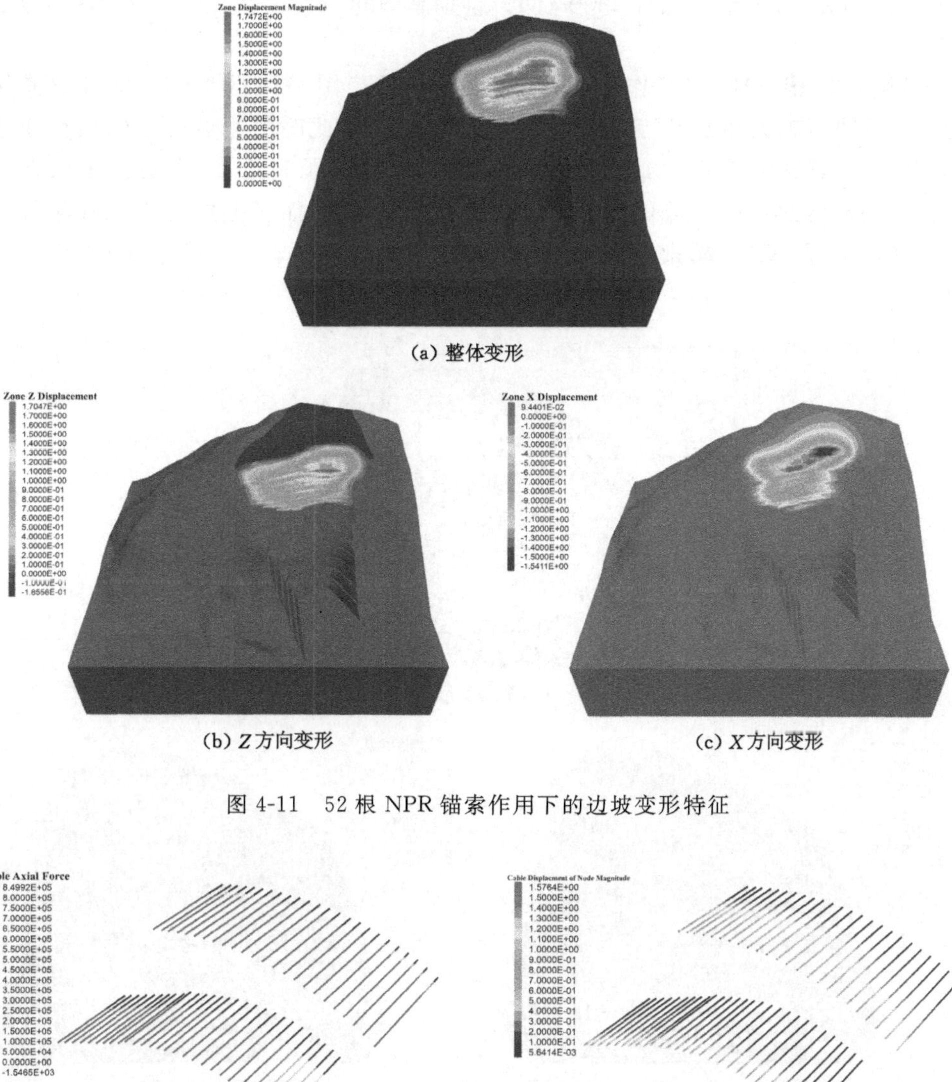

(a) 整体变形

(b) Z 方向变形　　(c) X 方向变形

图 4-11　52 根 NPR 锚索作用下的边坡变形特征

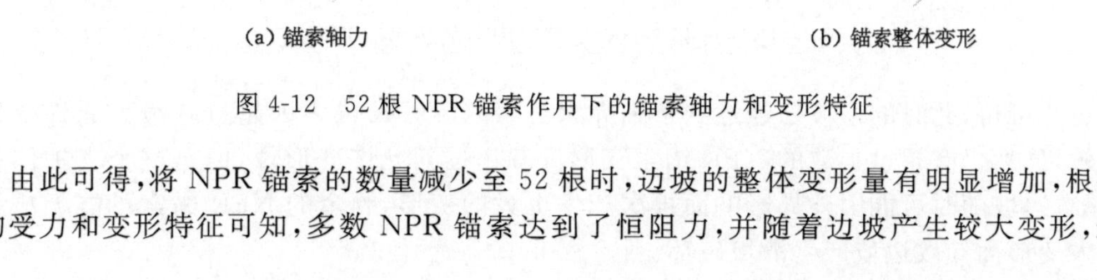

(a) 锚索轴力　　(b) 锚索整体变形

图 4-12　52 根 NPR 锚索作用下的锚索轴力和变形特征

由此可得,将 NPR 锚索的数量减少至 52 根时,边坡的整体变形量有明显增加,根据锚索的受力和变形特征可知,多数 NPR 锚索达到了恒阻力,并随着边坡产生较大变形,最大位移量达到了 1.57 m,NPR 锚索产生大变形过程吸收了边坡变形所释放的能量,边坡再次达到稳定。虽然所有的 NPR 锚索变形均未超过其允许变形量,NPR 锚索仍然可以对边坡的大变形起到一定的控制作用,但是由于半数 NPR 锚索的变形量较大,很难再对边坡提供持久有效的支护作用。

② NPR 锚索数量由 52 根减少至 26 根

锚索布置方案:在高程 1 968～1 973 m 之间布置一排锚索,共计 12 根;在高程 1 948～1 953 m 之间布置一排锚索,共计 14 根;同一排锚索的间距由 4 m 增加为 8 m;其他参数保持不变。

图 4-13 为 26 根 NPR 锚索作用下的边坡变形特征。图 4-14 为 26 根 NPR 锚索作用下边坡变形后的锚索轴力和变形特征。通过对比可以看出,此时的边坡产生的最大变形量约为 2.44 m,该变形量相对于 104 根 NPR 锚索时已经增加了将近 1 m,变形区域有明显向开挖边坡中部扩展的趋势。所有的锚索均达到了屈服强度,而且上排锚索中有超过一半的锚索变形量达到了 NPR 锚索所允许的极限变形量 2.2 m,下排锚索多数变形量也超过 1.6 m。

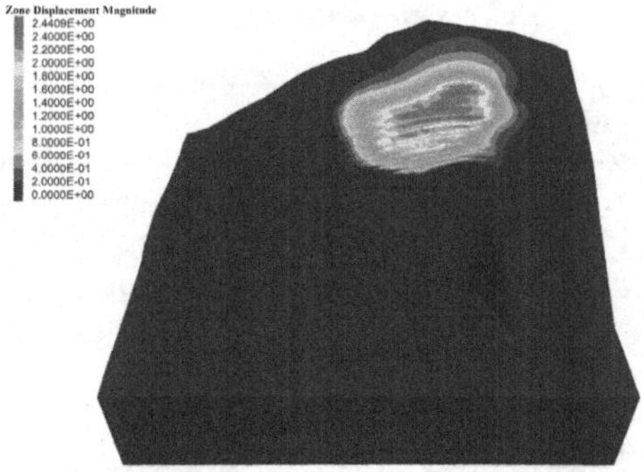

(a) 整体变形

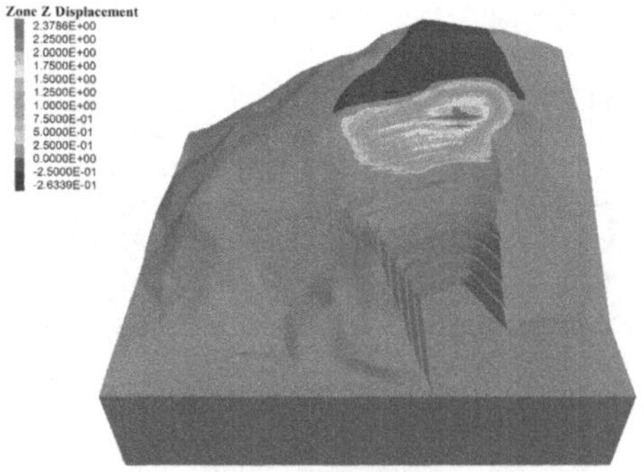

(b) Z 方向变形

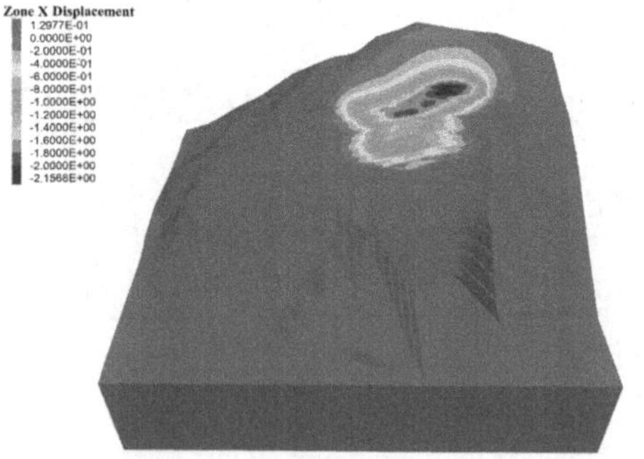

(c) X 方向变形

图 4-13　26 根 NPR 锚索作用下的边坡变形特征

由此可得,此时的边坡已经达到了临界状态,部分 NPR 锚索因超过其最大允许变形量而失效,虽然仍有超过半数的 NPR 锚索变形没有超过其允许变形量,但是整个支护体系已经失效,边坡随时可能因外界影响而再次产生更大的变形,剩余的 NPR 锚索可能无法承受新的大变形而导致边坡产生滑坡破坏。

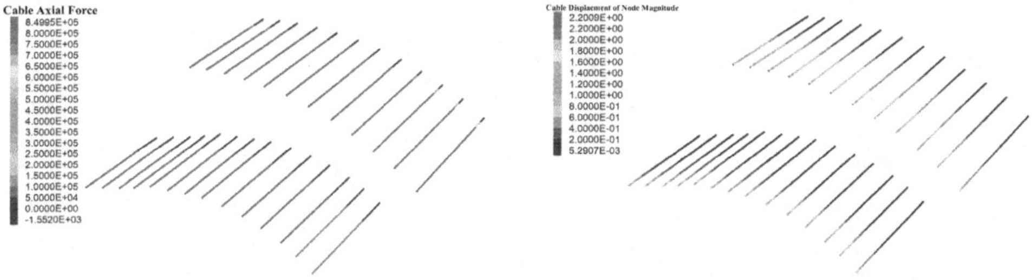

(a) 锚索轴力　　　　(b) 锚索整体变形

图 4-14　26 根 NPR 锚索作用下的锚索轴力和变形特征

(2) 对比组Ⅱ:不同锚固角度

为了研究不同锚固角度作用下 NPR 锚索对强风化岩质边坡大变形的控制效果,固定锚索数量为 104 根,通过改变锚固角度为 15°和 25°,进行相同条件下的计算,计算结果如图 4-15～图 4-18 所示。

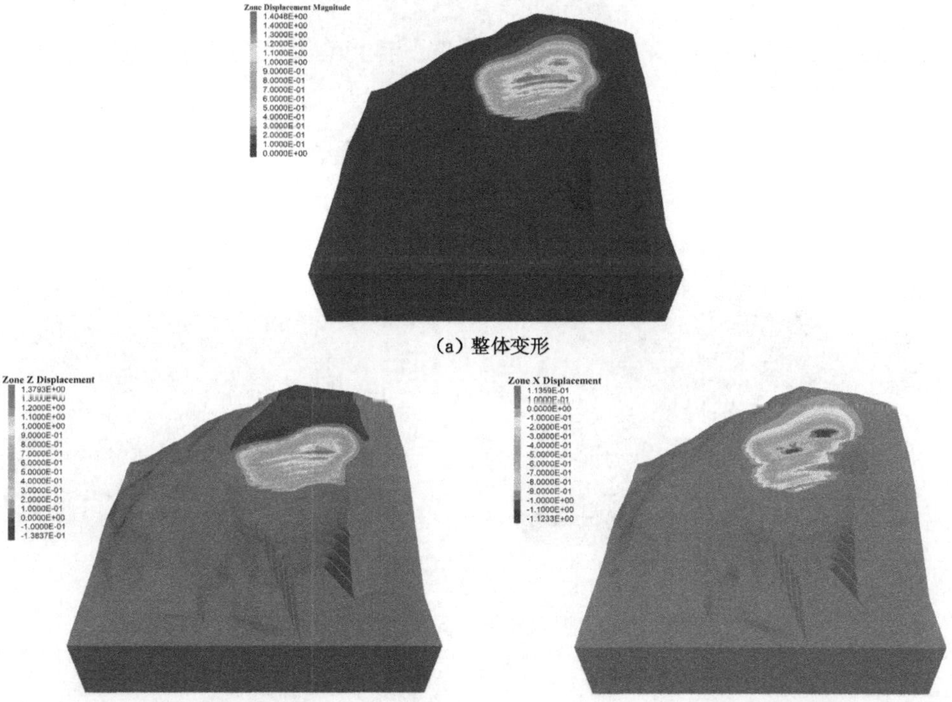

(a) 整体变形

(b) Z方向变形　　　　(c) X方向变形

图 4-15　NPR 锚索支护条件下锚固角度为 15°时边坡变形特征

图 4-15 和图 4-17 分别是锚固角度为 15°和 25°时的边坡变形特征。通过与图 4-9 对比发现,不同的 NPR 锚索锚固角度,对边坡的变形影响不大,边坡产生的变形量和变形区都相近。

图 4-16 和图 4-18 分别是锚固角度为 15°和 25°时的 NPR 锚索的受力和变形特征。通过与图 4-10 对比发现,在锚固角度为 15°时,上面两排锚索中有超过半数的锚固段轴力达到

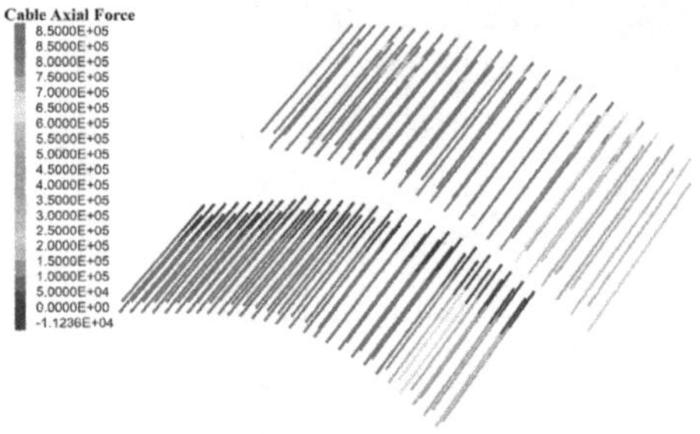

(a) 锚索轴力

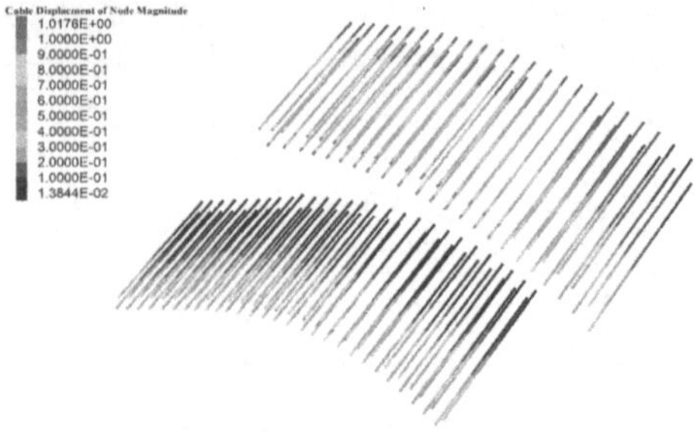

(b) 整体变形

图 4-16 锚固角度为 15°时 NPR 锚索受力与变形特征

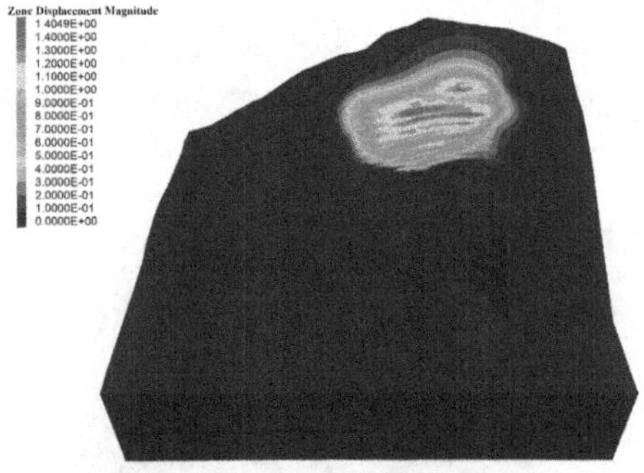

(a) 整体变形

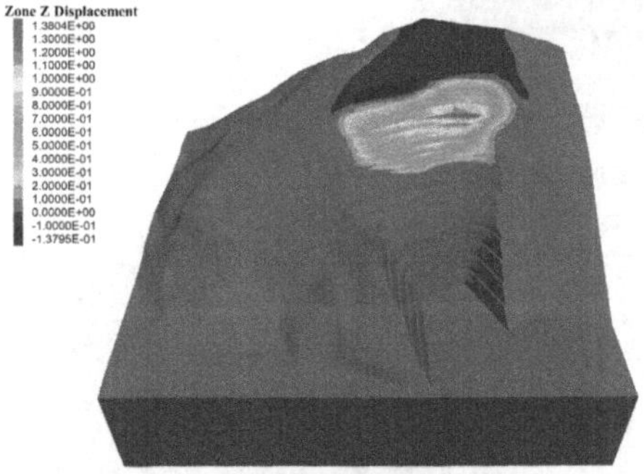

(b) *Z* 方向变形

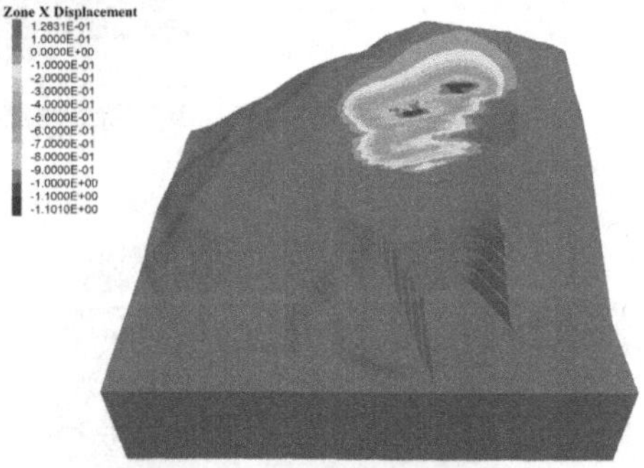

(c) *X* 方向变形

图 4-17 NPR 锚索支护条件下锚固角度为 25°时边坡变形特征

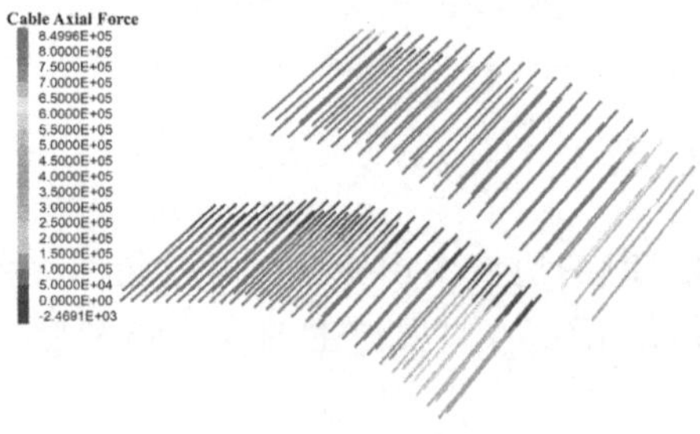

(a) 锚索轴力

(b) 整体变形

图 4-18 锚固角度为 25°时 NPR 锚索受力与变形特征

了屈服强度，而下面两排锚索的锚固段轴力为负值；在锚固角度为 25°时，上面两排锚索中锚固段轴力达到了屈服强度的数量有所减少，下面两排锚索的锚固段轴力仍为负值，但是力值有所降低；在锚固角度为 35°时所有锚索的锚固段轴力均为正值。在数值模拟中，负值说明锚索受压，正值说明锚索受拉。

由此可得，锚固角度为 15°和 25°时，边坡与 NPR 锚索共同作用，协同变形，使上面两排锚索的锚固段产生了较大的轴力，轴力达到锚索的恒阻力；而下面两排锚索则在边坡作用下表现为受压状态，而锚固角度为 35°时，锚索全段均为受拉状态。这说明锚固角度为 15°和 25°时，在边坡变形作用下，NPR 锚索的自由段和锚固段承受的轴力存在显著差异，会产生局部的应力集中，造成锚索损伤过大，对锚索的锚固和加固效果产生不利影响。因此，对于该边坡模型而言，35°的锚固角度对 NPR 锚索的控制效果最佳。

通过对比锚索的变形特征可以发现，锚固角度为 15°时，锚索的整体变形量最大，锚固角度为 25°时次之，锚固角度为 35°时，锚索的整体变形量最小。而且通过对比锚索不同方向上的变形后发现，锚固角度为 15°时，锚索在 Z 方向产生的变形量最大，而在 X 方向产生的变形量最小；锚固角度为 35°时，锚索在 Z 方向产生的变形量最小，而在 X 方向产生的变形量最大。这说明锚固角度为 15°时，边坡变形对锚索产生了较大的压剪应力；锚固角度为 35°时，边坡变形对锚索产生了较大的拉剪力。

综上可得，对于该边坡研究背景而言，虽然改变锚固角度对边坡的整体变形影响较小，但是通过对锚索的轴力状态以及锚索的变形量与变形方式进行研究，不同的锚固角度，会影响 NPR 锚索自身的支护灵敏性。因此，锚固角度为 35°时，NPR 锚索的锚固效果和加固控制效果相对较好。

(3) 对比组Ⅲ：不同预紧力

为了研究不同预紧力作用下 NPR 锚索对强风化岩质边坡大变形的控制效果，固定锚索数量为 104 根，通过改变初始预紧力为 450 kN 和 600 kN，进行相同条件下的计算，计算结果如图 4-19～图 4-22 所示。

图 4-19 和图 4-21 分别是锚索预紧力为 450 kN 和 600 kN 时的边坡变形特征。通过与图 4-9 对比发现，施加不同的 NPR 锚索预紧力，对边坡的变形影响不大，边坡所产生的变形量和变形区都相近。

图 4-20 和图 4-22 分别是锚索预紧力为 450 kN 和 600 kN 时锚索的受力和变形特征。通过与图 4-10 对比发现，随着 NPR 锚索初始预紧力的增大，边坡变形后 NPR 锚索达到恒阻力的数量增加，NPR 锚索随边坡产生的最大变形量增大，尤其是锚索沿着 X 方向的变形量增加明显。

由此可得，对于该边坡模型而言，锚索预紧力的增加虽然对边坡的变形影响较小，但是锚索预紧力增加后，NPR 锚索随边坡变形后的受力和变形特征产生了明显变化，这些变化会对 NPR 锚索的控制效果和使用寿命产生一定的影响。同时，NPR 锚索与滑坡牛顿力远程智能监测预警系统共同使用时，合理的预紧力可以得到更多临滑前的力学信息和边坡变形规律。因此，对于该边坡模型而言，300 kN 的锚索预紧力会使 NPR 锚索的控制效果、使用寿命和临滑预警效果均达到一个较好的效果。

(4) 对比组Ⅳ：不同锚固长度

为了研究不同锚固长度作用下 NPR 锚索对强风化岩质边坡大变形的控制效果，固定

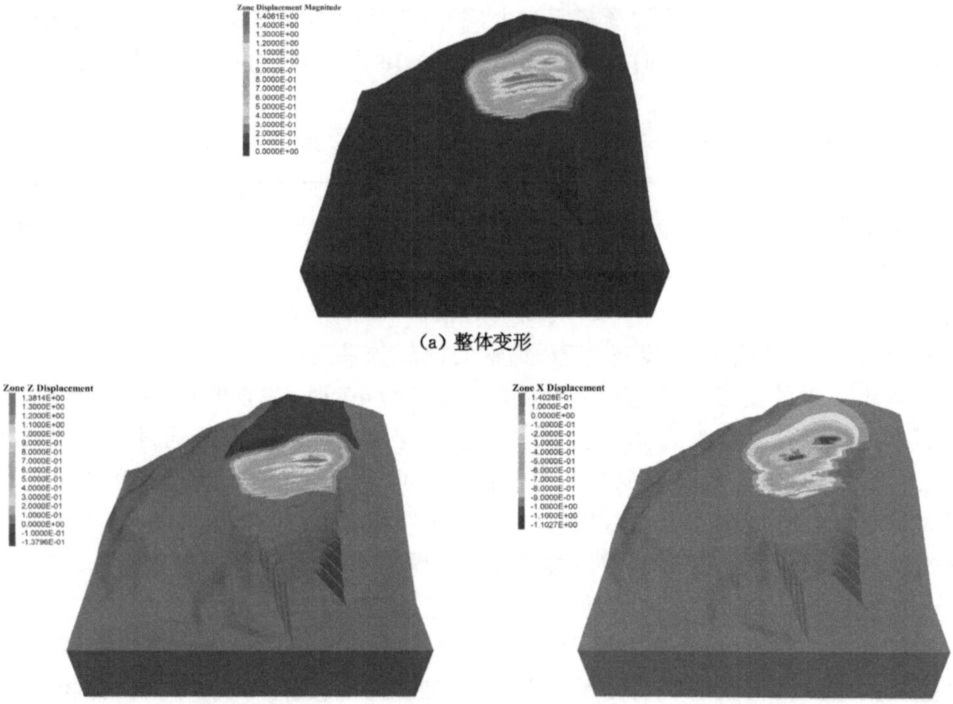

(a) 整体变形

(b) Z方向变形

(c) X方向变形

图 4-19　NPR 锚索支护条件下预紧力为 450 kN 时边坡变形特征

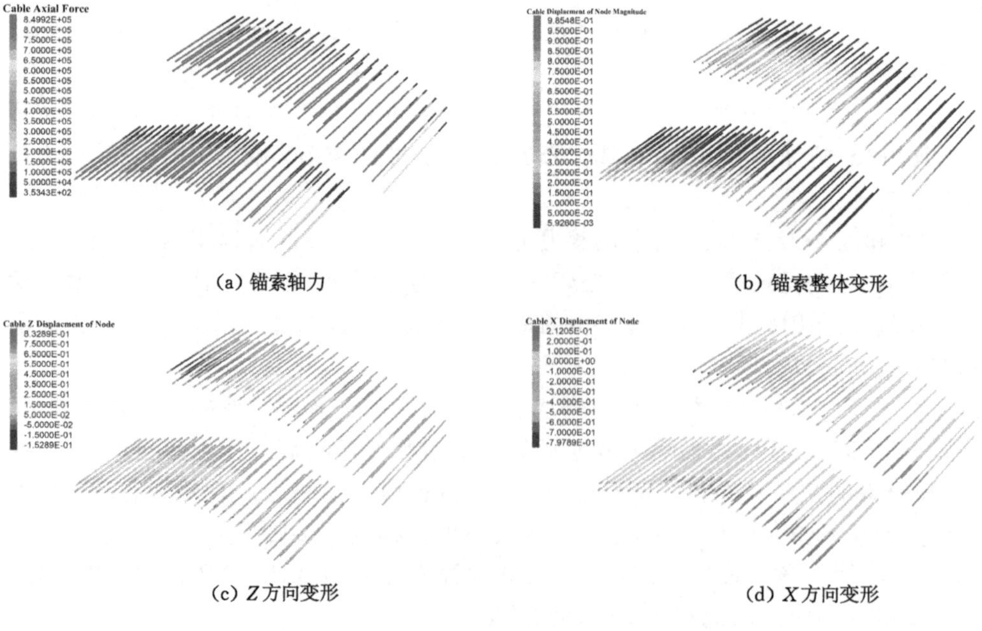

(a) 锚索轴力

(b) 锚索整体变形

(c) Z方向变形

(d) X方向变形

图 4-20　预紧力为 450 kN 时 NPR 锚索受力与变形特征

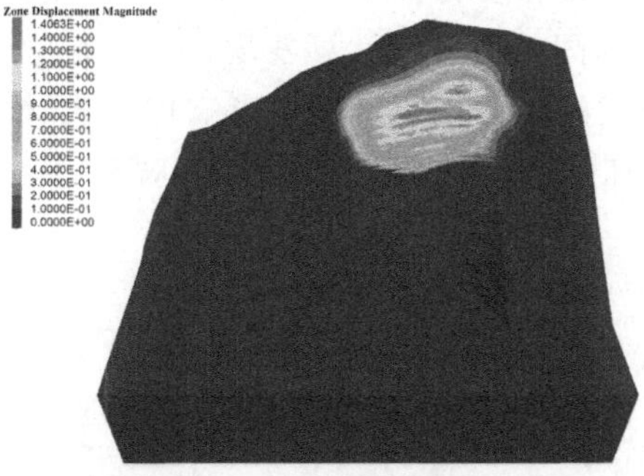

(a) 整体变形

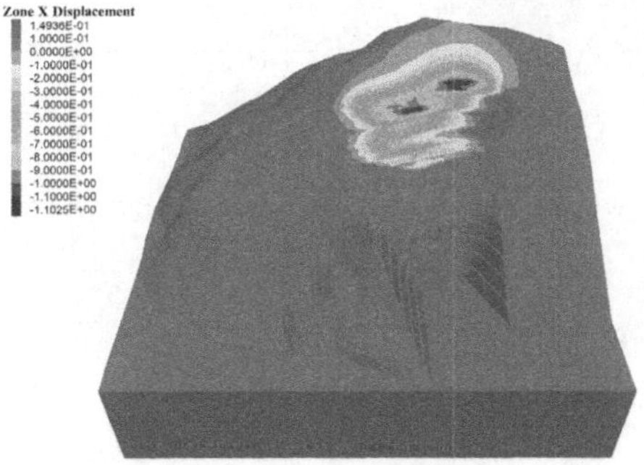

(b) Z 方向变形

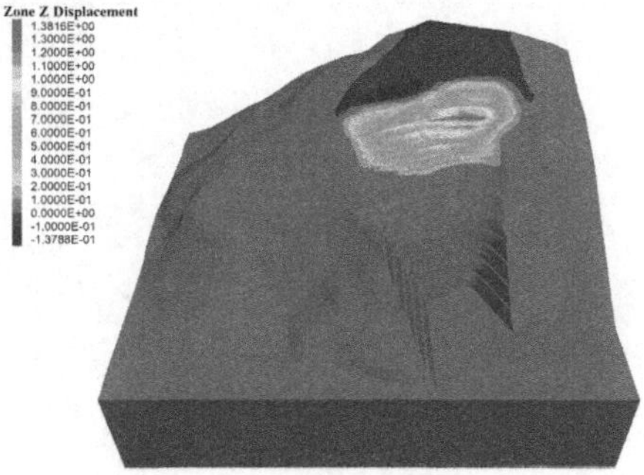

(c) X 方向变形

图 4-21　NPR 锚索支护条件下预紧力为 600 kN 时边坡变形特征

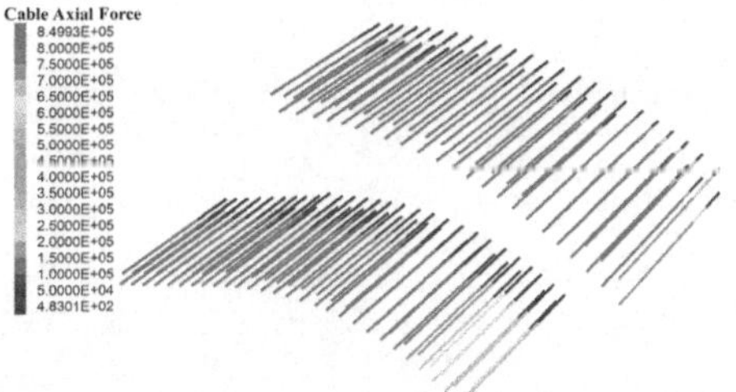

(a) 锚索轴力

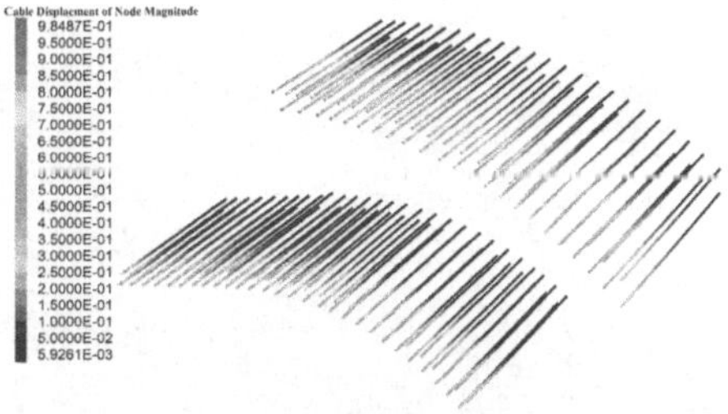

(b) 锚索整体变形

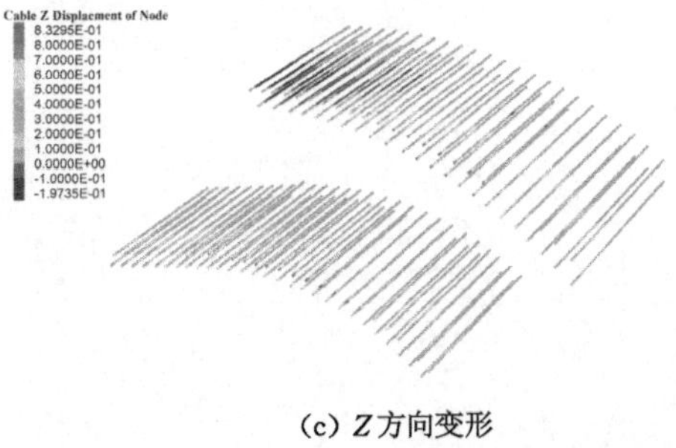

(c) Z 方向变形

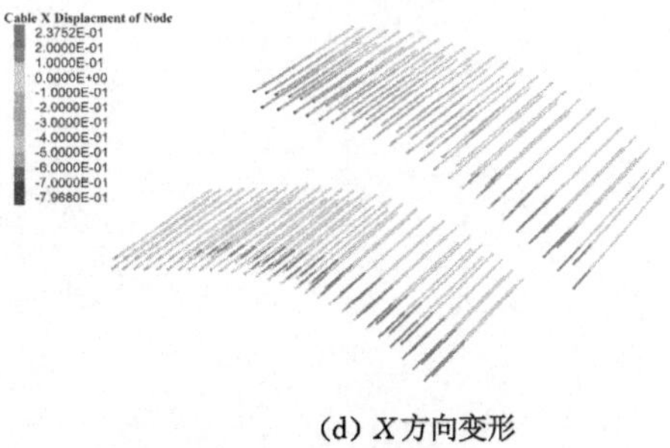

(d) X 方向变形

图 4-22　预紧力为 600 kN 时 NPR 锚索受力与变形特征

锚索数量为 104 根，通过改变锚固长度为 15 m 和 25 m，进行相同条件下的计算。

通过对不同 NPR 锚索的锚固长度进行计算发现，对于该边坡模型而言，锚固长度增加后，对边坡的变形控制以及锚索的轴力和变形特征影响均不大，模拟结果这里不再给出。然而，增加锚固长度会大大增加工作量和工程造价，因此，对于该边坡模型而言，10 m 的锚固长度是一个较好的选择。

5　强风化岩质边坡 NPR 锚索控制及监测预警现场应用

为掌握熊家山采石场强风化岩质边坡的变形规律，提高边坡在施工期和降雨期的监测和临滑预警能力，保证长地方水库的正常施工进程。2019 年 12 月，在对前 2 次滑坡及现有边坡破坏特征的研究基础上，布置了 NPR 恒阻锚索加固支护和滑坡牛顿力远程智能监测预警系统，该系统成功预报了 2020 年 7 月 9 日发生的第三次滑坡，提前预警时长为 7.5 h，现场应用成果显著。本章将从预警模式、预警准则及临滑预警 3 个方面分析宏观 NPR 锚索和滑坡牛顿力远程智能监测预警系统在熊家山采石场强风化岩质边坡的应用成果。

5.1　熊家山采石场加固及预警监测方案设计

通过对边坡勘察资料的研究和对边坡的现场调查，对边坡的监测区进行了划分，边坡分区如图 5-1 所示。由于 A 区为边坡变形严重区，故将变形区 A 区列为重点监测区域。根据熊家山采石场边坡现场变形情况，确定在滑坡灾害危险程度较大且工程重要性等级较高（Ⅰ级）的 A 区布设 4 个监测点（表 5-1），监测点的分布如图 5-1 所示。在高程 1 968～1 973 m 之间布设 2 个监测点，编号分别为 No.1 和 No.2，2 个监测点的水平间距为 35 m，在高程 1 948～1 953 m 之间布设 2 个监测点，编号分别为 No.3 和 No.4，2 个监测点的水平间距为 50 m。基于现场边坡岩土体破碎情况，确定边坡为强风化松散碎裂岩土体，确定边坡的监测精度为 1 kN，力学传感器峰值荷载为 1 500～2 000 kN。

图 5-1　边坡分区概况

表 5-1　滑坡远程滑动力监测点布置标准

工程重要性等级	监测线间距/m	监测点密度/m
Ⅰ级	50	20
Ⅱ级	70	40
Ⅲ级	100	60

4 个滑动力远程智能监测点的具体坐标以及设计参数分别如表 5-2 和表 5-3 所示。

表 5-2　牛顿力远程智能监测点坐标

监测点编号	牛顿力远程智能监测点坐标		
	X	Y	Z
No. 1	2 749 053.540	395 684.411	1 970
No. 2	2 749 053.219	395 688.207	1 973
No. 3	2 749 069.297	395 634.430	1 950
No. 4	2 749 068.932	395 653.118	1 953

表 5-3　NPR 锚索力学监测点设计参数

监测点号编号	总长/m	锚固段长/m	自由段长/m	恒阻值/t	张拉值/t	锁定值/t	入射角度/(°)
No. 1	35	15	20	85	150	30	25
No. 2	35	15	20	85	150	30	25
No. 3	35	15	20	85	150	30	25
No. 4	35	15	20	85	150	30	25

5.2　牛顿力监测预警系统

5.2.1　牛顿力监测预警原理

边坡在自然状态下存在一个天然的力学平衡体系，其中下滑力和抗滑力是主要的研究对象，而两者的差值是决定滑坡稳定性的关键。为了能够间接地测量边坡内部系统的力学变化，采用可以抵抗并产生大变形的 NPR 高恒阻锚索穿过潜在的滑动面，锚固在稳定的基岩上，通过施加一个合理的预紧力，将 NPR 高恒阻锚索与天然的边坡力学系统融为一体。当边坡发生变形的时候，即可通过安装在 NPR 高恒阻锚索上的力学传感器间接地反映滑动面上的力学变化特征。NPR 高恒阻锚索在边坡大变形控制方面的作用过程如图 5-2 所示。

5.2.2　牛顿力监测预警系统

牛顿力监测预警系统由室内监测系统和现场监测系统两部分组成。

(1) 牛顿力室内监测系统(图 5-3)

牛顿力室内监测系统主要包括北斗卫星数据接收器、GPRS 数据接收器、服务器、数据自动处理与分析系统、三维自动搜索和显示设备等。

(a) 坡体滑动前

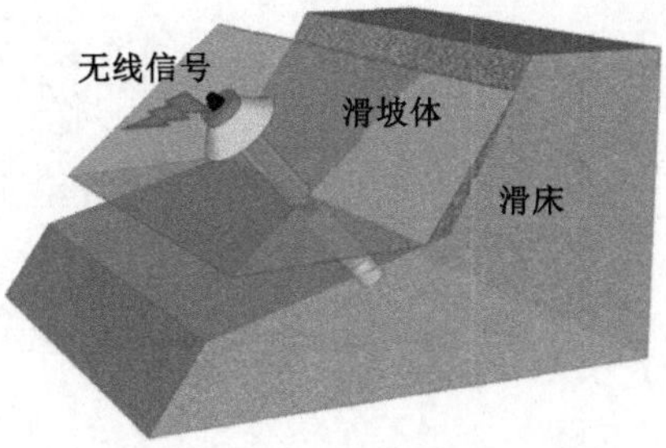

(b) 坡体滑动中

(c) 坡体滑动后

图 5-2　NPR 锚索和坡体作用的过程

图 5-3　室内监测系统

对接收到的现场传输的力学数据进行处理和分析，以数据和曲线两种形式呈现在网站上，也可以设定不同的监测频率对现场边坡进行实时不间断地监测，确保现场人员和设备的安全。

(2) 牛顿力现场监测系统(图 5-4)

牛顿力现场监测系统主要由 NPR 高恒阻锚索、高精度力学传感器、力学信号采集-发射设备组成，其次还包括天线、太阳能电池板、蓄电池、锚墩、立杆等。

NPR 高恒阻锚索埋置于边坡内部，主要用来加固边坡和感知边坡内部力的变化。NPR 锚索具有显著的稳定恒阻力和允许大变形的特点，允许锚索随着边坡的滑动产生较大的变形而不被拉断破坏，避免了因锚索被拉断而监测系统失效的事故，同时为获取边坡从稳定到失稳全过程的内力变化特征提供了保证。

高精度力学传感器安装在锚索端部，主要包括力学传感器和垫片，主要用于测量和传输锚索受边坡变形而产生的力学数据。

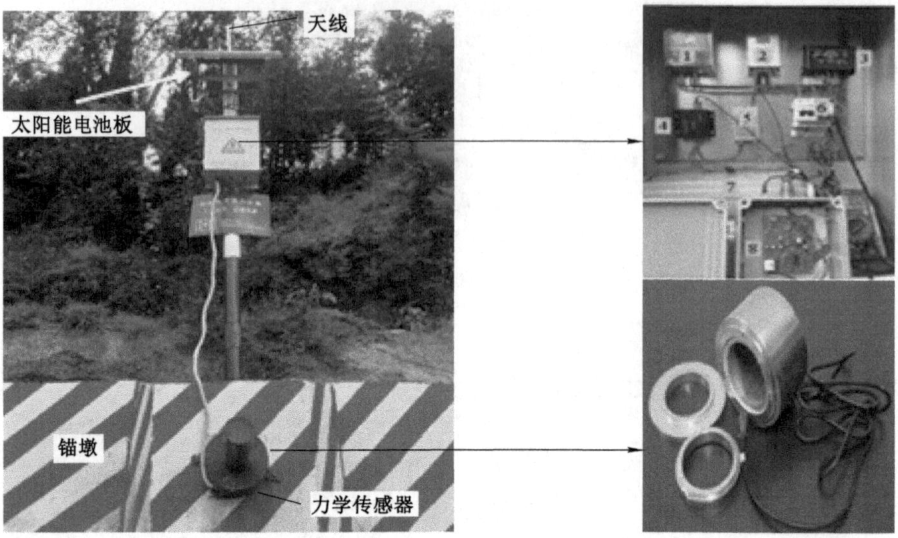

图 5-4　室外监测系统设备

力学信号采集-发射设备主要包括力学数据的采集-发射设备，由高精密电子部件集成（核心部分）、电池和天线组成，作用是接收力学信号并实现力学信号到数字信号的转化，通过北斗卫星装置发射至实验室后台，实现对锚索力的变化的实时监测。

（3）牛顿力监测网络拓扑结构

熊家山采石场边坡牛顿力远程智能监测预警系统采用如图 5-5 所示的监测网络拓扑结构对数据进行接收采集和传输。网状组网模式和线状组网模式为监测区主要的 2 种数据汇集方法。同时运用 2 种传输模式，在增加数据传输有效距离的同时，还保障了数据传输的安全性和稳定性。监测区同时采用 BDS/GPRS 双路通信模式及北斗卫星导航系统（BDS）和通用分组无线服务技术（GPRS）的传输方式，保障了监测数据传输的安全与稳定。

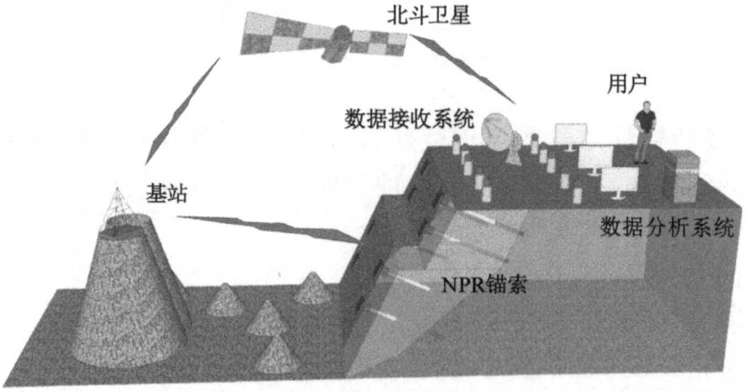

图 5-5　牛顿力监测网络拓扑结构

5.2.3　临滑预警模式和预警准则

基于 NPR 恒阻大变形锚索材料的滑坡牛顿力远程智能监测预警系统已经在全国 26 个示范区建立了 543 个牛顿力监测点，最早的监测点从 2006 年 11 月应用到 2020 年 12 月，这些监测点累计接收到数千万条监测数据，为预警模式和预警准则的建立提供了科学依据。

(1) 滑坡监测预警模式

基于牛顿力监测原理，通过将大量监测数据和边坡现场特征进行对比分析总结，建立了 4 个滑坡监测预警模式。这 4 种模式全面、系统、科学地描述了滑坡灾害发生全过程中锚索力的演变特征。这 4 种模式分别是稳定模式、不稳定模式、裂缝模式和滑移模式，曲线特征如图 5-6 所示。

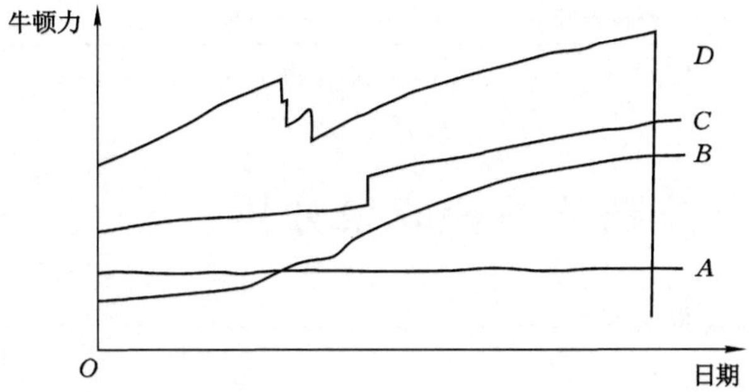

A—稳定模式曲线特征；*B*—不稳定模式曲线特征；*C*—裂缝模式曲线特征；*D*—滑移模式曲线特征。

图 5-6 牛顿力曲线特征

① 稳定模式曲线特征

对于稳定模式的监测曲线整体而言，锚索力随着时间变化基本保持恒定，滑坡体处于稳定状态，如图 5-6 中曲线 *A* 所示。

② 不稳定模式曲线特征

不稳定模式的曲线特征是随着时间的积累，锚索力不断增加，这说明目前边坡处于不稳定状态，滑坡体正在发育过程中，如图 5-6 中曲线 *B* 所示。

③ 裂缝模式曲线特征

通过对现场大量监测数据的分析得出，监测曲线突升表示边坡有裂缝产生，曲线上升的幅度决定了裂隙的大小，大幅度上升代表有大裂缝的产生，小幅度上升代表有小裂缝的产生。该模式的特征曲线出现，意味着边坡内部的裂隙在不断扩展，若裂隙不断扩展并最终形成贯通，则会产生滑坡灾害，应当立即实施有效措施，避免伤亡，如图 5-6 中曲线 *C* 所示。

④ 滑移模式曲线特征

滑移模式曲线特征的关键表现为监测曲线产生多次锚索力的突降，意味着贯通的滑动面已经产生，边坡已经开始变形并产生了局部的位移，这个突降点也就是滑坡的预警关键点，边坡随时都有发生滑坡的危险，如图 5-6 中曲线 *D* 所示。

(2) 滑动力远程监测预警准则

由于不同的工程地质条件以及不同的地质条件下 NPR 锚索的初始预紧力不同，预警准则存在地区差异性。因此，根据熊家山采石场强风化岩质边坡的工程地质特征，结合上述物理模型实验和数值模拟实验的研究结果，以及滑坡牛顿力远程智能监测预警原理，建立熊家山采石场边坡的四级预警准则。根据滑动力的变化差值，将边坡预警等级分为四级，分别为红色临滑预警、橙色近滑预警、黄色次稳预警和蓝色稳定预警 4 种颜色，具体等级及预警准则详见表 5-4。

表 5-4 牛顿力远程智能监测预警等级及预警准则

预警等级	险情预报	一级准则： 滑动力 T/kN	二级准则： 滑动力增量ΔT/kN
蓝色	稳定预警	0～200	20～50 升至黄色
黄色	次稳预警	200～400	50～100 升至橙色
橙色	近滑预警	400～600	>100 升至红色
红色	临滑预警	>600	牛顿力突降

注：滑动力 $T = T_n - T_0$；滑动力增量$\Delta T = T_n - T_{n-1}$；初始预紧力 $T_0 = 300$ kN。

5.3 边坡大变形控制及预警成果分析

5.3.1 边坡大变形控制效果分析

(1) 滑坡总体特征

2020 年 7 月 1 日至 7 月 31 日，通过多次现场调查发现“2020-0709 滑坡”位于采石场边坡左下方高程 1 968～1 918 m 范围内。滑坡体倾向为 243°，沿滑坡体倾向长度约为 110 m，沿滑坡体走向宽度约为 100 m，滑坡面积约为 1.1 万 m^2，滑体最大厚度约为 10 m，滑体体积约为 80 万 m^3。

(2) 滑坡体前缘特征

滑坡体前缘位于边坡左侧高程 1 918 m 处，属于强风化岩体，受开挖卸荷、上部岩体向下的作用力和降雨等共同作用影响，产生了解体滑塌，边坡岩体呈碎裂状。

(3) 滑坡体后缘特征

滑坡体后缘位于高程 1 968 m 平台，滑坡发生后，1 968 m 平台产生了大量裂纹，整个平台下沉严重，与原高程相比，下沉深度约为 1 m。

(4) 滑坡体周界两侧特征

滑坡体周界两侧界限明显[图 5-7(a)]。其中，滑坡右侧边界以排水沟为界，排水沟破坏严重，与两侧边坡对比可见排水沟整体下沉，且排水沟下覆边坡岩体变形破坏严重，受强降雨冲刷后排水沟呈腾空状[图 5-7(b)]；排水沟两侧坡面混凝土受滑坡影响，剥落严重，并随滑坡下滑至坡底，两侧岩体受到滑坡剪切影响，严重破碎，形成凹槽，成为雨水入渗的主要通道[图 5-7(c)]。滑坡左侧边界以边坡左侧陡坡为界，受到滑坡影响，边坡左侧第四纪覆盖层产生滑坡，并向下游处大规模滑落，形成宽度约为 4 m、深度约为 2 m 的深沟[图 5-7(d)]。

(5) 锚索变形特征

通过调查发现，多处 PR 锚索锚墩、格构梁破坏严重，如图 5-8 所示。而 NPR 锚索的锚墩完好，且 NPR 锚索的恒阻体在恒阻套筒内产生了滑移，如图 5-9 所示。

(6) 边坡变形趋势

该滑坡虽然位于整个边坡的左下角，但是对整个边坡的稳定产生了极其严重的影响。2020 年 7 月 8 日和 7 月 9 日的降雨量分别达到了 83 mm 和 89 mm，这也是诱发“2020-0709”滑坡的最直接和最主要的原因。该滑坡发生后，上部老滑坡再次被激活，产生蠕动，但是从 2020 年 7 月 10 日至 7 月 16 日，边坡并未发现明显的新裂隙和破坏。2020 年 7 月 17

图 5-7 滑坡体周界两侧特征

(a) 锚索拉断飞弹 (b) 锚索拉断

(c) 锚索塑性变形 (d) 锚墩内陷

图 5-8 坡面 PR 锚索破坏特征

日和 7 月 18 日的降雨量分别达到了 92.5 mm 和 50.5 mm，之后整个边坡开始加速蠕变，老滑坡右侧边界从高程 1 980 m 开始向下产生了明显下沉，纵向排水沟破坏严重，排水沟底部边坡被冲刷腾空[图 5-10(a)和(b)]，高程 1 980 m 平台产生了宽度为 10 cm 的裂隙，长度约为 30 m[图 5-10(c)]，形成了图 5-10 中破坏区Ⅰ。高程 1 980 m 左侧陡崖的第四纪覆盖层发生向下的滑动，导致坡面混凝土破坏严重，锚索支护被彻底破坏，产生多处沉陷和深坑[图 5-10(d)和(e)]，形成了图 5-10 中的破坏区Ⅱ。边坡右下角高程 1 938 m 至 1 918 m 的坡面加固混凝土全部被剥落，边坡表面的岩体破碎严重[图 5-10(g)和(h)]，形成图 5-10 中的破坏区Ⅲ。“2020-0709”滑坡进一步扩展，边坡岩体解体严重[图 5-10(f)]，形成图 5-10 中的破坏区Ⅳ。

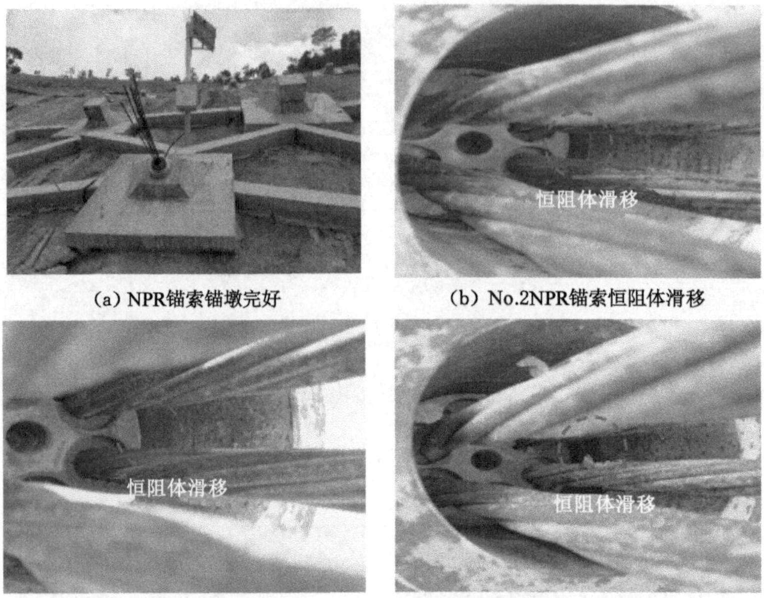

(a) NPR锚索锚墩完好　(b) No.2NPR锚索恒阻体滑移

(c) No.3NPR锚索恒阻体滑移　(d) No.4NPR锚索恒阻体滑移

图 5-9　NPR 锚索变形特征

图 5-10　边坡变形趋势(2020 年 7 月 31 日)

通过对边坡的变形破坏特征进行分析,得出边坡的大变形是降雨和开挖共同作用的结果,由于 PR 锚索无法承受边坡的大变形而破断失效,导致 PR 锚索加固的区域变形破坏严重。而 NPR 锚索表现出明显的大变形和吸能特征,因此 NPR 锚索加固区域只产生了小幅度的变形，且锚墩及边坡较为完好，验证了 NPR 锚索具有对强风化岩质边坡较好的控制特性。

5.3.2 滑动力变化特征分析

从 2020 年 6 月 24 日至本次滑坡发生，熊家山采石场边坡 No. 4 滑动力监测点共出现了 6 次显著的变化特征，如图 5-11 中 A、B、C、D、E 和 F 点所示。

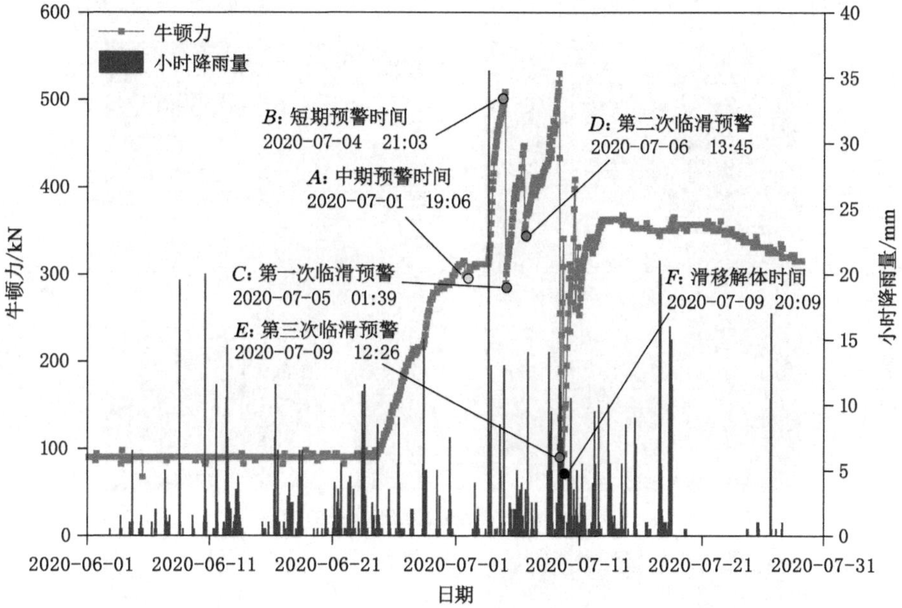

(a) 2020-06-01～2020-07-15

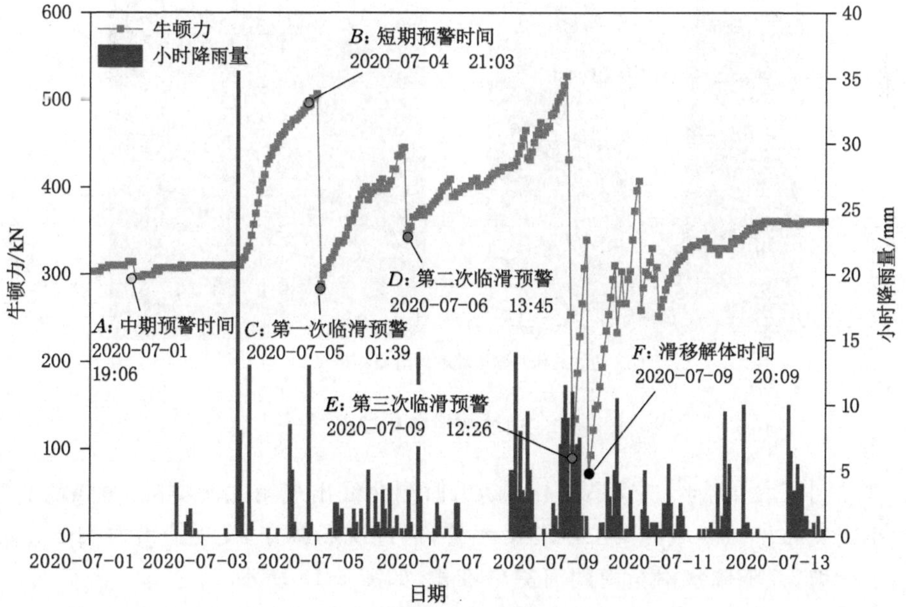

(b) 2020-07-01～2020-07-15

图 5-11 No. 4 监测点滑动力监测曲线

2020 年 7 月 4 日 21 时 3 分，滑动力累计增加达到 408 kN。由于该边坡于 2019 年 7 月 28 日发生过滑坡，根据滑动力监测预警等级，结合现场调研情况，通过综合分析，于 2020 年 7 月 4 日发布了该区域的橙色预警，并采取了相应的避险措施。

2020 年 7 月 5 日 1 时 39 分，No. 4 滑动力监测曲线出现第一次突降，突降值为 223 kN，此时发布了该区域的第一次临滑预警，当天通过现场调查，发现监测区域坡面产生的裂隙规模有所扩展，边坡坡脚左侧未开采的边坡发生了小规模的滑塌，如图 5-12 所示。

(a) 坡面裂隙产生并迅速扩展（A—B）

(b) 边坡前缘左侧边坡解体滑塌（B—C）

图 5-12　边坡变形破坏过程（Ⅰ）

2020 年 7 月 6 日 13 时 45 分，No. 4 滑动力监测曲线出现第二次突降，突降值为 111 kN，联合监测小组发布了该区域的第二次临滑预警，通过现场调查，发现边坡左侧陡崖第四纪覆盖层发生了滑坡，并随雨水滑至南朗河左岸堆积，如图 5-13 所示。

2020 年 7 月 9 日 12 时 26 分，No. 4 滑动力监测曲线出现了第三次突降，突降值为 435 kN，联合监测小组发布了该区域的第三次临滑预警，通过现场调查，发现预警区坡面裂隙产生扩展，但是未发生新的滑坡（塌）。2020 年 7 月 9 日 20 时 9 分，滑动力在经过短暂迅速增加后

(a) 边坡左侧第四系覆盖层产生滑坡（C—D）　(b) 滑坡在坡底南朗河左岸堆积（C—D）

(c) 1968 m平台产生裂隙和下沉（D—F）　(d) 坡脚左侧坡体发生滑塌（D—F）

图 5-13　边坡变形破坏过程（Ⅱ）

又突降，通过分析，认为该时间点为滑坡解体时间。2020 年 7 月 10 日，通过现场调查，发现边坡 1 968 m 平台产生裂隙和下沉，边坡坡脚左侧边坡解体垮塌，呈散体状。

通过对滑动力监测曲线进行分析，得出熊家山采石场强风化岩质边坡采用了滑坡牛顿力远程智能监测预警系统后，对边坡施工期和降雨期进行了实时监测，获得了滑动力全过程监测曲线，捕捉到了边坡的临滑预警信息，并提前 4 d 发出第一次临滑预警，在滑坡发生前 7.5 h 发出临滑预警信息，人员和设备避险及时，避免了因边坡变形破坏而造成人员和设备损害。

通过对滑动力变化不同阶段对应的边坡变形特征进行分析，得出滑坡牛顿力监测预警系统能够很好地反应边坡的变形和破坏特征，最主要的是验证了滑动力监测曲线可以很好地反映滑动面上的力学变化特征，反映出边坡的临滑信息，实现了滑坡的临滑预警。

通过分析，No. 4 监测点滑动力监测曲线呈现出“突降”特点，原因如下：

(1) 长地方水库正值雨季，集中强降雨天气较多。

监测区域本身是一个老的滑坡体，存在滑动面和破碎带，后期经过加固和应力重分布，边坡重新达到稳定状态。截至 2020 年 7 月 3 日，长地方上半年的降雨量达到 860 mm，雨水通过坡顶原有的裂隙渗入边坡体内，导致滑动面的抗剪强度明显降低，而且边坡主要为强风化变质岩，吸水性强，遇水后坡体重度不断增加，孔隙水压力增加，所以边坡的下滑力增加。

(2) No. 4 监测点下方边坡开采影响较大。

2019 年下半年，完成了边坡高程 1 918 m 下方的开采工作。由于开采施工导致高程 1 918 m 以下边坡坡角过大，且未及时进行加固处理，开挖暴露出原有滑坡的滑动面，该滑动面成为雨季雨水渗流的便利通道，使滑动面的阻力减小。所以，坡脚开采不仅减少了对上部坡体的支撑力，同时增加了下滑力。

综上所述，熊家山采场“2020-0709”滑坡（塌）属于降雨（主因）和开挖（次因）引发的滑坡。首先，边坡岩性属于全-强风化岩，岩体质量较差；坡脚开挖为滑坡产生滑动提供了空间；其次，坡脚开挖使原有滑动面（即强-中风化分界面）暴露出来，为雨水在岩体中的流动提供了通道；最后，2020 年 6 月 1 日以来的强降雨破坏了岩体的整体稳定性，增加了滑面的下滑力，从而诱发该监测区域边坡从局部到整体的破坏。然而由于采石场边坡安装了宏观 NPR 锚索和滑坡牛顿力远程智能监测预警系统，提前了 7.5 h 发出临滑预警，有效地避免了现场工作人员的伤亡和经济损失，同时也验证了宏观 NPR 锚索具有随边坡产生大变形而不坏的特点。

6 结论与展望

6.1 主要结论

针对强风化岩质边坡在降雨-开挖联合作用下显现出来的裂隙产生、扩展和贯通引起的边坡大变形破坏，以及现有的PR锚索无法适应边坡大变形而破断失效的科学问题，本书以熊家山采石场强风化岩质边坡为工程研究背景，采用现场调研、室内物理模型实验、有限差分数值模拟实验、现场工程应用的手段进行了研究，揭示了熊家山采石场边坡在降雨-开挖联合作用下的大变形破坏规律、破坏模式与锚索变形破坏特征，验证了NPR锚索进行强风化岩质边坡滑坡大变形灾害控制的可行性和有效性，NPR锚索具有随边坡滑动产生大变形和显著的吸能特性，以及NPR锚索在滑坡灾害监测预警功能上的独特优势。本书得到以下主要结论：

(1) 通过对熊家山采石场边坡的现场边坡破坏特征进行分析，结合物理模型实验结果，得出边坡的失稳机制为：开挖形成高陡边坡，受到开挖卸荷作用，边坡进行应力重分布，产生回弹变形，同时开挖面为边坡大变形提供了空间条件；边坡开挖区主要是强风化岩体，两组构造节理将边坡岩体切割成碎裂状，边坡岩体的整体性受到破坏；雨季连续的强降雨通过裂隙渗入边坡，带走了边坡内部的土体小颗粒，造成张拉裂隙不断下切，宽度增加，同时降雨增大了边坡岩土体的重度，提高了边坡内部的孔隙水压力，并在裂隙内形成静水压力，边坡的隔水层附近形成浮托力，从而降低了岩土体的有效应力和抗剪强度，导致边坡产生滑坡大变形。

(2) 通过物理模型实验研究，得出在第Ⅰ阶段降雨和开挖过程中，边坡的变形破坏主要发生在降雨过程中，破坏形式主要包括降雨引发的浅层破坏、坡顶平台和坡面形成张拉裂隙以及自然边坡下缘产生剪张裂隙。

(3) 通过物理模型实验研究得出，在无支护条件下，第Ⅱ阶段降雨和开挖过程中，由于张拉裂隙对边坡内部结构的损伤和劣化，随着雨水入渗和汇集，岩土体重度不断增加，坡体内孔隙水压力不断增大，边坡岩土体的有效应力降低，潜在滑动面的抗剪强度降低，综合作用下边坡产生失稳破坏，而且边坡的失稳具有突发性和无征兆性，滑坡体的滑动具有高速和远程的特征。

(4) 通过物理模型实验研究得出，在PR锚索＋NPR锚索支护条件下，锚索对边坡的整体变形起到控制作用，降雨过程中，边坡最初只产生局部的浅层滑塌，随着降雨的持续，部分PR锚索因超过其抗拉强度而失效，边坡的整体变形逐渐增大，最终所有的PR锚索均因边坡大变形而破坏。然而边坡产生大变形后再次达到稳定状态，分析NPR锚索和恒阻体的变形规律得出，边坡再次达到稳定状态，NPR锚索起了关键的支护作用，验证了NPR锚索对强风化岩质边坡具有很好的控制特性。

(5) 通过对比物理模型实验过程中 NPR 锚索和 PR 锚索的受力曲线得出，NPR 锚索达到恒阻力之前的受力曲线变化特征与 PR 锚索的相似，但是在边坡发生滑动大变形前，NPR 锚索的受力曲线具有统一的突增和突降特点。

(6) 通过物理模型实验研究得出，在 NPR 锚索支护条件下，锚索的支护对边坡起到了控制作用，在降雨过程中，主要在坡面形成冲蚀沟和泥石流，在降雨后期，由于边坡岩土体的重度增加明显，且滑动面的抗剪强度显著降低，边坡产生了整体的小范围变形。但是由于 NPR 锚索的显著吸能和适应大变形的特征，边坡再次恢复稳定状态，这说明对于强风化岩质边坡，NPR 锚索仍具有良好的支护特征。

(7) 通过对物理模型实验中的土压力、孔隙水压力、基质吸力、含水率的监测曲线进行分析得出，这些监测数据能够很好地反映出边坡在降雨过程的变形、裂隙的产生和扩展、坡体内部的力学变化规律，能够很好地解释滑坡产生的机制。由于其监测过程容易受到外界因素干扰，边坡发生失稳时的曲线变化规律不统一，预警准则较难统一，预警时间不能满足安全要求。但是 NPR 锚索的监测曲线在滑坡发生前后具有统一的变化特征，验证了 NPR 锚索作为边坡临滑预警监测曲线的优越性与合理性。

(8) 根据 3 种工况的模型实验结果，总结了三大类、十小类边坡的变形破坏模式。其中，三大类分别为：裂隙模式、冲蚀模式、滑塌模式。

(9) 利用数值模拟软件 $FLAC^{3D}$ 构建了熊家山采石场边坡三维数值模型，对开挖和暴雨饱和状态下的边坡变形特征以及暴雨饱和状态下 PR 锚索和 NPR 锚索对边坡的控制效果进行了研究。在暴雨饱和状态下，锚索数量为 104 根时，PR 锚索无法承受边坡大变形而失效，而 NPR 锚索具有适应边坡大变形和吸能的特性，对边坡起到的控制作用。当 NPR 锚索数量为 52 根时，边坡虽未表现出整体破坏，但边坡变形量达到 1.57 m。当 NPR 锚索数量为 26 根时，部分 NPR 锚索已经超过了其最大允许变形量而失效，支护系统失效。

(10) 利用数值模拟实验对 104 根 NPR 锚索支护条件下，不同锚固角度、预紧力大小和锚固长度对边坡的变形以及锚索的受力和变形特征进行了研究，针对熊家山采石场边坡而言，锚固角度为 35°、预紧力为 300 kN、锚固长度为 10 m 对于锚索的使用寿命和加固、防治、监测、预警的灵敏性都是较佳的布设参数。

(11) 针对以上研究成果，在熊家山采石场强风化岩质边坡进行了 NPR 锚索加固支护及和滑坡牛顿力远程智能监测预警系统的现场工程应用，通过对现场边坡进行实时监测，成功监测到了牛顿力变化全过程曲线，捕捉到了临滑预警信息，并提前 7.5 h 发出短临预警，有效避免了现场工作人员的伤亡和经济损失。通过对比 PR 锚索和 NPR 锚索的变形破坏特征，验证了 NPR 锚索具有大变形和吸能特性，也验证了 NPR 锚索的加固、防治、监测、预警功能在强风化岩质边坡具有很好的应用效果，为类似的边坡防治提供了科学依据。

6.2 创新点

(1) 基于相似比理论，本书构建了强风化岩质高陡边坡的“PR-NPR 锚索”力学加固模型，通过物理模型实验获得了降雨-开挖联合作用下诱发滑坡全过程 PR-NPR 锚索力学响应规律，揭示了强风化岩质边坡岩体降雨诱发非线性大变形劣化失稳机理。

(2) 通过模型实验和数值模拟相结合的实验方法,对降雨-开挖联合作用下 NPR 锚索加固边坡的稳定性进行了分析和评价,揭示了 NPR 锚索布设关键参数对边坡加固-防治-监测-预警灵敏度的影响规律。

(3) 结合现场滑坡成功预报案例和物理模型实验结果,验证了 NPR 锚索能够适应边坡大变形和牛顿力监测预警系统临滑预报效果显著的优势。

6.3 研究展望

本书以熊家山采石场强风化岩质边坡为工程研究背景,对其失稳机理及控制对策进行了物理模型实验和数值模拟实验,对边坡在降雨和开挖条件下的变形破坏特征、PR 锚索和 NPR 锚索的受力特征,土压力、孔隙水压力、含水率和基质吸力的变化规律进行了研究,取得了一些研究成果,但是由于强风化岩质边坡大变形失稳的影响因素很多,变形机理复杂,加上著者水平和时间所限,因此关于降雨和开挖对强风化岩质边坡的大变形失稳机制和控制对策方面仍然需要进行更加系统而深入的研究:

(1) 本书物理模型实验中 NPR 锚索的支护方式有限,以后需在模型中考虑改变 NPR 锚索的支护方式,从而达到一种既经济又合理的 NPR 锚索支护对策。

(2) 本书采用的人工降雨只考虑了一种降雨强度和降雨历时,以后可在模型中考虑不同的降雨强度和降雨历时,从而得到 NPR 锚索在不同地区不同降雨环境下的支护特性。

(3) 本书只考虑了降雨入渗对边坡的影响,未考虑地下水位的抬升对降雨的影响,以后的研究工作可以共同考虑降雨和地下水位抬升来研究 NPR 锚索的支护特性。

(4) 本书模型实验中采用 NPR 锚索加固时,坡表冲刷严重,以后研究工作在进行岩质边坡 NPR 锚索加固时考虑增加坡面处理措施,避免因坡表冲刷严重影响 NPR 锚索支护效果。

(5) 本书使用的坡表位移监测手段是数字散斑,该技术对于三维的立体边坡大变形过程监测存在一定的误差,以后可考虑采用激光扫描或其他监测手段以提高监测精度。

参考文献

[1] PETLEY D. Global patterns of loss of life from landslides[J]. Geology,2012,40(10):927-930.

[2] FROUDE M J,PETLEY D N. Global fatal landslide occurrence from 2004 to 2016[J]. Natural hazards and earth system sciences,2018,18(8):2161-2181.

[3] LIN L,LIN Q G,WANG Y. Landslide susceptibility mapping on a global scale using the method of logistic regression[J]. Natural hazards and earth system sciences,2017,17(8):1411-1424.

[4] LIN Q G,WANG Y,LIU T X,et al. The vulnerability of people to landslides:a case study on the relationship between the casualties and volume of landslides in China[J]. International journal of environmental research and public health,2017,14(2):212.

[5] LIN Q G,WANG Y. Spatial and temporal analysis of a fatal landslide inventory in China from 1950 to 2016[J]. Landslides,2018,15(12):2357-2372.

[6] 汪发武,谭周地. 长江三峡新滩滑坡滑动机制[J]. 长春地质学院学报,1990,20(4):437-442.

[7] 文海家,张岩岩,付红梅,等. 降雨型滑坡失稳机理及稳定性评价方法研究进展[J]. 中国公路学报,2018,31(2):15-29.

[8] DAI F C,LEE C F. Landslide characteristics and slope instability modeling using GIS,Lantau Island,Hong Kong[J]. Geomorphology,2002,42(3/4):213-228.

[9] CROSTA G B, FRATTINI P. Rainfall-induced landslides and debris flows [J]. Hydrological Processes,2008,22(4):473-477.

[10] ZHANG L L,ZHANG J,ZHANG L M,et al. Stability analysis of rainfall-induced slope failure: a review [J]. Proceedings of the institution of civil engineers-geotechnical engineering,2011,164(5):299-316.

[11] ZHANG L L,LI J H,LI X,et al. Rainfall-induced soil slope failure:stability analysis and probabilistic assessment[M]. Boca Raton:CRC Press,2016.

[12] HØYDA Ø A,HEYERDAHL H. Methodology for calculation of rain-induced slides [C]//International Conference on Unsaturated Soils. [S. l. :s. n.],2006.

[13] 张群,许强,李江,等. 南江"9·16"群发性缓倾浅层土质滑坡特征与成因机制研究[J]. 自然灾害学报,2015,24(3):104-111.

[14] 姚鑫,余凯,张永双,等. "1·11"镇雄灾难性滑坡滑动机制:高孔隙度土流态化启动与滑动液化[J]. 岩石力学与工程学报,2014,33(5):1047-1054.

[15] 吴火珍,冯美果,焦玉勇,等. 降雨条件下堆积层滑坡体滑动机制分析[J]. 岩土力学,

2010,31(增刊1):324-329.
[16] GIANNECCHINI R, GALANTI Y, D' AMATO AVANZI G. Critical rainfall thresholds for triggering shallow landslides in the Serchio River Valley (Tuscany, Italy)[J]. Natural hazards and earth system sciences,2012,12(3):829-842.
[17] BAUM R L,GODT J W. Early warning of rainfall-induced shallow landslides and debris flows in the USA[J]. Landslides,2010,7(3):259-272.
[18] MONTRASIO L,VALENTINO R,LOSI G L. Rainfall-induced shallow landslides:a model for the triggering mechanism of some case studies in northern Italy[J]. Landslides,2009,6(3):241-251.
[19] 吴李泉,张锋,凌贤长,等.强降雨条件下浙江武义平头村山体高边坡稳定性分析[J].岩石力学与工程学报,2009,28(6):1193-1199.
[20] MONTRASIO L,VALENTINO R. Experimental analysis and modelling of shallow landslides[J]. Landslides,2007,4(3):291-296.
[21] 许强,董秀军,邓茂林,等.2010年7·27四川汉源二蛮山滑坡-碎屑流特征与成因机理研究[J].工程地质学报,2010,18(5):609-622.
[22] 支墨墨.降雨诱发大型滑坡变形破坏机理研究:以下山村滑坡为例[D].杭州:浙江大学,2015.
[23] CHEN H,LEE C F,LAW K T. Causative mechanisms of rainfall-induced fill slope failures[J]. Journal of geotechnical and geoenvironmental engineering,2004,130(6):593-602.
[24] WU Y,HE S M,LI X P. Mechanism of action of cracks water on rock landslide in rainfall[J]. Journal of Central South University of Technology, 2010, 17(6):1383-1388.
[25] ZHU J H,ANDERSON S A. Determination of shear strength of Hawaiian residual soil subjected to rainfall-induced landslides[J]. Géotechnique,2002,52(2):143-144.
[26] SONG K Y,OH H J,CHOI J,et al. Prediction of landslides using ASTER imagery and data mining models[J]. Advances in space research,2012,49(5):978-993.
[27] COLLINS B D,ZNIDARCIC D. Stability analyses of rainfall induced landslides[J]. Journal of geotechnical and geoenvironmental engineering,2004,130(4):362-372.
[28] WANG G,SASSA K. Factors affecting rainfall-induced flowslides in laboratory flume tests[J]. Géotechnique,2001,51(7):587-599.
[29] JOHNSON K A,SITAR N. Hydrologic conditions leading to debris-flow initiation [J]. Canadian geotechnical journal,1990,27(6):789-801.
[30] GERSCOVICH D M S,VARGAS E A,DE CAMPOS T M P. On the evaluation of unsaturated flow in a natural slope in Rio de Janeiro,Brazil[J]. Engineering geology,2006,88(1/2):23-40.
[31] TOHARI A, NISHIGAKI M, KOMATSU M. Laboratory rainfall-induced slope failure with moisture content measurement [J]. Journal of geotechnical and geoenvironmental engineering,2007,133(5):575-587.

[32] 银明锋.暴雨条件下风化岩边坡滑坡机理与治理试验研究[D].长沙:中南大学,2012.

[33] 孙建平,刘青泉,李家春,等.降雨入渗对深层滑坡稳定性影响研究[J].中国科学 G 辑:物理学 力学 天文学,2008,38(8):945-954.

[34] 谢守益,徐卫亚.降雨诱发滑坡机制研究[J].武汉水利电力大学学报,1999,32(1):22-24.

[35] FREDLUND D G,MORGENSTERN N R. Stress state variables for unsaturated soils [J]. Journal of the geotechnical engineering division,1977,103(5):447-466.

[36] SPRINGMAN S M, THIELEN A, KIENZLER P, et al. A long-term field study for the investigation of rainfall-induced landslides [J]. Géotechnique, 2013, 63 (14): 1177-1193.

[37] 林鸿州,于玉贞,李广信,等.降雨特性对土质边坡失稳的影响[J].岩石力学与工程学报,2009,28(1):198-204.

[38] 李焕强,孙红月,孙新民,等.降雨入渗对边坡性状影响的模型实验研究[J].岩土工程学报,2009,31(4):589-594.

[39] 李龙起,罗书学,王运超,等.不同降雨条件下顺层边坡力学响应模型试验研究[J].岩石力学与工程学报,2014,33(4):755-762.

[40] 李龙起,罗书学,魏文凯,等.降雨入渗对含软弱夹层顺层岩质边坡性状影响的模型试验研究[J].岩石力学与工程学报,2013,32(9):1772-1778.

[41] 戚国庆.降雨诱发滑坡机理及其评价方法研究[D].成都:成都理工大学,2004.

[42] 兰恒星,周成虎,李焯芬,等.瞬时孔隙水压力作用下的降雨滑坡稳定性响应分析:以香港天然降雨滑坡为例[J].中国科学 E 辑:技术科学,2003,33(增刊 1):119-136.

[43] 弗雷德隆德,拉哈尔佐.非饱和土土力学[M].陈仲颐,张在明,陈愈炯,等,译.北京:中国建筑工业出版社,1997.

[44] SONG H F, CUI W. A large-scale colluvial landslide caused by multiple factors: mechanism analysis and phased stabilization[J]. Landslides,2016,13(2):321-335.

[45] FUMAGALLI E. Model simulation of rock mechanics problem. rock mechanics in engineering practice[M]. London:J Wiley Bulletin Ismes Nr. 38,1968.

[46] 任伟中,陈浩.滑坡变形破坏机理和整治工程的模型试验研究[J].岩石力学与工程学报,2005,24(12):2136-2141.

[47] 胡修文,唐辉明,刘佑荣.三峡库区赵树岭滑坡稳定性物理模拟试验研究[J].岩石力学与工程学报,2005,24(12):2089-2095.

[48] 罗先启,刘德富,吴剑,等.雨水及库水作用下滑坡模型试验研究[J].岩石力学与工程学报,2005,24(14):2476-2483.

[49] 刘波,罗先启,张振华.三峡库区千将坪滑坡模型试验研究[J].三峡大学学报(自然科学版),2007,29(2):124-128.

[50] 李新志.降雨诱发堆积层滑坡加卸载响应比规律的物理模型试验及其破坏机理研究:以长江三峡库区堆积层滑坡为研究基础[D].青岛:青岛理工大学,2008.

[51] 左自波.降雨诱发堆积体滑坡室内模型试验研究[D].上海:上海交通大学,2013.

[52] 李秀珍,何思明,王震宇,等.降雨入渗诱发斜坡失稳的物理模型适用性分析[J].灾害

学,2015,30(1):34-38.
[53] 罗先启.滑坡模型试验理论及其应用[D].上海:上海交通大学,2008.
[54] OCHIAI H,OKADA Y,FURUYA G,et al. A fluidized landslide on a natural slope by artificial rainfall[J]. Landslides,2004,1(3):211-219.
[55] OCHIAI H, SAMMORI T, OKADA Y. Landslide experiments on artificial and natural slopes [M]//Progress in Landslide Science. Berlin, Heidelberg: Springer Berlin Heidelberg,2007.
[56] BROENNIMANN C,TACHER L. Water related triggering mechanisms of shallow landslides: numerical modelling of hydraulic flows in slopes verified with field experiments[J]. Egu general assembly,2009,43(8):11450.
[57] CHEN G, MENG X M, QIAO L, et al. Response of a loess landslide to rainfall: observations from a field artificial rainfall experiment in Bailong River Basin,China [J]. Landslides,2018,15(5):895-911.
[58] SAKAI N, UETAKE M, FUKUZONO T. Mechanism of shallow landslide due to heavy rainfall using large-scale model test of unsaturated soil [C]//Agu Fall Meeting. [S. l. :s. n.],2009.
[59] 王维早,许强,郑光,等.强降雨诱发缓倾堆积层边坡失稳离心模型试验研究[J].岩土力学,2016,37(1):87-95.
[60] 慕焕东,宋登艳,张茂省,等.灌溉诱发型黄土滑坡离心模型试验研究[J].岩土工程学报,2016,38(增刊 2):172-177.
[61] 周维垣,林鹏,杨强,等.锦屏高边坡稳定三维地质力学模型试验研究[J].岩石力学与工程学报,2008,27(5):893-901.
[62] OKA H. Impacts by the "artificial landslide": re-examine the rage of nature[J]. Kagaku asahi,1972,32(1):152-153.
[63] LIM T T,RAHARDJO H,CHANG M F,et al. Effect of rainfall on matric suctions in a residual soil slope[J]. Canadian geotechnical journal,1996,33(4):618-628.
[64] IVERSON R M, REID M E, LAHUSEN R G. Debris-flow mobilization from landslides[J]. Annual review of earth and planetary sciences,1997,25:85-138.
[65] OKURA Y, KITAHARA H, OCHIAI H, et al. Landslide fluidization process by flume experiments[J]. Engineering geology,2002,66(1/2):65-78.
[66] ORENSE R P,SHIMOMA S,MAEDA K,et al. Instrumented model slope failure due to water seepage[J]. Journal of natural disaster science,2004,26(1):15-26.
[67] MORIWAKI H,INOKUCHI T,HATTANJI T,et al. Failure processes in a full-scale landslide experiment using a rainfall simulator[J]. Landslides,2004,1(4):277-288.
[68] RAHARDJO H, LEE T T, LEONG E C, et al. Response of a residual soil slope to rainfall[J]. Canadian geotechnical journal,2005,42(2):340-351.
[69] HUAT B B K,ALI F H,LOW T H. Water infiltration characteristics of unsaturated soil slope and its effect on suction and stability [J]. Geotechnical and geological engineering,2006,24(5):1293-1306.

[70] LOURENÇO S D N, SASSA K, FUKUOKA H. Failure process and hydrologic response of a two layer physical model: implications for rainfall-induced landslides [J]. Geomorphology, 2006, 73(1/2): 115-130.

[71] CHING-CHUAN H, YIH-JANG J, LIH-KANG H, et al. Internal soil moisture and piezometric responses to rainfall-induced shallow slope failures [J]. Journal of hydrology, 2009, 370(1/2/3/4): 39-51.

[72] LEE Y S, CHEUK C Y, BOLTON M D. Instability caused by a seepage impediment in layered fill slopes[J]. Canadian geotechnical journal, 2008, 45(10): 1410-1425.

[73] LING H I, WU M H, LESHCHINSKY D, et al. Centrifuge modeling of slope instability[J]. Journal of geotechnical and geoenvironmental engineering, 2009, 135 (6): 758-767.

[74] KAWAMURA S, MIURA S, YOKOHAMA S. Rainfall-induced failure of volcanic slope with crushable particles subjected to freeze-thaw action [C]//Geo-frontiers Congress. Dallas: American Society of Civil Engineers, 2011.

[75] EGELI I, PULAT H F. Mechanism and modelling of shallow soil slope stability during high intensity and short duration rainfall[J]. Scientia iranica, 2011, 18(6): 1179-1187.

[76] VEDIE E, LAGARDE J L, FONT M. Physical modelling of rainfall- and snowmelt-induced erosion of stony slope underlain by permafrost[J]. Earth surface processes and landforms, 2011, 36(3): 395-407.

[77] WU L Z, HUANG R Q, XU Q, et al. Analysis of physical testing of rainfall-induced soil slope failures[J]. Environmental earth sciences, 2015, 73(12): 8519-8531.

[78] ZHOU J W, CUI P, HAO M H. Comprehensive analyses of the initiation and entrainment processes of the 2000 Yigong catastrophic landslide in Tibet, China[J]. Landslides, 2016, 13(1): 39-54.

[79] LORA M, CAMPORESE M, TROCH P A, et al. Rainfall-triggered shallow landslides: infiltration dynamics in a physical hillslope model [J]. Hydrological processes, 2016, 30(18): 3239-3251.

[80] WANG J D. Field tests of expansive soil embankment slope deformation under the effect of the rainfall evaporation cycle [J]. Applied ecology and environmental research, 2017, 15(3): 343-357.

[81] DAMIANO E, GRECO R, GUIDA A, et al. Investigation on rainwater infiltration into layered shallow covers in pyroclastic soils and its effect on slope stability [J]. Engineering geology, 2017, 220: 208-218.

[82] LI M L, JIANG Y J, YANG T, et al. Early warning model for slope debris flow initiation[J]. Journal of mountain science, 2018, 15(6): 1342-1353.

[83] TAO Z G, ZHU C, WANG Y, et al. Research on stability of an open-pit mine dump with fiber optic monitoring[J]. Geofluids, 2018, 2018(1): 9631706.

[84] SUN P, WANG G, WU L Z, et al. Physical model experiments for shallow failure in

rainfall-triggered loess slope, Northwest China[J]. Bulletin of engineering geology and the environment,2019,78(6):4363-4382.

[85] HOJAT A, AROSIO D, IVANOV V I, et al. Geoelectrical characterization and monitoring of slopes on a rainfall-triggered landslide simulator[J]. Journal of applied geophysics,2019,170:103844.

[86] CAI H,YANG Z J,WANG L Y,et al. An experimental study on the hydromechanical behaviours of the evolution of postearthquake landslide deposits[J]. Geofluids,2019, 2019(1):3032494.

[87] ZHANG C, SHAO W, YUE F C, et al. Physical tank experiment investigation on rainfall producing groundwater level in homogeneous material slopes[J]. Geofluids, 2019,2019:5368765.

[88] TANG J F, TARO U, HUANG D, et al. Physical model experiments on water infiltration and failure modes in multi-layered slopes under heavy rainfall[J]. Applied sciences,2020,10(10):3458.

[89] LI M L,ZHANG X C,YANG Z J,et al. The rainfall erosion mechanism of high and steep slopes in loess tablelands based on experimental methods and optimized control measures[J]. Bulletin of engineering geology and the environment,2020,79(9):4671-4681.

[90] SHU H P,MA J Z,GUO J B,et al. Effects of rainfall on surface environment and morphological characteristics in the Loess Plateau[J]. Environmental science and pollution research,2020,27(30):37455-37467.

[91] 韩帅.天水地区强降雨诱发黄土-泥岩滑坡机理实验研究[D].北京:中国地质科学院,2020.

[92] LI C D,WU J J,TANG H M,et al. Model testing of the response of stabilizing piles in landslides with upper hard and lower weak bedrock[J]. Engineering geology,2016, 204:65-76.

[93] 严秋荣.堆积体边坡扰动带变形机理及抗滑桩支护新方法研究[D].重庆:重庆大学,2016.

[94] XU M, TANG Y F, LIU X S, et al. A shaking table model test on a rock slope anchored with adaptive anchor cables[J]. International journal of rock mechanics and mining sciences,2018,112:201-208.

[95] 凌浚菠.降雨作用下煤系膨胀土边坡锚杆受力特性研究[D].南昌:南昌工程学院,2019.

[96] 亢嘉延.反倾岩质边坡-锚固体系演化试验研究[D].徐州:中国矿业大学,2020.

[97] 何江飞.高陡黄土边坡加固工程加筋土-框锚结构作用机理研究[D].北京:中国地质大学(北京),2020.

[98] LUO G, HU X W, GU C Z, et al. Numerical simulations of kinetic formation mechanism of Tangjiashan landslide[J]. Journal of rock mechanics and geotechnical engineering,2012,4(2):149-159.

[99] SARKAR K, SINGH T N, VERMA A K. A numerical simulation of landslide-prone slope in Himalayan region: a case study[J]. Arabian journal of geosciences, 2012, 5(1): 73-81.

[100] FANG C, LI Y S. Numerical simulation analysis and research of Huanglang valley ancient landslide[C]//2014 Fifth International Conference on Intelligent Systems Design and Engineering Applications. [S. l. : s. n.], 2014.

[101] 刘云鹏,邓辉,黄润秋,等. 反倾软硬互层岩体边坡地震响应的数值模拟研究[J]. 水文地质工程地质,2012,39(3):30-37.

[102] 高连通,晏鄂川,刘珂. 考虑降雨条件的堆积体滑坡多场特征研究[J]. 工程地质学报,2014,22(2):263-271.

[103] 杨晓杰,侯定贵,郝振立,等. 南芬露天铁矿高陡边坡失稳与降雨相关性研究[J]. 岩石力学与工程学报,2016,35(S1):3232-3240.

[104] RAHARDJO H, NIO A S, LEONG E C, et al. Effects of groundwater table position and soil properties on stability of slope during rainfall[J]. Journal of geotechnical and geoenvironmental engineering, 2010, 136(11): 1555-1564.

[105] 蒋中明,曾铃,付宏渊,等. 极端久雨条件下软岩边坡动态稳定性分析[J]. 中国公路学报,2014,27(2):27-34.

[106] 王焕,黄海峰. 某水库滑坡在降雨作用下的稳定性模拟分析[J]. 三峡大学学报(自然科学版),2016,38(5):46-52.

[107] 张社荣,谭尧升,王超,等. 强降雨特性对饱和-非饱和边坡失稳破坏的影响[J]. 岩石力学与工程学报,2014,33(增刊2):4102-4112.

[108] 刘先珊. 基于 DDA 的裂隙岩体非饱和渗流应力耦合模型研究[C]//第一届中国水利水电岩土力学与工程学术讨论会论文集(上册). 昆明:出版者不详,2006:126-129.

[109] PAN Y W, SU H K, LIAO J J, et al. Reconstruction of rainfall-induced landslide dam by numerical simulation-the Barrier Lake in Taimali River as an example[C]//ISRM International Symposium-8th Asian Rock Mechanics Symposium. [S. l. : s. n.], 2014.

[110] 孙书勤,黄润秋,丁秀美. 天台乡滑坡特征及稳定性的 $FLAC^{3D}$ 分析[J]. 水土保持研究,2006,13(5):30-32.

[111] 石露,李小春,白冰,等. 降雨条件下露天平台边坡的稳定性研究[J]. 岩土力学,2012,33(5):1519-1526.

[112] 刘子振,言志信,彭宁波,等. 持续小强度降雨入渗对非饱和土边坡稳定性的动态影响[J]. 土木建筑与环境工程,2012,34(4):19-23.

[113] JIANG J W, EHRET D, XIANG W, et al. Numerical simulation of Qiaotou Landslide deformation caused by drawdown of the Three Gorges Reservoir, China[J]. Environmental earth sciences, 2011, 62(2): 411-419.

[114] SINGH R, UMRAO R K, SINGH T N. Hill slope stability analysis using two and three dimensions analysis: a comparative study[J]. Journal of the geological society of India, 2017, 89(3): 295-302.

[115] 徐迟,简文星,梅新宇,等. 三峡库区黄土坡滑坡库水位与降雨联合作用渗流应力耦合

的数值模拟[J].安全与环境工程,2017,24(3):20-26.

[116] LI P,SHEN W,HOU X K,et al. Numerical simulation of the propagation process of a rapid flow-like landslide considering bed entrainment:a case study[J]. Engineering geology,2019,263:105287.

[117] 王新刚,胡斌,连宝琴,等.库水位骤变下滑坡-抗滑桩体系作用三维分析[J].岩石力学与工程学报,2013,32(12):2439-2446.

[118] SUN X M,ZHANG B,GAN L,et al. Application of constant resistance and large deformation anchor cable in soft rock highway tunnel[J]. Advances in civil engineering,2019(1):4347302.

[119] ZHANG X L, HE M C, WANG F N, et al. Study on the large deformation characteristics and disaster mechanism of a thin-layer soft-rock tunnel[J]. Advances in civil engineering,2020(1):8826337.

[120] TAO Z G,HAN W S,LI M N,et al. Numerical simulation analysis of layered slope landslide mechanism in open pit mine[M]//Proceedings of GeoShanghai 2018 International Conference: Rock Mechanics and Rock Engineering. Singapore: Springer Singapore,2018.

[121] ZHU C,HE M C,KARAKUS M,et al. Numerical simulations of the failure process of anaclinal slope physical model and control mechanism of negative Poisson's ratio cable[J]. Bulletin of engineering geology and the environment, 2021, 80(4): 3365-3380.

[122] YAN Z X,GAO L,PENG N B,et al. Influence of ground parameters on the dynamic responses of anchored bedding rock slope[C]//11th International Conference of Numerical Analysis and Applied Mathematics 2013. Rhodes,Greece:AIP,2013.

[123] ZHAN Q B,SUN X J,LI C,et al. Stability analysis and reinforcement of a high-steep rock slope with faults:numerical analysis and field monitoring[J]. Advances in civil engineering,2019(1):3732982.

[124] ZHU Y P,WEI Z H,ZHU Q H. Application research of a prestressed anchor cable-pile-slab wall supporting structure for multistage high fill slopes[J]. Engineering reports,2020,2(2):e12120.

[125] ZHU W X,JING H W,YANG L J,et al. Strength and deformation behaviors of bedded rock mass under bolt reinforcement[J]. International journal of mining science and technology,2018,28(4): 593-599.

[126] LIN H, SUN S W. Influence of pile position and length on stress deformation behaviors of layered rock mass slope[J]. Disaster advances,2012,5(4):422-426.

[127] LI Z H,JIANG Y J,TAO Z G,et al. Monitoring prediction of a rockslide in an open-pit mine and numerical analysis using a material instability criterion[J]. Bulletin of engineering geology and the environment,2019,78(3):2041-2053.

[128] ZHANG K, YANG X J, CUI X B, et al. Numerical simulation analysis of NPR anchorage monitoring of bedding rock landslide in open-pit mine[J]. Advances in

civil engineering,2020(1):8241509.

[129] LIM KHAI-WERN K, LEA TIEN T, LATEH H. Landslide hazard mapping of Penang island using probabilistic methods and logistic regression[C]//2011 IEEE International Conference on Imaging Systems and Techniques. Batu Ferringhi, Malaysia:IEEE,2011.

[130] 张国辉. 全自动全站仪滑坡监测数据的远传和处理[D]. 阜新:辽宁工程技术大学,2005.

[131] 张华伟,王世梅,霍志涛,等. 自动位移计在树坪滑坡中的应用[J]. 工程地质学报,2006,14(3):401-404.

[132] HASHASH Y M,FINNO R J. Development of new integrated tools for predicting, monitoring, and controlling ground movements due to excavations[J]. Practice periodical on structural design and construction,2008,13(1):4-10.

[133] GÁBOR Ú,MENTES G,BÁNYAI L,et al. Evolution of a bank failure along the River Danube at dunaszekcsö, Hungary[J]. Geomorphology, 2009, 109(3/4): 197-209.

[134] OTHMAN Z,WAN A W A,ANUAR A. Evaluating the performance of GPS survey methods for landslide monitoring at hillside residential area: Static vs rapid static [C]//2011 IEEE 7th International Colloquium on Signal Processing and its Applications. Penang,Malaysia:IEEE,2011.

[135] CALCATERRA S, CESI C, DI MAIO C, et al. Surface displacements of two landslides evaluated by GPS and inclinometer systems: a case study in Southern Apennines,Italy[J]. Natural hazards,2012,61(1):257-266.

[136] ABELLÁN A,CALVET J,VILAPLANA J M,et al. Detection and spatial prediction of rockfalls by means of terrestrial laser scanner monitoring[J]. Geomorphology, 2010,119(3/4):162-171.

[137] WAN A A W M A,TAHAR K N,AHMAD A. Slope gradient analysis at different resolution using terrestrial laser scanner [C]//2012 IEEE 8th International Colloquium on Signal Processing and its Applications. Malacca, Malaysia: IEEE,2012.

[138] LUZI G, NOFERINI L, MECATTI D, et al. Using a ground-based SAR interferometer and a terrestrial laser scanner to monitor a snow-covered slope: results from an experimental data collection in Tyrol (Austria)[J]. IEEE transactions on geoscience and remote sensing,2009,47(2):382-393.

[139] MURA J, PARADELLA W, GAMA F, et al. Monitoring of non-linear ground movement in an open pit iron mine based on an integration of advanced DInSAR techniques using TerraSAR-X data[J]. Remote sensing,2016,8(5):409.

[140] PIERACCINI M,LUZI G,MECATTI D,et al. Ground-based SAR for short and long term monitoring of unstable slopes[C]//2006 European Radar Conference. Manchester,UK:IEEE,2006.

[141] COLESANTI C,WASOWSKI J. Investigating landslides with space-borne synthetic aperture radar (SAR) interferometry[J]. Engineering geology, 2006, 88(3/4): 173-199.

[142] VAN WESTEN C J. Application of geographic information systems to landslide hazard zonation[J]. International institute for aerospace survey and earth sciences, 1993,2:245.

[143] OH H J,LEE S. Landslide susceptibility mapping on Panaon Island,Philippines using a geographic information system[J]. Environmental earth sciences,2011,62(5):935-951.

[144] SEZER E A,PRADHAN B,GOKCEOGLU C. Manifestation of an adaptive neuro-fuzzy model on landslide susceptibility mapping:Klang valley,Malaysia[J]. Expert systems with applications,2011,38(7):8208-8219.

[145] PRADHAN B,CHAUDHARI A,ADINARAYANA J,et al. Soil erosion assessment and its correlation with landslide events using remote sensing data and GIS:a case study at Penang Island,Malaysia[J]. Environmental monitoring and assessment, 2012,184(2):715-727.

[146] 胡明鉴,汪稔,张平仓.斜坡稳定性及降雨条件下激发滑坡的试验研究:以蒋家沟流域滑坡堆积角砾土坡地为例[J].岩土工程学报,2001,23(4):454-457.

[147] GUZZETTI F,PERUCCACCI S,ROSSI M,et al. The rainfall intensity-duration control of shallow landslides and debris flows:an update[J]. Landslides,2008,5(1):3-17.

[148] ALEOTTI P. A warning system for rainfall-induced shallow failures[J]. Engineering geology,2004,73(3/4):247-265.

[149] BAUM R L,GODT J W,SAVAGE W Z. Estimating the timing and location of shallow rainfall-induced landslides using a model for transient, unsaturated infiltration[J]. Journal of geophysical research: earth surface, 2010, 115(F3):F03013.

[150] HSU Y C,CHANG Y L,CHANG C H,et al. Physical-based rainfall-triggered shallow landslide forecasting[J]. Smart water,2018,3(1):3.

[151] REDER A,RIANNA G,PAGANO L. Physically based approaches incorporating evaporation for early warning predictions of rainfall-induced landslides[J]. Natural hazards and earth system sciences,2018,18(2):613-631.

[152] SALVATICI T,TOFANI V,ROSSI G,et al. Application of a physically based model to forecast shallow landslides at a regional scale[J]. Natural hazards and earth system sciences,2018,18(7):1919-1935.

[153] BRUNETTI M T,PERUCCACCI S,ROSSI M,et al. Rainfall thresholds for the possible occurrence of landslides in Italy[J]. Natural hazards and earth system sciences,2010,10(3):447-458.

[154] WIECZOREK G F,GLADE T. Climatic factors influencing occurrence of debris

flows [M]//Debris-flow hazards and related phenomena. Berlin, Heidelberg: Springer Berlin Heidelberg,2007.

[155] HARILAL G T,MADHU D,RAMESH M V,et al. Towards establishing rainfall thresholds for a real-time landslide early warning system in Sikkim, India [J]. Landslides,2019,16(12):2395-2408.

[156] KANUNGO D P, SHARMA S. Rainfall thresholds for prediction of shallow landslides around Chamoli-Joshimath region, Garhwal Himalayas, India [J]. Landslides,2014,11(4):629-638.

[157] MARTELLONI G, SEGONI S, FANTI R, et al. Rainfall thresholds for the forecasting of landslide occurrence at regional scale[J]. Landslides, 2012, 9(4): 485-495.

[158] 高华喜,殷坤龙.降雨与滑坡灾害相关性分析及预警预报阈值之探讨[J].岩土力学,2007,28(5):1055-1060.

[159] HU W, SCARINGI G, XU Q, et al. Sensitivity of the initiation and runout of flowslides in loose granular deposits to the content of small particles: an insight from flume tests[J]. Engineering geology,2017,231:34-44.

[160] YANG Y C,XING H G,YANG X G,et al. Experimental study on the dynamic response and stability of bedding rock slopes with weak interlayers under heavy rainfall[J]. Environmental earth sciences,2018,77(12):433.

[161] 何满潮.滑坡地质灾害远程监测预报系统及其工程应用[J].岩石力学与工程学报,2009,28(6):1081-1090.

[162] HE M C,TAO Z G,ZHANG B. Application of remote monitoring technology in landslides in the Luoshan mining area[J]. Mining science and technology (China),2009,19(5):609-614.

[163] 张鹏,何满潮,陶志刚,等.滑坡灾害远程监控系统的改进及应用效果分析[J].岩石力学与工程学报,2011,30(10):2026-2032.

[164] 陶志刚,张斌,何满潮.罗山矿区滑坡灾害发生机制与监测预警技术研究[J].岩石力学与工程学报,2011,30(增刊1):2931-2937.

[165] 陶志刚,李海鹏,孙光林,等.基于恒阻大变形锚索的滑坡监测预警系统研发及应用[J].岩土力学,2015,36(10):3032-3040.

[166] 何满潮.基于界面牛顿力测量的双体灾变力学模型研究[J].岩石力学与工程学报,2016,35(11):2161-2173.

[167] 何满潮,郭志飚.恒阻大变形锚杆力学特性及其工程应用[J].岩石力学与工程学报,2014,33(7):1297-1308.

[168] 何满潮,李晨,宫伟力,等.NPR锚杆/索支护原理及大变形控制技术[J].岩石力学与工程学报,2016,35(8):1513-1529.

[169] 吕谦,陶志刚,李兆华,等.恒阻大变形锚索弹塑性力学分析[J].岩石力学与工程学报,2018,37(4):792-800.

[170] HE M C,GONG W L,WANG J,et al. Development of a novel energy-absorbing bolt

with extraordinarily large elongation and constant resistance [J]. International journal of rock mechanics and mining sciences,2014,67:29-42.

[171] TAO Z G,ZHU C,HE M C,et al. A physical modeling-based study on the control mechanisms of Negative Poisson's ratio anchor cable on the stratified toppling deformation of anti-inclined slopes[J]. International journal of rock mechanics and mining sciences,2021,138:104632.

[172] TAO Z G,WANG Y,ZHU C,et al. Mechanical evolution of constant resistance and large deformation anchor cables and their application in landslide monitoring[J]. Bulletin of engineering geology and the environment,2019,78(7):4787-4803.

[173] HE M C,LI C,GONG W L,et al. Dynamic tests for a Constant-Resistance-Large-Deformation bolt using a modified SHTB system[J]. Tunnelling and underground space technology,2017,64:103-116.

[174] 陶志刚,张海江,彭岩岩,等. 滑坡监测多源系统云服务平台架构及工程应用[J]. 岩石力学与工程学报,2017,36(7):1649-1658.

[175] 陶志刚,孟祥臻,马成荣,等. 南芬露天采场楔形滑坡机理及滑动力监测预警分析[J]. 煤炭学报,2017,42(12):3149-3158.

[176] 孙光林,陶志刚,宫伟力. 边坡灾害监测预警物联网系统及工程应用[J]. 中国矿业大学学报,2017,46(2):285-291.